울릉도 독도 식물도감

The Plants of Ulleungdo and Dokdo

한국 생물 목록 26
Checklist of Organisms in Korea 26

울릉도 독도 식물도감
The Plants of Ulleungdo and Dokdo

펴낸날 2018년 11월 5일
지은이 김태원
감수 박재홍

펴낸이 조영권
만든이 노인향, 백문기
꾸민이 토가 김선태

펴낸곳 자연과생태
주소 서울 마포구 신수로 25-32, 101(구수동)
전화 02) 701-7345~6 **팩스** 02) 701-7347
홈페이지 www.econature.co.kr
등록 제2007-000217호

ISBN : 978-89-97429-96-7 96480

한국 생물 목록 26
Checklist of Organisms in Korea 26

울릉도 독도 식물도감

The Plants of Ulleungdo and Dokdo

글·사진 김태원
감수 박재홍

자연과생태

일러두기

- 울릉도와 독도에 자라는 식물 472종을 실었다.
- 울릉도 특산식물 38종을 먼저 소개했으며 이어서 겉씨식물, 속씨식물, 양치식물을 순서대로 실었다.
- 속씨식물은 쌍떡잎식물과 외떡잎식물로 나눴으며, 쌍떡잎식물은 크게 나무와 풀로 나눴고, 풀은 다시 꽃이 피는 시기에 따라 3월부터 10월까지 월 단위로 나눠 묶었다.
- 각 장에서는 일찍 꽃 피는 종부터 늦게 꽃 피는 종 순서로 나열했다. 다만 종 설명이 펼친 면에 놓이도록 하고, 비슷한 종을 비교하도록 과별로 묶으면서 순서가 바뀐 곳도 일부 있다.
- 각 종 설명은 꽃 피는 때, 생육 특성, 잎, 줄기, 꽃, 열매, 식별 포인트 순서로 작성했으나 양치식물에서는 변화가 있다.
- 학명은 <국가표준식물목록>을 기준으로 삼았다. 명명자와 명명연도를 나타내는 것이 바람직하나 전문가는 표기하지 않아도 알 수 있고, 일반 독자에게는 꼭 필요한 정보가 아니라 여겨 생략했다.
- 식물 각 부위 명칭은 가능한 우리말 용어로 나타냈다.
- 수록 종 현황은 아래와 같다.

구분		종수
특산식물		38
겉씨식물(나무)		9
속씨식물		408
	쌍떡잎식물(나무)	(101)
	쌍떡잎식물(풀)	(243)
	외떡잎식물	(64)
양치식물		17
총계		472

'울릉도 독도 식물탐사', '울릉도 독도 식물도감' 말만 들어도 가슴이 뜁니다. 2003년 식물 공부에 입문한 뒤 풀 나무와 함께해 온 세월이 16년에 접어들었습니다. 매일 다니던 길가의 나무는 하늘을 가릴 정도로 자랐고, 40대 초반이던 저는 어느덧 50대 후반이 되었습니다.

울릉도 독도 식물탐사는 2005년부터 시작했으니 탐사 기간만 14년째이고 횟수로는 65회가 넘었습니다. 세명고등학교 '세명과학탐사' 동아리인 SMSE(3학년 권나현, 김광민, 김하람, 우승연, 윤정인, 이예지, 이재훈, 이희은, 전현진, 현나진/ 2학년 김나영, 김민진, 김송원, 신효경, 여민혁, 염혜원, 이다은, 장보희, 지호영, 최유진/ 1학년 강수민, 김세빈, 김장현, 박시연, 양윤서, 이서영, 이석권, 전유진, 최정우, 홍서연) 학생들과는 2015년 1회, 2017년 2회, 2018년 2회 모두 다섯 번 공동으로 탐사했습니다. 다섯 번 탐사 중 네 번은 독도에 내릴 수 있었고, 그때마다 동도 정상까지 올라가서 식물상을 살폈습니다.

최근 6년간 학교에서 SMSE(세명과학탐사)와 SM Volunteer 두 동아리 학생들을 지도하며 관심과 사랑을 쏟았습니다. 학생과 동아리는 관심이 키우고 사랑이 발전시키더군요. SMSE는 2017년 전국 과학동아리발표대회에서 금상을 받는 쾌거를 이루었고, SM Volunteer는 포항 대표 봉사동아리로 자리매김했습니다.

울릉도 나리분지 원시림은 계절마다 새로운 꽃으로 뒤덮여 황홀경을 선사합니다. 드넓게 펼쳐진 꽃들의 향연은 봄부터 가을까지 계속됩니다. 큰두루미꽃, 윤판나물아재비는 계절에 따라 자리를 바꿔 우점합니다. 큰키나무인 너도밤나무는 울릉도에 들어갈 때마다 열매만 보고 꽃을 보지 못해 애를 태웠습니다. 2017년에는 너도밤나무 꽃을 보려고 봄에 여러 번 울릉도로 향했지만 그해에는 울릉도 모든 너도밤나무가 꽃을 피우지 않아 보지 못했습니다. 2018년 빗속에 찾아간 너도밤나무는 애처롭다는 듯 예쁜 꽃을 보여 주었습니다. 그리움이 멋진 드라마를 만들어 낸다는 사실을 처음 알았습니다.

최근 울릉도는 사동항이 개발되고 일주도로 개통을 앞두고 있습니다. 이로 인해 빠른 속도로 귀화식물이 유입되고 있습니다. 과거에는 볼 수도 없었고 기록에도 없던 귀화식물이 일주도로를 따라 보이기 시작하는 것은 결코 좋은 일이 아닙니다.

처음 울릉도 독도 식물탐사를 시작할 때는 어려움이 많았습니다. 배표를 구하는 것도 매번 신경이 쓰였는데, 대아그룹 황인찬 회장님이 특별히 배려해 주어서 순조롭게 배를 탈 수 있었습니다. 늘 감사한 마음을 가지고 있습니다. 울릉도 독도 식물탐사를 적극 지원해 주셨던 전 황현교 교장님, 박정웅 교장님, 서선우 행정실장님, 음으로 양으로 관심 가져 주신 동료 교직원 분들께도 감사합니다. SMSE 동아리의 울릉도 독도 식물탐사와 책 출판에 필요한 예산은 포항시(시장 이강덕)와 경북교육청(교육감 임종식)의 도움을 많이 받았습니다. 후포 JH Ferry호, 울릉대아리조트의 도움도 빼놓을 수 없습니다. 더불어 감사한 마음 전합니다. 선플라워호 최태열 선장님, 고재덕 선생님도 많은 탐사 길을 함께했습니다.

야생화에 입문한 것은 인디카가 있었기에 가능한 일이었습니다. 봄과 가을에 가졌던 정기모임은 전국 인디칸들을 만나는 즐거운 기회였습니다. 특히 영남인디칸들과 함께한 탐사활동은 많은 추억거리를 만들었습니다. 인디카의 어른이신 월류

봉 이상옥(서울대 영문학 명예교수), 노인봉 이익섭(서울대 국문학 명예교수) 님을 비롯한 인디칸 모든 분께 감사한 마음을 전합니다. 국립생물자원관(이병윤 부장, 임채은 연구관)과 한반도식물연구회(회장 이진동) 회원 분들께도 감사합니다. 특히 한반도식물연구회 회원들과의 교류는 식물 공부에 큰 도움이 되었습니다. 함께 같은 길을 걷는 포항사진교과연구회, 한국숲해설가 경북협회, 늘푸른마음회 회원들도 고마운 분들입니다. 울릉도에 갈 때마다 찾았던 나리분지 산마을 식당과 도동 독도식당의 넉넉한 인심도 잊을 수 없습니다. 이 도감이 울릉군(군수 김병수)의 소중한 자료로 활용되길 기원하며, 그동안 저의 탐사 길에 기꺼이 동행했던 친구, 동료 그리고 가족에게 감사한 마음을 전합니다.

참으로 줄기차게 울릉도를 오갔습니다. 성인봉을 중심으로 동서남북 전역이 머릿속에 그려집니다. 아직도 가 보지 못한 곳은 그리움으로 남겨 놓겠습니다.

2018년 11월
세상을 밝히는 세명동산에서
김태원

오늘 저는 밝은 별 하나를 보았습니다. 자세히 보니 그 주변에는 작은 별들이 모여 있었습니다. 세명고등학교 김태원 선생님과 SMSE, SM Volunteer 동아리 학생들 십수 년간의 발자취가 별이 되어 빛나고 있었습니다.

울릉도 독도 연구는 학문적인 의미뿐만 아니라 정치, 외교 등 다방면으로 얽혀 있습니다. 저는 경북대학교 울릉도독도연구소를 만들었고, 자연과학을 중심으로 연구하고 있습니다. 과학자가 독도를 지키는 한 방법이라 생각합니다.

식물도감 발행은 전문가 영역일 수도 있는데, 고등학교 일선 교사가 학생들과 함께 긴 시간을 투자해서 울릉도 독도 식물을 탐사하고 도감을 만들었다는 사실에 경외감마저 듭니다. 한 장 한 장 책장을 넘길 때마다 그간 어떤 어려움을 겪었을지, 언제 어떻게 기뻐했을지 그려집니다. 이 도감이 나오기까지 투자한 시간, 노력과 열정에 큰 박수를 보냅니다.

특히나 일본인들이 독도를 자기네 땅이라고 우기는 형국에서 식물분류학적으로 독도가 한국 땅임을 알리는 내용까지 담았으므로 일본인들이 더 이상 터무니없는 주장을 할 수 없게 만드는 책으로 자리매김하기를 바랍니다. 또한 이 도감을 통해 많은 사람들이 울릉도 독도 식물에 관심과 사랑을 갖게 된다면 감수자로서 더 큰 영광이 없겠습니다.

2018년 11월
경북대학교 생명과학부 교수
박재홍

특산식물

식물분류학적으로도 독도는 한국 땅이다

1900년대 초 일본 식물학자인 Nakai, Uyeki & Sakata, Honda 등이 울릉도 식물을 탐사하고 울릉도 특산식물 12종 학명에 'takesimana', 'takeshimensis' 등을 붙여 놓았다. 이는 '다케시마에 있는'이란 뜻으로 1900년대에는 다케시마가 울릉도였다.

다섯 번에 걸쳐 독도 식물을 탐사한 결과 12종 가운데 섬초롱꽃과 섬기린초만 독도에 자생하고 울릉장구채를 비롯한 나머지 10종은 독도에 없다는 것을 확인했다. 이것은 12종 학명에 나타난 '다케시마'가 '울릉도'였다는 것을 증명한다. 그런데 최근 일본은 독도를 다케시마라고 일컬으며 일본 땅이라고 주장한다. 이 이야기를 1900년대로 돌리면 울릉도를 일본 땅이라고 우기는 꼴이다.

울릉도 특산식물은 모두 38종이다(Vascular Plants of Dokdo and Ulleungdo Islands in Korea (현진오 등)에서는 39종으로 표기). 돈으로 가치를 환산할 수 없는 귀중한 자산으로 잘 보존해야 한다.

울릉도 특산식물 목록

번호	국명	학명
1	울릉장구채	*Silene takeshimensis* Uyeki & Sakata
2	섬장대	*Arabis takesimana* Nakai
3	섬기린초	*Sedum takesimense* Nakai
4	섬벚나무	*Prunus takesimensis* Nakai
5	섬나무딸기	*Rubus takesimensis* Nakai
6	섬단풍나무	*Acer takesimense* Nakai
7	섬광대수염	*Lamium takesimense* Nakai
8	섬현삼	*Scrophularia takesimensis* Nakai
9	섬초롱꽃	*Campanula takesimana* Nakai
10	섬남성	*Arisaema takesimense* Nakai
11	섬포아풀	*Poa takeshimana* Honda
12	섬바디	*Dystaenia takesimana* (Nakai) Kitagawa
13	섬노루귀	*Hepatica maxima* Nakai
14	왕매발톱나무	*Berberis amurensis* var. *latifolia* Nakai
15	섬현호색	*Corydalis filistipes* Nakai

16	너도밤나무	*Fagus engleriana* Seemen ex Diels
17	섬피나무	*Tilia insularis* Nakai
18	우산제비꽃	*Viola woosanensis* Y. N. Lee & J. K. Kim
19	섬버들	*Salix ishidoyana* Nakai
20	털바위떡풀	*Saxifraga fortunei* var. *pilosissima* Nakai
21	섬개야광나무	*Cotoneaster wilsonii* Nakai
22	섬국수나무	*Physocarpus insularis* (Nakai) Nakai
23	우산고로쇠	*Acer okamotoanum* Nakai
24	섬시호	*Bupleurum latissimum* Nakai
25	섬백리향	*Thymus quinquecostatus* var. *japonica* H. Hara
26	섬쥐똥나무	*Ligustrum foliosum* Nakai
27	섬개회나무	*Syringa patula* var. *venosa* (Nakai) K. Kim
28	섬꼬리풀	*Veronica nakaiana* Ohwi
29	선모시대	*Adenophora erecta* S. T. Lee, J. K. LEE & S. T. Kim
30	섬괴불나무	*Lonicera insularis* Nakai
31	말오줌나무	*Sambucus sieboldiana* Blume ex Schwer. var. *pendula* (Nakai) T. B. Lee
32	넓은잎쥐오줌풀	*Valeriana dageletiana* Nakai ex F. Maekawa
33	추산쑥부쟁이	*Aster chusanensis* Y. S. Lim, J. O. Hyun & H. Shin
34	섬쑥부쟁이	*Aster glehnii* F. Schmidt
35	울릉국화	*Dendranthema zawadskii* var. *lucidum* (Nakai) J. H. Park
36	울릉바늘꽃	*Epilobium ulleungensis* J. M. Chung
37	섬고사리	*Athyrium acutipinnulum* Kodama ex Nakai
38	독도제비꽃	-

섬현호색 | 현호색과
Corydalis filistipes

- 꽃 피는 때 3~4월
- **생육 특성** 나리분지 및 중산간 지대부터 성인봉 정상까지 드물게 자생하는 여러해살이풀이다. 높이 20~40cm로 큰 편이다. 전체에 털이 없다.
- **잎** 2~3개가 어긋나며 3회 3출엽이다. 작은잎은 여러 개로 갈라져 줄모양이 되며 잎 가운데 회색 줄무늬가 나타나기도 한다.
- **줄기** 땅속에 2cm 안팎 덩이줄기가 있으며 덩이줄기에서 줄기가 하나 나온다.
- **꽃** 흰색 꽃 3~20개가 줄기 끝 송이꽃차례에 모여 핀다. 꽃 뒷부분 꿀주머니가 짧다.
- **열매** 열매 맺으면 꽃줄기가 더 길게 자라서 옆으로 누우며 원줄기로부터 20cm 이상 떨어져 나간다. 검은 씨앗 3~6개가 2줄로 들어 있는 납작한 캡슐열매이며 씨앗에 당분체가 붙어 있다.
- **식별 포인트** 육지 현호색 종류보다 키가 크고 잎이 풍성하다. 흰색 꽃이 피고, 열매 달린 줄기가 눕는다.

섬노루귀 | 미나리아재비과
Hepatica maxima

- **꽃 피는 때** 3~5월
- **생육 특성** 중산간 지대부터 성인봉 정상까지 흔히 자라는 여러해살이풀이다. 높이 10~20cm로 잎과 꽃이 크다.
- **잎** 지난해 잎이 남아 있다가 새로운 잎이 뿌리에서 나오면 말라 없어진다. 잎은 크고 잎몸은 3개로 크게 갈라지며 가장자리에 털이 있다. 윗면은 짙은 녹색이고 무늬가 없으며 아랫면은 보라색이다.
- **줄기** 꽃자루가 뿌리로부터 바로 나오며 긴 털이 많다.
- **꽃** 3월 하순부터 나리분지, 안평전 등 해발 400m 안팎부터 꽃 피기 시작해 성인봉 주변에서는 5월 초순까지 꽃을 볼 수 있다. 꽃잎처럼 보이는 꽃받침잎이 6~8개이며 꽃싼잎은 3개로 꽃받침잎보다 크다. 대부분 흰색 꽃이 피며 가끔씩 연분홍색이나 분홍색 꽃이 피기도 한다.
- **열매** 가락꼴 여윈열매이며 꽃이 지면서 녹색 열매가 맺히고 가을에 접어들면서 검은색으로 변한다.
- **식별 포인트** 육지 노루귀보다 꽃과 잎이 2~3배 더 크다. 잎에 무늬가 없고 매끈하다.

17

섬버들 | 버드나무과
Salix ishidoyana

- **꽃 피는 때** 3~4월
- **생육 특성** 중산간 지대에 자생하는 갈잎작은키나무로 높이 1m 정도로 작은 것도 있지만 3m 이상 자라기도 한다.
- **잎** 긴동근꼴이고 끝이 뾰족하며 밑은 둥글거나 예리하고 길이 8cm, 폭 4cm 정도다. 가장자리가 밋밋하거나 작은 톱니가 있으며 주맥에 털이 있다. 윗면에 주름살이 있고, 아랫면은 회녹색이고 털이 있다. 잎자루는 길이 1cm 정도로 털이 있는 것과 없는 것이 있다.
- **줄기** 1년생 가지는 녹갈색이며 처음에 잔털이 있으나 점차 없어진다.
- **꽃** 꼬리모양꽃차례이며 암수딴그루로 3월 말에 피기 시작한다. 수술은 노란색이며 암술대는 녹색이고 털이 있다. 암술머리는 둘로 갈라진다.
- **열매** 캡슐열매다. 이삭 길이는 2.5cm 정도이며, 꽃턱잎은 길이 0.1cm 정도인 긴 달걀모양이고 털이 있다. 5월에 검게 익고 꿀샘은 1개다.
- **식별 포인트** 떡버들과 호랑버들 중간형으로 본다.

우산제비꽃

제비꽃과
Viola woosanensis

- 꽃 피는 때 4~5월
- 생육 특성 남산제비꽃과 독도제비꽃(구 뫼제비꽃)의 교잡종으로 추정되며 두 종이 함께 자라는 곳에서 흔히 보이는 여러해살이풀이다. 울릉도 안평전, 태하, 나리분지, 성인봉 중산간 지대 등에서 보인다.
- 잎 세모꼴로 불규칙하게 갈라지고 가장자리는 톱니모양이며 양면에 털이 약간 있다. 윗면은 짙은 녹색, 아랫면은 자줏빛을 띤다. 잎자루는 2~3cm이다.
- 줄기 줄기가 없다.
- 꽃 연보라색이고 안쪽에 털이 있으며 길이 2cm 안팎이다. 꽃자루는 갈색을 띤 녹색이며 길이 3~6cm이다. 꽃받침은 버들잎모양으로, 기부 쪽은 이빨모양이고 끝이 뾰족하다.
- 열매 잡종강세현상으로 열매를 잘 맺지 못한다.
- 식별 포인트 남산제비꽃과 독도제비꽃 중간 형태를 띤다.

21

독도제비꽃 | 제비꽃과

- **꽃 피는 때** 4~5월
- **생육 특성** 나리분지 및 해발 400m부터 성인봉 주변까지 산지 숲 속에서 조금 흔하게 자생하며 과거에는 아욱제비꽃, 뫼제비꽃 등으로 알려졌던 종이다.
- **잎** 잎맥이 가장자리까지 이어지는 부채살모양이며 가장자리에 톱니가 있다.
- **줄기** 줄기가 없다.
- **꽃** 보라색으로 대부분 옆꽃잎에 털이 없으나 간혹 있는 개체도 보인다. 흰색도 가끔씩 보인다.
- **열매** 캡슐열매이며 달걀모양으로 세모지다.
- **식별 포인트** 암술머리 끝이 뾰족하지 않고 잎맥이 잎 가장자리까지 뻗어 나가는 부채살모양으로 그물모양맥인 뫼제비꽃과 다르다.

* 이 제비꽃은 《한국의 제비꽃》(2012)을 출판한 박승천 씨가 그 책을 통해 처음 기록했다. 그는 당시 뫼제비꽃으로 알려졌던 이 제비꽃을 내륙 뫼제비꽃과 비교한 결과 여러 차이점이 있어서 울릉도 특산종으로 보고 '독도제비꽃'이라 이름 붙였다. 그런데 그 이후 다른 연구자들이 박승천 씨와 상의 없이 식물분류학회지 42(3)에 울릉제비꽃(*Viola ulleungdoensis* M. Kim & J. Lee)이라는 이름으로 발표하며 논쟁이 일었다. 논문에서는 뫼제비꽃과의 차이를 "부정아 없음, 저지대 분포, 여름 잎 더 커짐 등"을 들었으나 사실과 다르므로 면밀한 검토와 국명에 대한 정리가 필요해 보인다.

섬벚나무 | 장미과
Prunus takesimensis

- 꽃 피는 때 4월
- 생육 특성 울릉도 바닷가부터 성인봉 정상 주변까지 비교적 흔하게 자생하며 높이 20m에 달하는 갈잎큰키나무다.
- 잎 어긋난다. 긴둥근꼴이고 끝이 급하게 뾰족해지며 가장자리에 날카로운 톱니가 촘촘하다. 윗면은 녹색이고 아랫면과 잎맥은 회녹색이며 털이 없다. 잎자루 길이 2~3cm이고 잎자루 위쪽에 샘점이 있다.
- 줄기 가지가 굵고 껍질은 짙은 갈색이며 가로로 긴 껍질눈이 있다. 1년생 가지는 회갈색이고 털이 없다.
- 꽃 암수한꽃이고 가지마다 달리는 우산모양꽃차례이며 흰색 또는 연붉은색 꽃 2~5개가 잎과 함께 핀다. 꽃자루는 길이 1.5~2cm로 짧고 굵으며 털이 거의 없다. 지름은 2.5~3cm이고 꽃잎은 긴둥근꼴이며 끝부분이 약간 깊게 오목하다. 암술대는 수술보다 길고 털이 없으며 수술이 많다.
- 열매 알갱이열매이고 6월에 보랏빛 도는 검은색으로 익는다. 지름 1.2cm 정도이고 씨는 0.9cm 정도로 큰 편이다.
- 식별 포인트 산벚나무와는 잎과 꽃이 같이 핀다는 점은 비슷하지만, 섬벚나무 꽃자루가 더 짧고 굵으며, 꽃은 작으나 열매는 더 크다.

섬장대 | 십자화과
Arabis takesimana

- 꽃 피는 때 4~6월
- **생육 특성** 바닷가에 가까운 낮은 산을 비롯해 나리 분지, 안평전, 태하 등 중산간 지대까지 자란다. 높이 50cm까지 자란다.
- 잎 뿌리잎에는 털이 있으나 줄기잎에는 털이 없다. 뿌리잎은 주걱모양이며 길이 2~5cm, 폭 1cm로 끝이 둥글고 털이 빽빽하다. 줄기잎은 잎자루가 없으며 막질이고 줄기를 감싸며 긴둥근꼴이다. 중앙부 잎은 길이 2~4cm, 폭 0.5~1.5cm로 털이 없거나 약간 있고 가장자리는 밋밋하며 끝이 보통 무디다.
- **줄기** 밋밋하고 털이 없다.
- 꽃 줄기 끝에 송이꽃차례로 달린다.
- **열매** 물열매다. 길이 6~8cm, 폭 0.1cm인 줄모양으로 길게 달리며 아래로 휜다.
- **식별 포인트** 갯장대와 달리 줄기와 줄기잎에 털이 거의 없으며 열매가 가늘고 길며 활처럼 휜다.

섬남성 | 천남성과
Arisaema takesimense

- 꽃 피는 때 4~5월
- 생육 특성 안평전, 태하, 나리분지 등 해발 300~800m 숲 속에 자생하는 여러해살이풀이다. 높이 30~50cm이다.
- 잎 2장으로 이루어지며 작은잎 6~18개가 회전사다리 모양으로 달린다. 작은잎 윗면 가운데에 흰색 무늬가 있는 것이 대부분이나 간혹 흰색 무늬가 보이지 않는 것도 있다. 수정되면 흰색 무늬는 탈색된다.
- 줄기 보랏빛 도는 검은색 얼룩이 있다.
- 꽃 암수딴그루로 잎 사이에서 큰꽃턱잎이 올라온다.

암술은 큰꽃턱잎 속에서 곤봉모양 살이삭꽃차례를 만들어 낸다. 수꽃차례는 꽃밥이 자주색이고 암꽃차례는 꽃밥이 녹색이다.
- 열매 물열매이고 붉은색으로 익으면서 눕는다.
- 식별 포인트 잎에 무늬가 없는 섬남성인 경우 줄기에 보랏빛 도는 검은색 얼룩이 있어 점박이천남성과 비슷하나 잎 생김새에 차이가 있다. 섬남성은 수꽃차례가 보랏빛 도는 검은색이고 점박이천남성은 황백색이다.

우산고로쇠

단풍나무과
Acer okamotoanum

- 꽃 피는 때 3~4월
- **생육 특성** 해발 300m부터 성인봉 정상 주변까지 자생하는 갈잎큰키나무로 높이가 20m에 달한다.
- **잎** 마주난다. 잎자루는 길고 손바닥 편 모양으로 7~9개 갈라지며 가장자리는 밋밋하다. 아랫면 잎줄겨드랑이에 흰 털이 있고, 밑은 약간 심장모양 또는 일자 모양이다.
- **줄기** 회백색이고 오래된 껍질은 갈라지기도 한다.
- **꽃** 연한 노란색으로 피며 새 가지 끝에 작은모임꽃차례 같은 고깔꽃차례로 달리고 암수한꽃 또는 암수한그루다. 꽃받침과 꽃잎은 각각 5개이며 거꿀달걀모양이다. 수술은 8개이며 암술은 두 개로 갈라지고, 갈라진 부분은 ㄴ 또는 ㄷ 모양을 이룬다.
- **열매** 날개열매로 크며 날개가 좁다(예각).
- **식별 포인트** 고로쇠나무는 대체로 잎이 5개(간혹 7개)로 갈라져 7개(간혹 9개)로 갈라지는 우산고로쇠와 구별된다. 우산고로쇠는 열매가 크고 날개가 예각(둔각도 가끔 보임)인 반면에 고로쇠나무는 열매가 작으며 날개가 둔각이다.

수꽃

암꽃

섬단풍나무 | 단풍나무과
Acer takesimense

- 꽃 피는 때 4~5월
- 생육 특성 울릉도 전역 숲 속에 자생하며 성인봉 주변까지 자란다. 높이 8m 정도에 이르는 갈잎작은키나무다.
- 잎 마주난다. 둥근꼴이고 길이 10cm, 너비 12cm이며 11~13(14)개로 갈라진다. 갈래쪽잎은 버들잎모양이고 겹톱니가 있으나 밑부분에는 톱니가 없으며, 윗면은 녹색이지만 아랫면은 연한 녹색이고 양면에 털이 없거나 아랫면 잎줄겨드랑이에 털이 있다. 잎자루는 길이 3~7cm로 붉은빛이 돌고 잎이 나올 때는 털이 있으나 점차 없어진다.

- 줄기 회색이고, 가지는 녹색이며 가지 끝부분은 붉은 빛이 돈다.
- 꽃 수꽃과 암수한꽃이 한 그루에 있으며 새 가지 끝에 달린다. 꽃받침은 붉은색이고 5개로 갈라지며 꽃잎도 5갈래다. 암술은 아이보리색이고 수술은 노란색이다.
- 열매 날개열매로 둔각이며 수평에 가깝다.
- 식별 포인트 섬단풍나무(잎이 11~13갈래)를 잎이 7~9(11)개로 갈라지는 당단풍나무 변이에 포함시키기도 한다. 그러나 잎과 열매가 더 크고 잎이 더 많이 갈라지는 등 독립 종으로 유지하자는 의견도 있어 이 책에서는 그리 나타냈다.

너도밤나무

참나무과
Fagus engleriana

- 꽃 피는 때 4~5월
- 생육 특성 중산간 지대부터 성인봉 정상까지 자생하며 태하령 부근에 큰 군락이 있다. 높이는 20m 이상이다.
- 잎 어긋난다. 길이 8cm, 폭 4cm 안팎으로 긴 달걀모양이다. 끝이 뾰족하고 잎가장자리는 물결모양이다.
- 줄기 껍질은 회백색이고 1년생 가지에는 털이 있으며 2년생 가지에는 털이 없고 회갈색이다.
- 꽃 암수한꽃이며 4월 하순에 피기 시작하고 새 가지에 달리며 수꽃은 머리모양으로 모여 달리고 꽃자루는 길이 2.5cm로 털이 있다. 암꽃은 2개씩 피는데 꽃덮이 4~6개가 합쳐져 있고 암술대는 3개이며 씨방은 3실로 각각 밑씨 2개가 들어 있으나 1개만 익는다.
- 열매 굳은껍질열매이며 세모나고 목질인 큰꽃싸개 안에 1~2개씩 들어 있으며 깍정이는 가시 같다. 10월에 익는다.
- 식별 포인트 밤나무와 잎이 비슷하지만 밤나무 잎은 더 길고 잎가장자리에 결각이 있으나 너도밤나무는 잎가장자리에 결각 없이 물결모양이다.

암꽃

수꽃

열매

너도밤나무   밤나무

말오줌나무 | 인동과
Sambucus sieboldiana var. *pendula*

- **꽃 피는 때** 4~5월
- **생육 특성** 바닷가 및 주변 낮은 산에 흔히 자생하는 갈잎작은키나무로 높이 5m 정도다. 전체에 털이 없다.
- **잎** 마주난다. 홀수깃꼴겹잎이고 작은잎은 5~7개로 긴둥근꼴이며, 길이 10cm, 폭 4cm 안팎이다. 가장자리 톱니가 뾰족하다.
- **줄기** 회갈색이고 오래될수록 코르크층이 두껍다.
- **꽃** 암수한꽃이고 위가 평평한 고깔꽃차례에 황백색 또는 백록색 꽃이 모여 핀다. 꽃자루와 꽃차례가 길고 폭이 넓어서 꽃이 다 피면 아래로 늘어진다. 암술대는 짧고 보랏빛 도는 검은색 또는 황백색이며, 수술은 5개이며 엷은 노란색이다.
- **열매** 알갱이열매이고 6~7월에 붉게 익으며 아래로 늘어진다.
- **식별 포인트** 딱총나무와 비슷하지만 꽃자루와 꽃차례가 길어서 아래로 늘어져 달리며 전체에 털이 없다.

섬괴불나무

인동과
Lonicera insularis

독도 서식

- **꽃 피는 때** 5~6월
- **생육 특성** 바닷가 도로나 중산간 지대에 자생하는 갈잎 작은키나무로 높이 5m 정도다. 독도에는 옮겨 심었다.
- **잎** 마주난다. 달걀모양으로 길이 4~8cm이다. 가장자리가 밋밋하며 잎 아랫면에 부드러운 털이 있다. 잎자루는 길이 0.3~0.5cm로 짧다.
- **줄기** 가지가 사방으로 퍼져 나가 우산모양을 만든다. 1년생 가지에는 부드러운 털이 있으며 가지 속은 비었다.

- **꽃** 잎겨드랑이에 달리고, 꽃대는 길이 1cm 정도로 털이 있으며 꽃 2개가 달리고 흰색으로 피었다가, 수정되면 노란색으로 변한다.
- **열매** 물열매로 열매 2개가 붙어 있고, 8월에 붉게 익는다.
- **식별 포인트** 독도에서도 자라며 열악한 환경에서도 잘 자란다.

섬광대수염 | 꿀풀과
Lamium takesimense

- 꽃 피는 때 5~6월
- 생육 특성 바닷가에 가까운 낮은 산에 자생하고 여러해살이풀이며 높이 80cm 정도다.
- 잎 잎자루는 길이 1.5cm 정도로 표면에 홈이 지고 밑부분 가장자리와 마디에 털이 조금 있으며 마주난다. 잎몸은 달걀모양이고 길게 뾰족해지며 잎 아래쪽은 편평하거나 약간 염통꼴이고 가장자리에 굵은 톱니와 잔털이 있다.
- 줄기 털이 없고 매끈하다.
- 꽃 흰색 또는 아이보리색 꽃이 잎 주변에 뭉쳐 핀다.
- 열매 작은 굳은껍질열매다.
- 식별 포인트 광대수염에 비해 식물체가 크고 잎 아래쪽이 편평하다.

섬백리향 꿀풀과

Thymus quinquecostatus var. *japonicus*

- **꽃 피는 때** 6월
- **생육 특성** 나리분지와 도동 뒷산 바위틈 등 햇빛이 잘 드는 곳에 자생하며 향기가 진해 화장품으로도 개발된 꽃이다. 낙엽활엽반관목으로 옆으로 퍼진다.
- **잎** 잎은 마주나며, 길이 1.5cm 정도인 달걀모양이고 양면에 오목한 선점이 있다. 가장자리에 톱니가 없거나 간혹 물결모양 톱니가 있고, 털이 있으며 향기가 난다.
- **줄기** 원줄기가 백리향보다 굵어 지름이 0.7~1cm이고 가지는 많이 갈라지며 옆으로 퍼진다.

- **꽃** 연분홍색으로 잎겨드랑이에 2~4개씩 달리지만 가지 끝부분에 모여나기 때문에 짧은 이삭처럼 보인다. 꽃은 길이 1cm이며, 꽃자루는 길이 0.3cm로 털이 있다. 꽃부리 겉에 잔털과 선점이 있고, 수술은 4개이며 수술대와 꽃받침은 모두 연한 자주색이다.
- **열매** 분리열매로 둥글고 지름 0.1cm 정도다. 9월에 암갈색으로 익으며 향기가 난다.
- **식별 포인트** 백리향보다 원줄기가 굵고 잎도 넓다.

왕매발톱나무

매자나무과
Berberis amurensis var. *latifolia*

- 꽃 피는 때 5~6월
- 생육 특성 바닷가 숲 절벽에 자생하며 높이 3m에 이르는 갈잎작은키나무다.
- 잎 새 가지에서는 어긋나고, 짧은 가지에서는 모여난 것처럼 보이며, 달걀모양이다. 길이 3~8cm로 예리하고 불규칙한 침모양 톱니가 있으며, 아랫면은 주름이 많고 연한 녹색이다.
- 줄기 회색이다. 가시는 3개로 갈라지며 길이 1~2cm이다.

- 꽃 노란색이며 지름 1cm이고 송이꽃차례는 길이 10cm이며 반쯤 처진다. 꽃 10~30개가 달리며 꽃자루는 길이 1cm 안팎이다.
- 열매 물열매로 긴둥근꼴이며 9월에 붉게 익는다.
- 식별 포인트 제주도 섬매발톱나무는 꽃이 조금 달리고 잎이 거꿀버들잎모양이며 1~3cm로 작고 침이 두껍다.

섬시호 | 산형과
Bupleurum latissimum

- 꽃 피는 때 5~6월
- 생육 특성 바닷가 숲에 자생하는 여러해살이풀로 높이는 60cm 정도다.
- 잎 뿌리잎은 모여나고, 잎자루는 길이 12~18cm로 잎바닥이 넓고 원줄기를 감싼다. 잎몸은 넓은 달걀모양이고 11맥이 있으며 끝이 뾰족하고, 가장자리는 물결모양이다. 줄기 아래쪽 잎은 짧은 잎자루에 날개가 있으며 원줄기를 감싸고, 윗부분 잎은 잎자루가 없고 긴 달걀모양이며 원줄기를 완전히 감싼다.
- 줄기 털이 없고 세로로 능선이 있다.
- 꽃 노란색으로 줄기나 가지 끝에 겹우산모양꽃차례로 달린다.
- 열매 납작한 열매가 많이 달리고 초승달모양 씨앗이 여러 개 들어 있다.
- 식별 포인트 다른 시호 종류에 비해 잎이 상당히 넓고 원줄기를 완전히 감싼다.

섬꼬리풀 | 현삼과
Veronica nakaiana

- 꽃 피는 때 5~6월
- **생육 특성** 바닷가 낮은 산을 비롯해 산지 저지대와 고지대 등에 자란다. 높이 30cm 안팎이며 여러해살이풀이다.
- 잎 아랫부분 잎은 꽃이 필 때 없어지고 줄기잎은 마주나며, 달걀모양으로 길이 3.5~5cm이다. 끝이 뾰족하며 밑은 둥글거나 거의 수평이고 가장자리에는 불규칙한 결각과 더불어 톱니가 있다. 잎자루는 길이 1~3cm이고 골이 파인다.

- 줄기 곧게 자라고 위에서 가지가 갈라지며 털이 많다.
- 꽃 연한 하늘색으로 피고, 윗부분 잎겨드랑이와 줄기 끝에 송이꽃차례로 달리며, 꽃자루는 길이 0.3~0.6cm이다. 꽃받침은 4개로 깊게 갈라지고 꽃잎도 4개이며 아래쪽 꽃잎이 작다. 수술은 2개, 암술은 1개다.
- **열매** 긴둥근꼴 캡슐열매다.
- **식별 포인트** 현삼과 다른 종에 비해 크고 곧게 자라며 줄기에 털이 많다.

넓은잎쥐오줌풀 | 마타리과
Valeriana dageletiana

- **꽃 피는 때** 6월
- **생육 특성** 도로와 가까운 낮은 산에 자생하며, 높이 1m까지 자라는 여러해살이풀이다.
- **잎** 마주난다. 넓은 편이며 작은잎 3~7개로 이루어진 깃모양겹잎이다. 작은잎은 긴둥근꼴로 양 끝이 뾰족하고 가장자리에 뾰족한 톱니가 불규칙하게 있으나 거의 밋밋한 것도 있다.
- **줄기** 곧추서고 마디에 흰색 털이 빽빽하며, 전체에 털이 없다.

- **꽃** 흰색 또는 연붉은색으로 피고 고른꽃차례로 달리며 꽃턱잎은 길이 1cm 정도로 줄모양이나 큰꽃싸개는 잎 같다. 꽃은 종모양으로 5줄이며 수술 3개가 꽃 밖으로 나온다.
- **열매** 굳은껍질열매로 버들잎모양이며 흰색 털이 돌아가면서 달려 씨앗을 날린다.
- **식별 포인트** 쥐오줌풀은 키가 60cm 이하로 작고 꽃에 붉은빛이 돌며 잎이 작고 좁다.

섬개야광나무 | 장미과
Cotoneaster wilsonii

- 꽃 피는 때 5~6월
- 생육 특성 도동과 송곳봉 등에 자생하며 멸종위기식물 Ⅰ급이다. 높이 2m 정도인 갈잎작은키나무다. 우리나라에 1속 1종만 있다.
- 잎 어긋난다. 긴둥근꼴이며 가장자리가 밋밋하다. 길이 3.5~5cm, 폭 1.5~2.5cm이다.
- 줄기 줄기 하나가 올라오며 위쪽이 밑으로 처진다. 껍질은 잿빛 도는 자주색이며 1년생 가지에 털이 있다.

- 꽃 위가 고른 고깔꽃차례에 꽃이 3~5개 달리고 꽃이 핀 뒤에 꽃자루 털이 떨어진다. 꽃잎은 5개이고 길이 0.3cm 정도이며 흰색 또는 연분홍색이다. 수술 꽃밥은 흰색에서 갈색으로 변하며 암술대 쪽으로 모여 있다. 수술은 꽃잎보다 짧고 암술대는 2개다.
- 열매 달걀모양이고, 길이 0.7~0.8cm이며, 8~9월에 붉은빛 도는 보라색으로 익는다.
- 식별 포인트 둥근잎개야광나무는 잎이 더 둥글다.

섬나무딸기

장미과
Rubus takesimensis

- 꽃 피는 때 5~6월
- **생육 특성** 바닷가 산기슭과 낮은 산 양지에 자생하며, 높이 3m 정도인 낙엽활엽아관목이다.
- 잎 잎은 손바닥 편 모양이고 3~5개로 갈라지지만 가지 잎은 3개로 갈라지거나 갈라지지 않는다. 쪽잎은 달걀모양 또는 버들잎모양이고 겹톱니가 있으며 표면에 털이 없다. 산딸기와 달리 잎자루와 잎 아랫면 주맥에 갈퀴 같은 가시가 없다.
- 줄기 휘며 가시가 없다.
- 꽃 지름 2cm로 가지 끝 고른꽃차례에 달리고 2개씩 달리는 것도 있다. 꽃받침조각은 버들잎모양이며 안쪽에 털이 있다. 꽃잎은 5개이며 긴둥근꼴이고 수술 꽃밥은 회갈색이다.
- 열매 1cm 정도이며 붉게 익는다.
- **식별 포인트** 산딸기와 달리 줄기에 가시가 없다.

섬국수나무 장미과
Physocarpus insularis

- 꽃 피는 때 6월
- 생육 특성 울릉도 산지에 드물게 자생하며 높이 1.5m 정도인 갈잎작은키나무다.
- 잎 어긋난다. 넓은 달걀모양이며 길이 2~5cm, 너비 2~3cm이다. 톱니가 있다.
- 줄기 가지는 회색빛이 도는 암갈색이고 잔가지는 약간 붉은빛이 돈다.

- 꽃 흰색으로 피고 새 가지 끝에 고른꽃차례로 달리며 꽃자루 및 작은꽃자루에 털이 없다.
- 열매 분열열매로 5개씩 나며 씨방 복봉선을 따라 털이 있고 가을에 익으며 양쪽 봉선을 따라 터진다.
- 식별 포인트 산국수나무와 달리 잎 아랫면에 털이 없고 잎자루 길이가 1cm 이하다.

ⓒ 이기형

56

섬개회나무 | 물푸레나무과
Syringa patula var. *venosa*

- 꽃 피는 때 6월
- **생육 특성** 울릉도 중산간 지대 바위틈에 자생하며 높이 1.5m 정도인 갈잎작은키나무다.
- **잎** 마주난다. 넓은 달걀모양으로 끝은 점차 뾰족해지며 밑은 넓은 쐐기모양이고 가장자리는 밋밋하다. 윗면에 털이 없고 잎맥에 홈이 지며 아랫면은 잎맥이 튀어나온다.
- **줄기** 가지는 회갈색이며 껍질눈이 있다.
- **꽃** 5월에 흰색 또는 연한 자주색으로 피고 향기가 있다. 지난해 가지 끝에 고깔꽃차례로 풍성하게 달리고 꽃자루가 없으며 꽃대에 털이 없다.
- **열매** 캡슐열매로 길이 1cm 정도이고 껍질눈이 있으며 9월에 익는다.
- **식별 포인트** 보통 정향나무는 꽃잎이 뒤로 완전히 휘지 않는 반면에 섬개회나무는 꽃잎이 완전히 뒤로 휘며, 섬개회나무 잎이 더 넓고 끝부분으로 갈수록 가파르게 뾰족해진다. 정향나무와 섬개회나무를 털개회나무로 통합하자는 주장도 있다.

섬쥐똥나무 | 물푸레나무과
Ligustrum foliosum

- 꽃 피는 때 6월
- **생육 특성** 산지에서 흔히 자생하며 높이 3m 정도인 갈잎작은키나무다.
- **잎** 거꿀달걀모양으로 길이 1~6cm, 너비 0.5~3cm이며 아랫면 맥 위에 잔털이 있다.
- **줄기** 잔가지에 털이 약간 있다.
- **꽃** 가지 끝에 10cm 정도로 겹송이꽃차례를 이룬다. 꽃받침은 술잔모양이고, 꽃부리는 종모양으로 길이 0.6cm이며 흰색으로 꽃이 핀다.
- **열매** 알갱이열매로 달걀모양이며 길이 0.6~1cm이고 10월에 검게 익는다.
- **식별 포인트** 섬쥐똥나무는 꽃이 가지 끝에서 10cm 정도로 크게 겹송이꽃차례를 이루고, 쥐똥나무는 꽃이 가지 끝에서 2~3cm로 송이꽃차례를 이룬다.

섬포아풀 | 벼과
Poa takeshimana

- 꽃 피는 때 6월
- 생육 특성 울릉도 산지 및 바닷가 절벽에 군락을 이루며, 여러해살이풀이고 높이 40cm까지 자란다.
- 잎 줄모양이고 길이 15cm, 너비 0.13cm로 매끈하다. 줄기 윗부분 잎은 꽃줄기보다 길고 잎집은 마디 사이보다 길며 털이 없다.
- 줄기 가늘고 둥글며 털이 없다.
- 꽃 고깔꽃차례가 퍼지지 않으며 길이 5~7cm, 가지는 4개, 털모양으로 꺼칠꺼칠하다. 작은꽃이삭자루는 버들잎모양이고, 낱꽃 3개로 거의 털이 없다. 겉받침겨는 서로 비슷하고 끝이 뾰족하며 맥 위에만 털이 있다.
- 식별 포인트 새포아풀에 비해 잎이 가늘고 길다. 작은꽃이삭자루는 버들잎모양이고, 낱꽃 3개로 거의 털이 없다. 겉받침겨는 끝이 뾰족하며 5맥이 있고 맥 위에만 털이 있다.

울릉장구채 | 석죽과
Silene takeshimensis

- 꽃 피는 때 6~8월
- **생육 특성** 주로 울릉도 바닷가 절벽 바위틈에 자생하며 높이 10~50cm인 여러해살이풀이다.
- **잎** 마주난다. 가느다란 버들잎모양으로 중앙부 잎은 길이 8cm, 너비 0.8cm 정도이고 위로 올라갈수록 작아진다. 양면에 털이 없으나 가장자리에 부드러운 털이 있으며 양 끝이 좁고 잎바닥이 잎자루처럼 된다.
- **줄기** 뿌리 끝에서 많은 원줄기가 모여나 풍성한 느낌이다.
- **꽃** 가지 끝이나 잎겨드랑이에서 흰색 꽃이 고깔꽃차례를 이루며 꽃자루는 길이 0.4~1.5cm로 털이 없다. 꽃받침은 원기둥모양이고 끝이 5개로 갈라진다. 꽃잎도 5개이며 끝이 2개로 갈라지고 길이 1.2cm 정도다.
- **열매** 캡슐열매로 긴둥근꼴이며 길이 0.7cm 정도로 꽃받침통 높이와 비슷하다. 씨앗은 콩팥모양이고 지름 0.2cm 정도로 방사형으로 늘어선 돌기가 있다.
- **식별 포인트** 제주도에 자생하는 한라장구채는 잎이 줄모양이고, 꽃이 원뿔모양이지만 조금 엉성하게 달린다.

섬현삼 | 현삼과
Scrophularia takesimensis

- 꽃 피는 때 6~9월
- 생육 특성 멸종위기식물 Ⅱ급이다. 기청산식물원에 자생지복원사업으로 많은 개체를 증식해 복원사업을 펼친 바 있다. 울릉도 바닷가 바위틈 등에 자생하며 여러해살이풀로 높이 1m 정도다.
- 잎 마주난다. 줄기 중앙부 잎은 길이 7cm, 너비 4cm 정도이고, 가장자리에 뾰족한 톱니가 있다.
- 줄기 날개가 있다.

- 꽃 고깔꽃차례에 많은 꽃이 달리고, 꽃차례 길이 15~35cm로 원줄기 끝에서 발달하며, 꽃자루에 샘털이 있다.
- 열매 캡슐열매이며 둥글고 길이 0.8~0.9cm로 끝이 뾰족하다.
- 식별 포인트 다른 현삼과 종과 달리 줄기에 날개가 있다.

섬피나무 | 피나무과
Tilia insularis

- 꽃 피는 때 6~8월
- 생육 특성 울릉도 낮은 산 전역에 자생하며 특히 나리 분지에서 성인봉으로 올라가는 해발 700m 부근 섬 피나무 두 그루는 보호수로 지정되었다. 높이 30m까지 자라는 갈잎큰키나무로 주요 밀원식물이다.
- 잎 어긋난다. 길이 8~9cm로 둥근꼴에 가깝고 기부는 심장모양이다. 잎 아랫면은 회녹색으로 잎줄겨드랑이에 흰색 또는 갈색 털이 빽빽하고 톱니가 있다.
- 줄기 껍질은 회백색으로 어린 가지에는 흰색 털이 있으나 뒤에 없어진다.
- 꽃 6월 말에 꽃 피기 시작하며 꽃턱잎은 거꿀버들잎 모양으로 꽃줄기와 더불어 털이 있다.
- 열매 짧은 털이 빽빽하며, 10월에 익는다.
- 식별 포인트 피나무에 비해 잎이 넓고 잎줄겨드랑이에 흰색 털이 있다.

섬바디 | 산형과
Dystaenia takesimana

- **꽃 피는 때** 6~9월
- **생육 특성** 울릉도 바닷가나 산지, 평활지 등 어디에서 나 잘 자라는 여러해살이풀로 높이 100~250cm이다.
- **잎** 어긋난다. 2~3회 깃꼴겹잎이다. 뿌리잎은 잎자루 가 길고 잎바닥이 넓어 줄기를 감싼다. 줄기잎은 위로 갈수록 잎자루가 짧아진다. 작은잎은 넓은 버들잎모 양이며 가장자리에 겹톱니가 있다.
- **줄기** 곧게 서고 위쪽에서 가지가 갈라지며 마디가 4~5개 있다.
- 꽃 줄기와 가지 끝 겹우산모양꽃차례에 흰색 꽃이 모 여 핀다. 우산살모양 꽃가지와 꽃이 20~40개 달리며 큰꽃싸개는 거의 없다. 작은꽃싸개는 10~20개이고 줄모양이다. 꽃잎은 5개이고 끝이 오목하다.
- **열매** 분리열매이고 날개가 두꺼운 편이다.
- **식별 포인트** 꽃잎 크기가 비슷하고 열매 날개가 두 껍다.

섬기린초 | 돌나물과
Sedum takesimense

- 꽃 피는 때 6~10월
- **생육 특성** 울릉도 바닷가와 근처 낮은 산에 자생하는 여러해살이풀로 옆으로 비스듬히 자라며 전체에 털이 없이 매끈하다. 높이 50cm까지 자란다.
- **잎** 어긋난다. 거꿀버들잎모양으로 두꺼우며 가장자리에 무딘 톱니가 5~7쌍 있다. 길이 3~6cm, 너비 1~1.5cm이고, 잎자루는 없다. 겨울에 잎이 남기도 한다.
- **줄기** 목질화되어 있고 줄기 아랫부분은 겨울에도 살아 있다가 이듬해 봄에 잎이 나온다.

- **꽃** 6월부터 피기 시작해 10월까지 줄기 끝 고른꽃차례에 노란색 꽃이 모여 핀다. 꽃잎은 5개로 버들잎모양이고 수술은 10개이며 끝에 붉은색 꽃밥이 있다. 암술은 5개다.
- **열매** 분열열매이고 5개이며 끝이 가시처럼 뾰족하다.
- **식별 포인트** 잎 변이가 심한 편이나 거꿀버들잎모양이고 두꺼우며 꽃밥이 붉은색이다.

섬초롱꽃

초롱꽃과
Campanula takesimana

- **꽃 피는 때** 6~8월
- **생육 특성** 울릉도 바닷가 바위틈, 길가 절벽, 중산간 지대까지 빛이 잘 드는 곳이면 어디에서든지 잘 자라는 여러해살이풀로 높이 30~100cm이다.
- **잎** 뿌리잎은 길이 20cm, 너비 6cm 정도로 끝이 뾰족하며 가장자리에 톱니가 있다. 줄기잎은 위로 가면서 긴둥근꼴이 되고 잎자루에 날개가 있어 줄기를 감싼다.
- **줄기** 털이 적고 능선이 있으며 흔히 자줏빛이 돈다.

- 꽃 줄기 위쪽 잎겨드랑이에 송이꽃차례를 이루어 아래를 향해 피고 꽃잎 안쪽에는 짙은 얼룩이 있다. 흰색부터 자주색까지 다양하다.
- **열매** 씨앗으로 번식이 잘 되며, 내륙에서 많이 심어 기르고 있다.
- **식별 포인트** 초롱꽃은 흰색에 가까운 아이보리색으로 거의 같은 색이고 종모양이지만, 섬초롱꽃은 종모양이 조금 다르다. 색깔도 흰색에서부터 자주색까지 다양하고, 안쪽 자주색 얼룩도 훨씬 많다.

선모시대 | 초롱꽃과
Adenophora erecta

- **꽃 피는 때** 7~9월
- **생육 특성** 울릉도 태하령과 형제봉에 자생하는 여러해살이풀로 높이는 30~50cm이다.
- **잎** 어긋난다. 달걀모양이며 광택 나는 가죽질이고 가장자리에 불규칙한 톱니가 있다. 잎자루는 길다.
- **줄기** 곧게 서고 줄기가 갈라지지 않으며 굵고 단단하다.
- **꽃** 송이꽃차례에 연한 청자색 꽃이 45도 정도 아래를 향해 핀다. 꽃부리는 넓은 종모양이고 꽃받침은 5개로 갈라지며 갈래조각은 넓은 버들잎모양이다. 수술은 5개, 암술은 1개이며 끝이 3개로 갈라지고 꽃부리 밖으로 나오지 않는다.
- **열매** 캡슐열매다.
- **식별 포인트** 꽃부리가 넓은 종모양이고 줄기가 곧게 자라는 게 모시대 종류와 다르다.

울릉바늘꽃 | 바늘꽃과
Epilobium ulleungensis

- **꽃 피는 때** 7~8월
- **생육 특성** 울릉도 태하 습지에 자생하는 울릉도 1신종으로 2014년 저자가 처음 발견했다. 당시 큰바늘꽃으로 알아보았으나 2017년 6월 정재민 등이 식물분류학회지 제47권 2호에 신종으로 발표했다. 큰바늘꽃과 (돌)바늘꽃 교잡종으로 본다. 식물체 전체에 짧은 털이 빽빽하다.
- **잎** 긴둥근꼴로 가장자리에 결각이 있다.
- **줄기** 비스듬히 누우며 2m 이상으로 자란다.
- **꽃** 진분홍색으로 꽃잎은 4개이며 가운데가 들어갔다.
- **열매** 바늘모양으로 길쭉하다.
- **식별 포인트** 암술머리 모양이 큰바늘꽃과 (돌)바늘꽃 중간형을 띤다.

큰바늘꽃

바늘꽃

섬쑥부쟁이 | 국화과
Aster glehnii

- **꽃 피는 때** 8~10월
- **생육 특성** 울릉도에서 부지깽이나물이라고 부르며 많이 재배한다. 포항 해안에서도 흔히 볼 수 있다. 여러해살이풀로 높이 50~150cm이다.
- **잎** 어긋난다. 긴둥근꼴 또는 거꿀버들잎꼴로 끝이 뾰족하며 가장자리에 불규칙한 톱니가 많다.
- **줄기** 곧게 서며 위쪽에서 가지가 많이 갈라지고 털이 없다.

- **꽃** 줄기와 가지 끝에 흰색 머리모양꽃이 많이 모여 고른꽃차례를 이룬다. 머리모양꽃 지름은 1~1.5cm이며 주변에 혀모양꽃이 10~15개 있고 중심부에 노란색 대롱꽃이 있다.
- **열매** 여윈열매이고 짧은 털이 있다.
- **식별 포인트** 꽃이 흰색인 까실쑥부쟁이와 비슷하나 섬쑥부쟁이가 머리모양꽃 수가 훨씬 더 많으며 잎이 까칠하지 않다.

추산쑥부쟁이 | 국화과
Aster chusanensis

- **꽃 피는 때** 9~10월
- **생육 특성** 울릉도 추산에서 처음 발견되었으며 천부와 추산 등 바닷가 낮은 산에 자생하는 여러해살이풀로 높이는 20~80cm이다.
- **잎** 줄기 아래쪽 잎은 일찍 시들고, 중간 잎은 어긋나며 긴둥근꼴이고 가장자리에 톱니가 6~10쌍 있다.
- **줄기** 가지가 갈라지며 전체에 부드러운 털이 있다.
- **꽃** 줄기와 가지 끝에서 옅은 보랏빛 도는 흰색 머리모양꽃이 모여 고른꽃차례를 이룬다. 머리모양꽃 지름은 1.5~3cm이다. 흰색이 도는 혀모양꽃이 15~25개이며 중앙에 노란색 갓모양꽃이 많이 핀다.
- **열매** 여윈열매이며 흰색 갓털이 달려 있다. 결실 확률이 낮은 편이다.
- **식별 포인트** 왕해국과 섬쑥부쟁이의 자연교잡종으로 꽃과 잎이 정확하게 두 종의 중간 특징을 띤다.

섬쑥부쟁이(왼쪽), 추산쑥부쟁이(가운데), 왕해국(오른쪽 아래) ,섬쑥부쟁이(오른쪽 위)

왕해국(왼쪽), 추산쑥부쟁이(가운데), 섬쑥부쟁이(오른쪽)

울릉국화

국화과
Dendranthema zawadskii **var.** *lucidum*

- 꽃 피는 때 9~11월
- 생육 특성 울릉도 양지바른 산지에 자생하는 여러해살이풀로 높이 60cm 정도다. 울릉도를 대표하는 가을꽃이라서 거리마다 많이 심었다.
- 잎 광택이 있고 약간 두툼하다. 뿌리 쪽 잎은 모여나고 2회 깃꼴로 갈라지며 갈래조각은 버들잎모양이다. 줄기잎은 어긋나고 더 잘게 갈라지며 잎자루는 거의 없다.
- 줄기 곧게 서고 가지가 갈라진다.
- 꽃 줄기와 가지 끝에 지름 4~5cm인 흰색 머리모양꽃이 1개씩 달린다. 주변에는 흰색 혀모양꽃이, 중앙부에는 노란색 갓모양꽃이 달린다. 큰꽃싸개조각은 줄모양이고 뾰족하며 3줄로 달린다.
- 열매 여윈열매이고 줄이 5개 있다.
- 식별 포인트 다른 구절초에 비해 잎이 두껍고 광택이 있으며 잎이 갈라진 모양이 다르다.

털바위떡풀 | 범의귀과
Saxifraga fortunei var. *pilosissima*

- 꽃 피는 때 10월
- 생육 특성 산지 계곡 바위틈에 자생하는 여러해살이 풀로 높이 5~30cm이다.
- 잎 뿌리에서 바로 올라오며 길이와 너비가 비슷한 둥근꼴 또는 둥그스름한 콩팥모양이고 지름 3~10cm로 크기가 다양하다. 잎 윗면은 진한 녹색이고 털이 조금 있으며 아랫면은 털이 많고 흰색에 가깝다. 잎자루에는 긴 털이 많다.
- 줄기 줄기가 없다.
- 꽃 뿌리에서 꽃자루가 바로 올라와 꽃줄기를 이루며 원뿔모양 작은모임꽃차례로 핀다. 꽃줄기에는 털이 있는 것과 없는 것이 있다. 꽃잎은 5개로 거꿀버들잎 모양이고 위쪽 3개는 짧고 아래쪽 2개는 길어서 大자처럼 보인다. 수술은 10개이고 꽃밥은 붉은색이다.
- 열매 달걀모양 캡슐열매다.
- 식별 포인트 바위떡풀은 잎자루에 털이 없는데 털바위떡풀은 잎자루에 털이 많다.

섬고사리 | 개고사리과
Athyrium acutipinnulum

- 꽃 피는 때 7~9월
- **생육 특성** 울릉도 산지 전역 그늘지고 습한 숲에 자생하며, 강원도 일원에도 자라는 하록성 여러해살이풀로 높이 40~80cm이다. 울릉도에서는 밭에서 많이 재배한다.
- 잎 모여나며 잎자루 길이가 20~40cm로 잎몸 길이와 비슷하다. 잎자루에는 버들잎모양 흑갈색 비늘조각이 붙으며 샘털이 없다. 잎몸은 2회 깃꼴로 갈라지며 긴 둥근꼴이다. 깃모양쪽잎은 약 15쌍이고 좁은 버들잎모양으로 점차 좁아져 꼬리처럼 길어진다. 작은깃모양쪽잎은 버들잎모양으로 점차 뾰족해진다. 쪽잎은 긴둥근꼴이고 가장자리에 톱니가 있다.
- **포자낭군** 작은깃모양쪽잎 주맥 가까이에 붙는다. 가장자리가 불규칙하게 갈라진다.
- **식별 포인트** 잎자루와 중축에 샘털이 없고, 볏짚 색인 점이 특이하다.

겉씨식물

삼나무 | 낙우송과
Cryptomeria japonica

- **꽃 피는 때** 3~4월
- **생육 특성** 1900년대 초에 들어와 남부지방에 주로 심었다. 울릉도 봉래폭포 가는 길에 울창한 삼나무 숲이 있다.
- **잎** 잎은 나사모양으로 달려서 5줄로 늘어서며 새 날개 모양이다. 길이 1.2~2.5cm이며 윗부분 것은 짧다. 잎 아래쪽 주맥은 도드라졌다.
- **줄기** 곧게 자라며 껍질은 얇고 붉은색이고 세로로 갈라지나 오래된 껍질은 벗겨진다. 가지가 많이 나오고 위로 또는 수평으로 퍼진다.
- **꽃** 암수한그루로 3월에 핀다. 수꽃은 가지 끝에 짧은 송이꽃차례처럼 달리고 긴둥근꼴로 길이 1cm이며 노

란색이다. 꽃턱잎에 꽃밥이 4~5개 달린다. 암꽃은 공 모양으로 끝에 1개씩 달리고 녹색이며 자녹색 꽃턱잎이 있다.
- **열매** 여윈열매로 둥글고 적갈색이며 지름 1.6~3cm이다. 숙존성(宿存性) 실편은 방패모양으로 두꺼우며 끝에 이빨모양 돌기가 몇 개 있고 아랫면에 젖혀진 돌기가 있다. 씨앗은 각 실편에 3~6개씩 들어 있으며 긴둥근꼴이고 길이 0.8cm, 지름 0.25~0.3cm로 둘레에 좁은 날개가 있다. 떡잎은 3개다. 10월에 익는다.
- **식별 포인트** 껍질이 붉은색이고 오래된 껍질은 벗겨진다.

주목

현삼과
Taxus cuspidata

- **꽃 피는 때** 4월
- **생육 특성** 울릉도를 비롯한 태백산맥 높은 산과 한라 산 등에 자생한다. 특히 울릉도에 자생하는 잎 폭이 넓은 종을 회솔나무라고 해 주목의 변종으로 처리했 으나 주목과 같은 종으로 보는 견해가 많다.
- **잎** 줄모양으로 길이 1.5~2cm, 폭 0.2~0.3cm이고, 끝 이 뾰족하다. 윗면은 짙은 녹색이고 아랫면에는 황백 색 숨구멍줄이 2줄 있다.
- **줄기** 적갈색이고 광택이 있으며 오래될수록 얇게 벗 겨진다. 어린 가지는 녹색이며 시간이 지나면 갈색 으로 변한다.
- **꽃** 암수딴그루로 암꽃은 잎겨드랑이에 하나씩 달리 며, 수꽃은 잎겨드랑이에 여러 개 달린다.
- **열매** 알갱이열매이고 8~9월에 붉게 익는다. 0.8~1cm 공모양이고 붉은색 헛씨 껍질 끝부분이 파 여서 씨앗이 드러난다.
- **식별 포인트** 주목은 재질이 단단하고 잘 썩지 않는다.

향나무 | 측백나무과
Juniperus chinensis

- **꽃 피는 때** 3~5월
- **생육 특성** 도동 뒷산 바위절벽 고목과 통구미 군락지, 대풍감 군락지가 유명하다.
- **잎** 바늘잎과 비늘잎 두 가지 모양 잎이 있다. 어린 가지에는 바늘잎이 달리고 오래된 잎에는 비늘잎이 달린다. 바늘잎은 3개씩 엉성하게 돌려나고, 비늘잎은 촘촘하다.
- **줄기** 회갈색이고 세로로 얇게 갈라져 벗겨진다. 어린 가지는 녹갈색이고 점차 적갈색으로 변한다.

- **꽃** 암수딴그루로 4월에 피고 암꽃이삭은 홍자색이다. 수꽃은 0.3~0.5cm로 긴둥근꼴이고 황갈색이며 가지 끝에 달린다.
- **열매** 여윈열매이고, 녹색이나 회청색을 띠다가 다음 해 9~10월에 보랏빛 도는 검은색으로 익는다. 지름 0.6~0.7cm 공모양이고, 씨앗은 0.5cm 정도로 불규칙한 긴둥근꼴이다.
- **식별 포인트** 비늘잎과 바늘잎이 있다.

측백나무 측백나무과
Taxus cuspidata

- 꽃 피는 때 3~4월
- 생육 특성 육지에서 들어와 자라는 것으로 보이며 늘 푸른큰키나무다.
- 잎 달걀모양으로 길이 0.1~0.3cm이며 비늘모양으로 겹쳐진다. 잎 양면이 녹색으로 비슷하다.
- 줄기 적갈색이고 세로로 길게 갈라진다. 어린 가지는 녹색이고 시간이 지날수록 적갈색으로 변한다.
- 꽃 암수한그루이고 가지 끝에 꽃이삭이 달린다. 암꽃은 0.3cm로 공모양이고 연한 갈색이 돌며, 수꽃은 0.2~0.3cm로 긴둥근꼴이고 적갈색이다.
- 열매 여윈열매이고 뿔 같은 돌기가 있는 달걀모양이다. 처음에는 분백색을 띠는 녹색이지만 가을에 적갈색으로 익는다.
- 식별 포인트 편백은 잎 아랫면 흰색이 Y자 모양, 화백은 잎 아랫면 흰색이 W자 모양으로 배열되나 측백나무는 잎 앞뒷면 색이 같다.

93

소나무 | 소나무과
Pinus densiflora

- 꽃 **피는 때** 4~5월
- **생육 특성** 양수림이라 음수림과 경쟁해 지게 되면 도 태된다. 나리분지에서는 조만간 소나무를 볼 수 없을 것으로 예측한다.
- **잎** 침모양이고 2개씩 모여 달리며, 길이 8~9cm이고 끝이 뾰족하나 찔려도 아프지 않다.
- **줄기** 적갈색 또는 회갈색으로 오래될수록 세로로 깊 게 갈라진다. 겨울눈은 적갈색이고 비늘조각은 뒤로 젖혀진다.

- **꽃** 암수한그루이고 새 가지에 꽃이삭이 달린다. 암꽃 은 달걀모양으로 진한 자주색이고 끝부분에 1~3개 달 리며, 수꽃은 암꽃 아래쪽에 황갈색으로 여러 개 모여 달리며 암꽃이 성숙하기 전에 꽃가루를 날린다(웅예 선숙).
- **열매** 여윈열매이고 다음 해 9~10월에 갈색으로 익는 다. 씨에 날개가 있다.
- **식별 포인트** 곰솔은 겨울눈이 은백색이며, 잎이 크고 억세며, 껍질이 흑회색이어 구별된다.

곰솔 | 소나무과
Pinus thunbergii

- 꽃 피는 때 4~5월
- **생육 특성** 남부지방 바닷가 주변 산지에 주로 자생하고 동해안 포항에서 강릉, 울릉도까지 자란다. 바닷가에 자라 해송이라고도 한다.
- **잎** 침모양이고 2개씩 모여 달리며, 길이 6~14cm이며 끝이 뾰족하고 단단해서 찔리면 아프다.
- **줄기** 회색 또는 흑회색으로 오래될수록 세로로 깊게 갈라진다. 겨울눈은 은백색이다.

- **꽃** 암수한그루로 새 가지 끝에 암꽃이 달리고 아래쪽에 수꽃이 풍성하게 달리며 수꽃이 먼저 성숙해 꽃가루를 날린다.
- **열매** 여윈열매이고 다음 해 9~10월에 갈색으로 익는다. 씨에 날개가 있다.
- **식별 포인트** 소나무는 겨울눈이 적갈색이고 껍질은 적갈색 또는 회갈색이며 잎이 억세지 않다.

섬잣나무 | 소나무과
Pinus parviflora

- 꽃 피는 때 5~6월
- 생육 특성 일본과 울릉도에 자생한다. 늘푸른바늘잎 큰키나무로 태하령 군락지가 잘 보존되어 있다.
- 잎 길이 3~6cm로 5개씩 나며 능선이 3개 있다.
- 줄기 회색 또는 회갈색이며 오래될수록 세로로 불규칙하게 비늘조각처럼 벗겨진다.
- 꽃 암수한그루로 암꽃은 달걀모양이고 새 가지 끝에 3개 안팎으로 달린다.

- 열매 여윈열매이고 다음 해 9~10월에 갈색으로 익는다. 길이 4~6cm이며 달걀모양으로 아래를 향해 달린다. 솔방울 조각이 벌어져서 씨앗이 잘 떨어지고 씨앗에 짧은 날개가 있다.
- 식별 포인트 잣나무는 솔방울 조각이 잘 벌어지지 않고 씨앗에 날개가 없다.

솔송나무

소나무과
Tsuga sieboldii

- 꽃 피는 때 4~5월
- 생육 특성 산사면이나 능선에 자생하는 늘푸른바늘잎큰키나무로 태하령의 섬잣나무, 너도밤나무와 함께 천연기념물 제30호이며, 일본에서도 자란다.
- 잎 줄모양으로 길이 1~2cm, 폭 0.2~0.3cm로 끝이 오목하다. 아랫면에 흰색 줄 2개가 뚜렷하며, 0.2cm 정도인 잎자루가 있다.
- 줄기 적갈색 또는 회갈색이고 오래된 나무일수록 껍질이 세로로 벗겨진다.
- 꽃 함수한그루이며 암꽃이삭은 0.5~1cm인 달걀모양이고 보랏빛 도는 검은색이며 아래를 향해 달린다. 수꽃이삭은 0.5cm 정도인 달걀모양이고 암꽃과 마찬가지로 아래를 향해 달린다.
- 열매 여원열매이고, 10~11월에 갈색으로 익는다. 길이 2~2.5cm로 달걀모양이며 아래를 향해 달린다.
- 식별 포인트 주목(회솔나무)은 잎 끝이 뾰족하다.

은행나무

은행나무과
Ginkgo biloba

- **꽃 피는 때** 4~5월
- **생육 특성** 전국에서 가로수나 풍치수로 심는 갈잎큰키나무로 높이 40~60m이다. 도동에 있다.
- **잎** 어긋난다. 가지 끝부분에서는 뭉쳐난 것처럼 보인다. 부채모양이며 잎 끝부분 중앙부에 홈이 파인다. 잎 끝은 미세하게 물결치는 모양이다. 잎질은 가죽질이다.
- **줄기** 회색 또는 회갈색이고 두꺼운 코르크질이 생기며 세로로 깊게 갈라진다. 오래된 나무에는 유주가 달린다.

- **꽃** 암수딴그루이고 모두 짧은 가지 위에서 어린잎과 함께 나타나며 수꽃은 꽃대 1~5개가 꼬리모양이다. 암꽃은 잎겨드랑이에서 1~2cm 길이 자루 끝에 피며, 밑씨 2개가 드러나고 밑씨 속에 난세포가 있어 수분되면 열매가 달린다.
- **열매** 10월에 노란색으로 익는다. 지름 2~3.5cm로 공모양이고 열매처럼 보이는 것까지 밑씨가 발달한 것으로 씨로 본다.
- **식별 포인트** 살아있는 화석으로 불리는 장수목 중 하나로 나이가 1,000년 넘는 나무도 있다.

속씨식물

쌍떡잎식물

나무

백서향 | 팥꽃나무과
Daphne kiusiana

- **꽃 피는 때** 3~4월
- **생육 특성** 우리나라 남해안 섬과 제주도에 자생하며 울릉도에 있는 백서향은 심은 것으로 보인다. 갈잎작은키나무로 향기가 진하다.
- **잎** 어긋난다. 거꿀버들잎모양이다. 길이 3~8cm, 폭 1~3.5cm이다. 가장자리는 밋밋하고 끝이 뾰족하다.
- **줄기** 곧게 자라고 가지가 많이 나오며 수형이 둥글다.
- **꽃** 암수한꽃이고, 가지 끝에 흰색 꽃이 모여 피며 향기가 좋다. 꽃받침통은 1~2cm로 끝이 4개로 갈라지며 잔털이 있다.
- **열매** 알갱이열매이고 5~7월에 붉게 익으며 달걀처럼 둥근꼴이다.
- **식별 포인트** 제주백서향은 꽃받침통에 털이 없고 잎이 긴둥근꼴이다.

개나리 | 물푸레나무과
Forsythia koreana

- 꽃 피는 때 3~4월
- **생육 특성** 한국특산식물로 도동, 저동, 안평전 등 인가 주변 양지바른 곳에 심은 갈잎작은키나무다.
- 잎 마주난다. 달걀모양으로 길이 4~10cm, 폭 1.5~3.5cm이다. 끝이 뾰족하고 잎바닥은 쐐기모양이며 가장자리 중간 위쪽으로 톱니가 있기도 하고 없기도 하다. 양면에 털이 없으며, 아랫면은 연한 녹색이고, 잎자루는 1~2cm이다.
- 줄기 회색 또는 회갈색이고 가지는 휘어져 끝부분이 아래로 처진다.
- 꽃 암수한꽃이고 잎이 나기 전에 노란색 꽃 1~3개가 잎겨드랑이에서 핀다. 꽃부리 지름은 1.5~3cm이고 4개로 갈라지며 갈래는 긴둥근꼴이다. 암술은 1개, 수술은 2개이며 장주화(암술이 수술보다 긴 꽃)와 단주화(암술이 수술보다 짧은 꽃)가 있다.
- **열매** 캡슐열매이고 가을에 갈색으로 익으며 끝이 뾰족하다. 씨앗은 긴둥근꼴이고 가장자리에 날개가 있다. 결실률이 낮은 편이다.
- **식별 포인트** 산개나리나 만리화(잎이 넓다)에 비해 잎 아랫면에 털이 없고 가지 속이 비었으며 가지 끝이 아래로 처진다.

회양목

회양목과
Buxus koreana

- **꽃 피는 때** 3~4월
- **생육 특성** 전국 산지 바위지대에 자생하며 화단 주변에 심는다. 울릉도에도 도로가에 심었다. 늘푸른작은키나무다.
- **잎** 마주난다. 거꿀달걀모양이며 길이 1.5cm 안팎, 폭 0.8cm 정도다. 끝은 오목하거나 둥글고 가장자리가 뒤로 말린다.
- **줄기** 회녹색이고, 어린 가지는 녹색이며 네모나고 털이 있다.
- **꽃** 암수한그루이고, 가지 끝이나 잎겨드랑이에 황록색 꽃이 모여 핀다. 암술머리가 3개 있고, 주변에 수술이 있다.
- **열매** 캡슐열매이고 9월에 갈색으로 익는다. 암술대에 뿔모양 돌기가 3개 남는다.
- **식별 포인트** 제주 바닷가에 자생하는 섬회양목은 잎이 넓다.

백목련 | 목련과
Magnolia denudata

- **꽃 피는 때** 3~4월
- **생육 특성** 중국이 원산지이며 전국에 심는 갈잎큰키나무로 저동, 태하, 나리분지 등에 심었다.
- **잎** 마주난다. 거꿀달걀모양 같은 긴둥근꼴이며 길이 10~15cm, 폭 3~7cm이다. 끝은 둥글거나 뾰족하다. 윗면에 털이 약간 있으며 아랫면은 털 없어 매끈하다.
- **줄기** 껍질은 회백색이고 줄기는 곧으며 높이 10m 이상 자란다. 어린 가지와 겨울눈에는 털이 있다.
- **꽃** 암수한꽃이고, 가지 끝에서 큰 흰색 꽃이 1개씩 핀

다. 꽃은 지름 12~15cm로 크고 향기가 난다. 꽃받침이 3장, 꽃잎이 6장으로 바깥쪽 꽃받침잎이 꽃잎 같아서 꽃잎이 9장인 것처럼 보인다. 꽃받침잎이 하늘을 보고 있다.
- **열매** 꽃받침이 길게 발달한 모인열매로 9~10월에 홍갈색으로 익는다.
- **식별 포인트** 백목련은 꽃이 크고 하늘을 향해 피는 반면에 자생종 목련은 꽃잎이 옆으로 퍼진다.

갯버들 | 버드나무과
Salix gracilistyla

- 꽃 피는 때 3~4월
- **생육 특성** 제주도를 제외한 전국 하천가나 습지, 숲 가장자리에 자생한다. 북면 중산간 지대에서 태하령으로 이어지는 냇가에 자생한다.
- **잎** 어긋난다. 긴둥근꼴 또는 거꿀버들잎모양이다. 길이 3~12cm, 폭 0.5~3cm이며 끝이 뾰족하고 가장자리에 잔톱니가 있다. 아랫면에 회백색 털이 빽빽하다.
- **줄기** 높이 2m 안팎으로 회녹색이고, 뿌리 근처에서 가지가 많이 나오며 어린 가지에는 털이 많으나 곧 없어진다.
- **꽃** 암수딴그루이고, 가지 끝이나 잎겨드랑이에서 잎보다 꽃이 먼저 핀다. 수꽃차례는 길이 3~3.5cm인 원기둥모양이다. 수꽃은 꽃싼잎 끝이 검은색이고 꽃대에 털이 있으며 수술은 2개가 완전히 합생한다. 암꽃차례는 2~5cm로 꽃대에 털이 있고, 암술머리는 4개이며 꿀샘이 1개 있다.
- **열매** 캡슐열매로 긴둥근꼴이고 길이 0.3cm로 5월에 익는다.
- **식별 포인트** 잎이 긴둥근꼴로 어긋나며, 꽃차례도 가지 끝에서 어긋나게 달린다.

버드나무 | 버드나무과
Salix koreensis

- 꽃 피는 때 4월
- **생육 특성** 제주도를 제외한 전국 산지나 계곡, 하천, 물가에서 흔히 자란다. 북면 현포리 중산간 지대에 자생하는 갈잎큰키나무다.
- **잎** 어긋난다. 버들잎모양이다. 길이 6~12cm, 폭 0.7~2cm이다. 끝이 뾰족하고 가장자리에 잔톱니가 있다. 윗면은 녹색이고 아랫면은 흰빛이 돈다. 턱잎은 가늘고 길며 끝이 뾰족하다.
- **줄기** 껍질은 암갈색이고 얕게 갈라지며 잔가지는 밑으로 처진다.
- **꽃** 암수딴그루이고 잎과 함께 위쪽 가지 잎겨드랑이에서 핀다. 수꽃차례는 1~2.5cm인 긴둥근꼴이다. 수꽃은 꿀샘덩이와 수술이 각각 2개이고 꽃밥은 붉은색이다. 암꽃차례는 길이 1~2cm인 달걀모양이고, 엷은 노란색 암술머리는 2개로 갈라진다. 씨방에 털이 빽빽하고 씨방 밑에 꿀샘덩이가 1~2개 있다.
- **열매** 캡슐열매이고 5월에 익으며, 씨에 흰색 긴 털이 달린다.
- **식별 포인트** 수양버들은 가지가 늘어지는 반면에 버드나무는 가지가 처지지 않는다. 버드나무는 씨방에 털이 빽빽하지만 수양버들은 빽빽하지 않다.

수양버들 | 버드나무과
Salix babylonica

- **꽃 피는 때** 3~4월
- **생육 특성** 원산지는 중국이다. 전국 저수지 주변이나 물가에 심은 갈잎큰키나무다. 북면 현포리 주변 중산 간 지대에 몇 개체 심겨 있다.
- **잎** 어긋난다. 좁은 버들잎모양이다. 끝이 길게 뾰족하고 가장자리에 잔톱니가 있다.
- **줄기** 껍질은 회갈색이고 세로로 불규칙하게 갈라진다.
- **꽃** 암수딴그루이고, 위쪽 가지 잎겨드랑이에서 잎과 함께 핀다. 수꽃차례는 1~3cm이고, 수술과 꿀샘덩이가 각각 2개씩이다. 암꽃차례는 2~3cm이고 암술머리는 2~4개로 갈라진다.
- **열매** 캡슐열매이고 5월에 익으며, 씨앗에는 흰색 긴 털이 달린다.
- **식별 포인트** 능수버들은 수양버들과 구별이 모호해 변종으로 처리하거나 통합하는 것이 옳다고 본다.

양버들 | 버드나무과
Populus nigra var. *italica*

- 꽃 피는 때 4월
- **생육 특성** 서양에서 들여왔으며 전국 하천 주변이나 마을 어귀에 심는다. 안평전 가는 무덤가와 북면 현포리 전망대 주변에 심은 갈잎큰키나무다.
- **잎** 어긋난다. 마름모 또는 달걀모양 같은 세모꼴이며 가장자리에 무딘 톱니가 불규칙하게 있다. 길이 5~10cm, 폭이 4~10cm이며 폭이 더 긴 편이다.
- **줄기** 높이 30m에 달한다. 수형은 빗자루모양이다.
- **꽃** 암수딴그루이고 잎이 나기 전에 위쪽 가지에서 꼬리모양꽃차례로 핀다. 수꽃차례는 4~6cm이며, 수술은 15~30개이고 꽃밥은 붉은색이다. 암꽃차례는 6~10cm이고 암술머리는 노란색이며 갈라진다.
- **열매** 이삭은 길이 10~15cm로 열매가 40~60개 달리고 아래로 늘어진다. 캡슐열매다.
- **식별 포인트** 양버들은 잎이 마름모꼴이고 수형은 빗자루모양이다. 미루나무는 잎바닥이 평평한 넓은 달걀모양이고 수형은 둥글다. 이태리포푸라는 캐나다 원산으로 이탈리아에서 들여온 갈잎큰키나무다. 양버들과 미루나무의 잡종이며 두 종의 중간적 특징을 띤다.

이태리포푸라

감탕나무

감탕나무과
Ilex integra

- **꽃 피는 때** 4~5월
- **생육 특성** 울릉도와 남해안 도서 지역 및 제주도 바닷가 주변 산지에 자생하는 늘푸른넓은잎큰키나무다.
- **잎** 어긋난다. 가죽질이며 긴 거꿀달걀모양이다. 길이 5~10cm, 폭 2~3cm이며 끝이 무디고 가장자리는 밋밋하다. 옆맥이 희미하며, 양면에 털이 거의 없다. 잎자루는 0.8~1.5cm이고 털이 약간 있다.
- **줄기** 높이 10m에 달하고 가지가 많이 갈라진다. 꽃이 피는 2년생 가지는 녹색을 띠며 원줄기 껍질은 회백색이다.
- **꽃** 암수딴그루이고 2년생 가지 잎겨드랑이에서 황록색으로 모여 핀다. 지름은 0.7~0.8cm이고 꽃부리는 4~5개로 갈라지고 갈래조각은 긴둥근꼴이다. 수술은 4개이고 암술과 씨방은 퇴화했다. 암꽃에는 헛수술이 4개 있으며 암술머리가 두툼하고 4개로 갈라진다.
- **열매** 알갱이열매이고 늦가을에 붉게 익는다.
- **식별 포인트** 먼나무와 달리 황록색 꽃이 핀다.

매실나무 | 장미과
Prunus mume

- 꽃 피는 때 2~4월
- 생육 특성 중국 원산으로 꽃이 아름답고 향기가 있으며 열매를 얻을 수 있어 전국에서 심는 갈잎큰키나무다. 도동과 태하 등 밭에 심겨 있다.
- 잎 어긋난다. 거꿀달걀모양 같은 긴둥근꼴 또는 달걀모양이다. 길이 4~10cm, 폭 3~7cm이고 가장자리에 잔톱니가 많으며, 끝부분은 길게 뾰족하다. 잎자루는 1~2cm이고 털이 약간 있다.
- 줄기 껍질은 짙은 회색이고 잔가지는 녹색이다.
- 꽃 암수한꽃이고, 가지마다 흰색 또는 담홍색으로 1~3개가 잎보다 먼저 피며 꽃자루는 거의 없다. 지름 2.5cm 안팎으로 거꿀달걀모양 꽃잎이 5장으로 이루어지며 향기가 강하다. 꽃받침조각은 5개이며 자갈색으로 꽃잎을 받치고 있다. 수술은 많고 꽃잎과 크기가 비슷하며 암술은 1개이며 수술보다 조금 작다.
- 열매 알갱이열매이고 7월에 노란색으로 익으며 씨는 과육에서 잘 떨어지지 않는다.
- 식별 포인트 살구나무는 꽃받침이 뒤로 젖혀지고 과육에서 씨앗이 잘 떨어진다.

살구나무 | 장미과
Prunus armeniaca

- 꽃 피는 때 4월
- **생육 특성** 중국 원산으로 전국에 야생하거나 화단이나 밭에 기르는 갈잎큰키나무다.
- **잎** 어긋난다. 넓은 거꿀달걀모양 또는 긴둥근꼴이며 잎 끝이 뾰족하다. 길이 6~8cm, 폭 4~7cm이고 양면에 털이 없으며 가장자리에 불규칙한 짧은 톱니가 있다.
- **줄기** 껍질은 회갈색이고 가지가 많이 갈라진다.
- **꽃** 암수한꽃이고, 가지마다 연붉은색 꽃 1~2개가 잎이 나기 전에 핀다. 지름은 2~4cm이고 꽃잎은 5개

이며 넓은 거꿀달걀모양이다. 꽃받침조각은 붉은색이며 뒤로 젖혀진다. 수술은 많으며 암술대가 수술보다 길다.
- **열매** 알갱이열매이고 7월에 황적색으로 익는다. 지름 2.5cm 정도인 공모양이고 과육과 씨앗이 잘 떨어진다.
- **식별 포인트** 매실나무와 달리 꽃받침이 뒤로 젖혀진다.

복사나무

장미과
Prunus persica

- 꽃 **피는 때** 4~5월
- **생육 특성** 복숭아나무라고도 하며 중국 원산으로 전국에서 기르는 갈잎큰키나무다. 도동과 태하 등 민가 주변에 심겨 있다.
- **잎** 어긋난다. 긴둥근꼴 또는 창모양이며 길이 7~15cm, 폭 1.5~3.5cm로 양면에 털이 없으며 가장자리에 잔톱니가 있다. 잎자루는 1~2cm이다.
- **줄기** 껍질은 흑갈색이고 잔가지에 털이 없다.
- **꽃** 암수한꽃이고, 가지마다 연붉은색 꽃 1~2개가 잎이 나기 전부터 핀다. 꽃자루는 짧고 잔털이 **빽빽하**다. 지름 2.5~3.5cm이며 꽃잎은 5장으로 넓은 거꿀달걀모양이며 가장자리가 꾸불거린다. 암술은 수술보다 길다.
- **열매** 알갱이열매로 달걀모양이며 8~9월에 황적색으로 익는다. 지름 5cm 이상이고 씨앗은 과육에서 잘 떨어지지 않는다.
- **식별 포인트** 살구나무나 매실나무보다 잎이 길다.

자두나무 | 장미과
Prunus salicina

- 꽃 피는 때 3~4월
- **생육 특성** 중국이 원산지로 맛이 좋아 전국에서 심는 갈잎큰키나무다. 태하 민가 주변에 심겨 있다.
- 잎 어긋난다. 긴둥근꼴 또는 긴 거꿀달걀모양이며 길이 6~10cm, 폭 2~4cm이다. 가장자리에 잔톱니가 촘촘하고 끝이 갑자기 뾰족해진다.
- **줄기** 껍질은 회갈색이고 어린 가지는 적갈색이며 털 없이 윤기가 있다.
- **꽃** 암수한꽃이고, 가지마다 흰색 꽃 3개가 잎보다 먼저 핀다. 지름은 1.5~2.2cm로 작은 편이며, 꽃자루는 1~2cm로 긴 편이다. 꽃받침조각은 긴 달걀모양으로 톱니가 약간 있다. 암술대는 수술보다 약간 길고, 수술은 많으며 꽃잎과 길이가 비슷하다.
- **열매** 알갱이열매이고 7~8월에 붉게 익는다. 지름 4~5cm 공모양이며 흰색 분이 생긴다. 씨앗은 가장자리에 좁은 날개가 있다.
- **식별 포인트** 매실나무와 달리 꽃이 3개씩 달리고 잎이 좁아진다.

배나무

장미과
Pyrus pyrifolia var. *culta*

- 꽃 피는 때 4~5월
- 생육 특성 일본이 원산지로 전국에서 많이 기르는 갈잎큰키나무다. 태하 쪽 민가 주변에 심겨 있다.
- 잎 어긋난다. 달걀모양이며 길이 7~12cm, 폭 3~5cm이다. 끝이 길게 뾰족하고 가장자리에 바늘모양 날카로운 톱니가 있다.
- 줄기 껍질은 흑갈색이고 어린 가지는 갈색이며, 처음에는 털이 있다가 점차 없어진다.
- 꽃 암수한꽃이고, 가지 끝에 흰색 꽃 5~10개가 송이꽃차례를 이루며 잎과 함께 핀다. 지름 3~3.5cm이고 꽃잎은 5장이며 거꿀달걀모양이다. 꽃받침조각은 버들잎모양이다. 암술대는 5개이며 수술은 20개 정도이고 꽃밥은 분홍색이다.
- 열매 9~10월에 황갈색으로 익는다. 지름 6~15cm 공모양이고 갈색 얼룩이 있다.
- 식별 포인트 잎이 달걀모양으로 끝이 길게 뾰족하며 가장자리에 바늘모양 톱니가 있다.

모과나무

장미과
Chaenomeles sinensis

- 꽃 피는 때 4~5월
- **생육 특성** 중국 원산으로 전국에서 관상수로 심는 갈 잎큰키나무다. 도동과 저동에서 볼 수 있다.
- **잎** 어긋난다. 달걀모양이며 길이 4~10cm, 폭 2~5cm이다. 끝이 뾰족하고 가장자리에 날카로운 톱니가 있다.
- **줄기** 껍질은 녹갈색이고 조각으로 벗겨지면서 얼룩무늬가 생긴다.

- **꽃** 암수한꽃이고, 짧은 가지 끝에 분홍색 꽃이 1개씩 핀다. 지름은 2~3cm이며 꽃잎은 거꿀달걀모양이고 끝이 둥글다. 꽃받침조각은 세모꼴이고 톱니가 있다. 암술대는 5개이고 털이 없으며 수술은 많다.
- **열매** 배모양열매이고 8~15cm인 긴둥근꼴이다.
- **식별 포인트** 분홍색 꽃이 피고 열매는 긴둥근꼴이다.

산조팝나무 | 장미과
Spiraea blumei

- **꽃 피는 때** 4~5월
- **생육 특성** 경북 이북의 바위지대나 건조한 사면에 주로 자생하는 갈잎작은키나무로 울릉도에서는 바닷가 절벽 바위틈에 자생한다.
- **잎** 어긋난다. 넓은 달걀모양 또는 둥근꼴이며, 길이 3~4cm, 폭 2.5~3.5cm이다. 상반부는 둥글고 무딘 톱니가 있으며 하반부는 넓은 쐐기모양 또는 심장모양이다. 잎자루 길이는 0.5cm 안팎이다.
- **줄기** 껍질은 회색 또는 회갈색이고 2년생 어린 가지는 적갈색이다.
- **꽃** 암수한꽃이고, 새 가지 끝에 우산모양꽃차례로 흰색 꽃 15~30개가 모여 핀다. 작은 꽃자루 길이는 1cm 정도다. 지름은 0.8cm, 꽃잎은 5장이고 넓은 거꿀달걀모양이다.
- **열매** 분열열매이고 9~10월에 갈색으로 익는다. 크기는 0.3~0.4cm이고 4~6개씩 모여 달리며 암술대 흔적이 남는다.
- **식별 포인트** 잎이 둥근꼴이다.

일본조팝나무 | 장미과
Spiraea japonica

- 꽃 피는 때 5~6월
- 생육 특성 일본 원산지로 중국, 한국 등에 분포한다. 전국에 분포하며 울릉도에도 최근 많이 들어와 도동, 사동 등 도로 근처에서 많이 보인다.
- 잎 어긋난다. 버들잎모양 또는 달걀모양이다. 길이 1~8cm, 폭 0.6~4cm로 끝이 뾰족하고 가장자리에 불규칙하지만 예리한 톱니가 있다. 윗면은 연녹색 또는 연노란색이고 아랫면은 색이 연하거나 흰색이다. 잎자루는 0.1~0.5cm이고 털이 있거나 없다.
- 줄기 높이 1m 정도이고 가지에 털이 있는 것도 있다.
- 꽃 암수한꽃이고, 줄기나 가지 끝 우산모양꽃차례에 연분홍색으로 촘촘하게 모여 핀다. 지름은 0.3~0.6cm이다. 작은 꽃줄기는 0.4~0.6cm이고 꽃받침은 꽃줄기와 더불어 털이 있거나 없다. 꽃잎은 5장이고 둥근꼴이며 밑부분에 뾰족한 돌기가 있다. 수술은 많고 꽃잎보다 훨씬 길며 꽃밥은 흰색이다.
- 열매 분열열매로 5개이며 길이 0.2~0.3cm이고 8~9월에 익는다.
- 식별 포인트 참조팝나무는 꽃잎은 흰색이고 중앙부가 연붉은색인 반면 일본조팝나무는 꽃잎이 분홍색이다.

마가목 | 장미과
Sorbus commixta

- **꽃 피는 때** 5~6월
- **생육 특성** 한국과 일본에 분포하며 울릉도에서는 바닷가 저지대에서부터 성인봉 정상까지 자생한다. 갈잎큰키나무다.
- **잎** 어긋난다. 깃모양겹잎이다. 작은잎은 9~15개이고 버들잎모양 또는 긴둥근꼴이며 길이 3~9cm, 폭 1.5~3cm이다. 가장자리에 날카로운 겹톱니가 촘촘하고 끝부분은 길게 뾰족하며, 밑부분은 좌우 비대칭이다.
- **줄기** 껍질은 황갈색이고 어린 가지에는 털이 없다.
- **꽃** 암수한꽃이고, 가지 끝 겹고른꽃차례에 자잘한 흰색 꽃이 모여 핀다. 지름은 0.6~1cm이다. 꽃받침조각은 넓은 세모꼴이고 꽃잎은 거꿀달걀모양이다. 암술대는 3개이고 털이 있으며, 수술은 20개이고 꽃잎과 길이가 같다.
- **열매** 배모양열매이고 9~10월에 붉게 익으며, 크기가 0.5~0.8cm이다.
- **식별 포인트** 당마가목과 달리 턱잎이 크지 않다.

찔레꽃 | 장미과
Rosa multiflora

- **꽃 피는 때** 5~6월
- **생육 특성** 전국 산지 양지바른 곳에 자라며 내수전과 안평전, 태하 등 바닷가 낮은 산 저지대에 많이 자라는 갈잎작은키나무다.
- **잎** 어긋난다. 깃모양겹잎이다. 작은잎은 5~9개이며 긴둥근꼴이고, 길이 2~3cm, 폭 1~2cm로 양 끝이 좁으며 가장자리에 잔톱니가 있고 아랫면에 잔털이 있다. 턱잎에 빗살 같은 톱니가 있고 하반부는 잎자루와 합쳐진다.

- **줄기** 가지에는 길이 0.2~0.7cm인 침이 있다.
- **꽃** 암수한꽃이고, 가지 끝이나 잎겨드랑이에 흰색이나 연붉은색 꽃이 고깔꽃차례로 핀다. 지름 2~3cm이며 꽃받침조각은 버들잎모양으로 뒤로 젖혀진다. 꽃잎은 거꿀달걀모양으로 끝부분이 오목하고 향기가 있다. 암술머리는 3개이며 주변에 수술이 있다.
- **열매** 여윈열매이고 둥글며 9~10월에 붉게 익는다.
- **식별 포인트** 줄기에 침이 있고 작은잎이 5~9개로 이루어진 깃모양겹잎이어서 다른 장미과 식물과 구별된다.

멍석딸기 | 장미과
Rubus parvifolius

- **꽃 피는 때** 5~6월
- **생육 특성** 전국 산지 양지바른 곳에 자라며 울릉도에 서는 태하, 현포 등 바닷가 낮은 산 저지대에 자생하는 갈잎작은키나무다.
- **잎** 어긋난다. 3출깃모양겹잎이며 어린 싹에는 5개씩 달리는 경우도 있다. 작은잎은 달걀모양이며 길이와 폭이 2~5cm로 비슷하고, 위쪽 끝 작은잎이 아래쪽 작은잎보다 조금 더 크다. 윗면에는 잔털이 있고, 아랫면에는 흰색 털이 **빽빽**하며 잎자루에도 털이 있다.

- **줄기** 옆으로 뻗으며 자라고 짧은 가시와 털이 흩어져 난다.
- **꽃** 암수한꽃이고, 가지 끝에서 연분홍색 꽃이 고른꽃차례나 고깔꽃차례로 핀다. 꽃대에 가시와 털이 있으며 지름 0.5~1cm이다. 꽃받침조각은 버들잎모양으로 털이 있고 꽃잎은 분홍색으로 위를 향하며 꽃받침보다 짧다.
- **열매** 여윈열매이고 둥글며 7~8월에 붉게 익는다.
- **식별 포인트** 곰딸기는 줄기와 꽃대 등에 붉은색 털이 **빽빽**하다.

곰딸기

장미과
Rubus phoenicolacius

- **꽃 피는 때** 5~6월
- **생육 특성** 전국 산지에 자생하는 갈잎작은키나무다. 울릉도에서는 사동, 태하, 현포 등 바닷가 낮은 산에 자생한다.
- **잎** 어긋난다. 깃모양겹잎이다. 작은잎은 3~5개로 달걀모양이고 길이 4~8cm, 폭 2~5.5cm로 끝이 길게 뾰족하며 가장자리에 톱니와 겹톱니가 있다. 끝에 달리는 작은잎이 더 넓고 크다. 아랫면에는 흰색 털이 빽빽해 희게 보이며, 맥 위에 가시와 샘털이 있다.
- **줄기** 갈색 또는 적갈색이고 붉은색 긴 털이 빽빽하다. 줄기가 길게 뻗으면서 자란다.
- **꽃** 암수한꽃이고, 가지 끝 5~10cm인 송이꽃차례에 연한 홍자색 꽃이 모여 핀다. 지름 0.6~1cm이며 꽃잎은 주걱모양이다. 꽃받침조각은 버들잎모양이고, 1.7cm 정도로 꽃잎보다 길고 꽃대, 꽃자루, 꽃받침조각에 0.2cm 정도인 털이 빽빽하다.
- **열매** 덩어리열매이며 지름 1.5cm로 둥글고 7~8월에 붉게 익는다.
- **식별 포인트** 붉은가시딸기라는 이명도 있는 것처럼 줄기부터 꽃대와 꽃줄기, 꽃받침에 붉은색 털이 빽빽해 전체가 붉은색으로 보인다.

해당화 | 장미과
Rosa rugosa

- **꽃 피는 때** 5~6월
- **생육 특성** 전국 바닷가 모래땅이나 바위틈에 자생하는 갈잎작은키나무로 울릉도에서는 도동, 저동, 사동, 천부 등 바닷가에서 볼 수 있다.
- **잎** 어긋난다. 깃모양겹잎이다. 작은잎은 5~9개로 긴 둥근꼴이며 길이 2~5cm, 폭 1~3cm로 끝이 둥글거나 뾰족하고 가장자리에 톱니가 있다. 윗면은 광택이 있고 아랫면과 잎줄기에는 부드러운 털과 가시가 있다. 턱잎은 잎자루에 붙고 톱니가 있으며 가장자리에 잔톱니와 짧은 샘털이 있다.
- **줄기** 갈색이고 가시가 조밀하다. 땅속줄기가 길게 뻗는다.

- **꽃** 암수한꽃이고, 가지 끝에 홍자색 꽃이 1~3개 피며 향기가 진하다. 지름 5~8cm이고 꽃잎은 거꿀달걀모양이며 끝이 둥글거나 오목하다. 꽃받침조각은 버들잎모양이다. 꽃대와 꽃자루, 꽃받침조각에 잔털과 샘털이 빽빽하다. 꽃잎에 방향성 정유가 있어 향수 원료로 쓴다.
- **열매** 8~9월에 붉게 익는다. 2~3cm인 납작한 공모양이고 꽃받침조각이 남는다.
- **식별 포인트** 생열귀나무는 열매가 달걀모양이다. 해당화는 생열귀나무에 비해 잎이 두껍고 주름이 많다.

목향장미 | 장미과
Rosa banksiae

- **꽃 피는 때** 5~8월
- **생육 특성** 전국에 많이 심은 덩굴성 갈잎작은키나무다. 많은 품종이 있다.
- **잎** 어긋난다. 깃모양겹잎이다. 작은잎은 5~7개로 달걀모양이다. 길이 3~9cm, 폭 0.5~2.5cm로 윗면은 녹색이고 아랫면은 연녹색이며 가장자리에 뾰족한 톱니가 있고 아랫면에 잔털이 있다. 턱잎은 빗살 같은 톱니가 깊게 갈라지고 하반부가 잎자루와 합쳐진다.
- **줄기** 울타리용으로 심는 덩굴성 작은키나무로 길이가 5m 정도다. 전체에 밑을 향한 가시가 드문드문 있다.
- **꽃** 암수한꽃이고, 새 가지 끝에 고른꽃차례로 피며 흔히 붉은색이지만 다양한 색으로 피기도 한다. 꽃받침조각은 끝이 뾰족하며 안쪽과 가장자리에 털이 있다. 꽃잎은 여러 겹이며 수술과 암술은 꽃잎 안쪽에 있다.
- **열매** 열매가 없으며, 봄, 가을에 꺾꽂이로 번식시킨다.
- **식별 포인트** 덩굴성이어서 다른 계열 장미들과 구별된다.

난티나무 | 느릅나무과
Ulmus laciniata

- **꽃 피는 때** 4~5월
- **생육 특성** 지리산 이북 산지와 울릉도에 자생한다. 울릉도 중산간 지대에서부터 성인봉 정상 부근까지 자라는 갈잎큰키나무다.
- **잎** 어긋난다. 긴둥근꼴이다. 길이 8~20cm, 폭 5~20cm로 가장자리에 겹톱니가 있으며 끝에서 3~5개로 깊게 갈라진다. 아랫면에 잔털이 있다. 턱잎에는 빗살 같은 톱니가 있고 하반부가 잎자루와 합쳐진다.
- **줄기** 높이 20m, 지름 1m까지 크며 껍질은 회갈색이고 오래될수록 세로로 얕게 갈라진다.

- **꽃** 암수한꽃이고, 2년생 가지에서 작은모임꽃차례에 자잘한 꽃이 모여서 핀다. 꽃덮이조각은 5~6개로 갈라지며 한 꽃덮이에 수술이 5~6개다. 수술이 질 무렵 암꽃이 피기 시작한다. 암술대는 2개로 깊게 갈라지며 적갈색이고 짧은 흰색 털이 있다.
- **열매** 날개열매로 편평하고 1.5~2cm이며, 양면에 털이 없다. 5~6월에 익는다.
- **식별 포인트** 다른 느릅나무과 종과 달리 잎 끝부분이 3~5개로 갈라진다.

느릅나무 | 느릅나무과
Ulmus davidiana var. *japonica*

- **꽃 피는 때** 3~4월
- **생육 특성** 전국 산지에 자생하는 갈잎큰키나무로 울릉도에서는 사동, 안평전 등 저지대부터 중산간 지대까지 보인다.
- **잎** 어긋난다. 거꿀달걀모양 같은 긴둥근꼴이며 길이 4~12cm, 폭 2~6cm로 가장자리에 겹톱니가 있고 끝이 갑자기 뾰족해진다. 옆맥은 10~16쌍이다. 윗면에 털이 있고, 아랫면 맥 위에 흰색 털이 많다. 잎자루는 0.4~1cm로 털이 있다.
- **줄기** 껍질은 회갈색이고 오래될수록 세로로 불규칙하게 갈라진다.
- **꽃** 암수한꽃이고, 잎이 나오기 전에 2년생 가지에 달리는 작은모임꽃차례에 핀다. 꽃덮이조각은 4개이고 털이 없다. 수술은 4~5개이고 꽃밥은 적갈색이다. 암술은 하나이나 암술머리 부분이 둘로 갈라진다.
- **열매** 날개열매이고 긴둥근꼴이며 가장자리에 날개가 있다. 열매 앞뒤에 털이 없다.
- **식별 포인트** 느티나무에 비해 잎이 넓고 열매가 긴둥근꼴이며 날개가 있다.

느티나무 | 느릅나무과
Zelkova serrata

- 꽃 피는 때 4~5월
- 생육 특성 전국 산지 계곡에 자생하며 공원이나 마을 어귀에 많이 심는다.
- 잎 어긋난다. 긴둥근꼴이다. 길이 2~13cm, 폭 1~5cm로 가장자리에 규칙적인 톱니가 있고, 끝이 길게 뾰족하다. 옆맥은 8~14쌍이다. 잎자루는 0.2~1cm이고 털이 있다.
- 줄기 껍질은 회백색 또는 회갈색이고 껍질눈이 있으며 오래된 껍질은 갈라져 비늘처럼 떨어진다.
- 꽃 암수한그루이고, 어린 가지에서 황록색 꽃이 잎과 함께 핀다. 암꽃은 가지 위쪽에서 1개씩 피고 암술대는 2개로 깊게 갈라지며 씨방에 털이 있다. 수꽃은 가지 아래쪽에 달리며 짧은 자루가 있고 수술은 4~6개다.
- 열매 굳은껍질열매이고 10월에 황갈색으로 익는다.
- 식별 포인트 느릅나무에 비해 잎이 좁고 열매가 단단하다.

팽나무 | 느릅나무과
Celtis sinensis

- **꽃 피는 때** 4~5월
- **생육 특성** 전국 산지, 바닷가에 자생하는 갈잎큰키나무다. 울릉도 태하 숲과 현포 전망대 인근에도 자란다.
- **잎** 어긋난다. 달걀모양이며 좌우가 약간 비틀어졌다. 길이 4~11cm, 폭 3~5cm로 끝이 둥글거나 뾰족하고 대개 가장자리 상반부에만 톱니가 있다. 옆맥은 3~5쌍이며 가장자리까지 닿지 않는다. 아랫면과 맥 주위에 흰색 또는 갈색 털이 있다. 잎자루는 0.2~1cm이다.
- **줄기** 껍질은 회색이고 매끄러운 편이다. 어린 가지에는 흑갈색 털이 빽빽하다.
- **꽃** 수꽃과 암수한꽃이 한 그루에 있고, 황록색 꽃이 잎과 함께 핀다. 암수한꽃은 가지 위쪽 잎겨드랑이에서 1개씩 피고 암술대가 2개로 갈라지며 암술머리에 흰색 털이 빽빽하다. 씨방은 달걀모양이다. 수꽃은 가지 아래쪽에 달리고 수술이 4~5개다.
- **열매** 알갱이열매이고 10월에 황적색으로 익는다. 열매 지름은 0.6~0.8cm, 열매자루는 1cm 안팎이다.
- **식별 포인트** 풍게나무와 달리 열매가 황적색이고 잎 상반부에만 톱니가 있다.

풍게나무 | 느릅나무과
Celtis jessoensis

- **꽃 피는 때** 5~6월
- **생육 특성** 평남을 제외한 전국 해발 100~1,100m에 드물게 분포하며 제주도, 덕적도 등 섬 지역에도 자란다. 특히 울릉도에 많은 갈잎큰키나무다.
- **잎** 어긋난다. 긴둥근꼴이며 길이 4~10cm, 폭 5cm로 끝이 꼬리처럼 뾰족하고 밑부분은 좌우비대칭이다. 가장자리에 톱니가 있고 옆맥은 3~4쌍이다. 아랫면 맥 위에 털이 있다. 잎자루는 0.5~1.2cm이다.
- **줄기** 껍질은 회색 또는 회갈색이고 매끄러우며, 어린 가지는 적갈색이다.

- **꽃** 수꽃과 암수한꽃이 한 그루에 있고, 황록색 꽃이 잎과 함께 핀다. 암수한꽃은 가지 위쪽 잎겨드랑이에 피고, 암술대가 2갈래로 길게 갈라지며 암술머리에 흰 털이 빽빽하다. 수꽃은 가지 아래쪽에 달리고 수술은 4개다.
- **열매** 알갱이열매이고 둥글며 10월에 검게 익는다. 지름 0.7~0.8cm로 공모양이다. 열매자루는 2.5~3cm로 긴 편이다.
- **식별 포인트** 팽나무와 달리 열매가 검은색이다.

푸조나무 | 느릅나무과
Aphananthe aspera

- 꽃 피는 때 4~5월
- **생육 특성** 주로 남부지방 해발 700m 이하와 울릉도에 자생하는 갈잎큰키나무다. 내한성과 대기오염에 대한 저항성이 약해 북부지방과 도심에 잘 적응하지 못한다. 울릉도에서는 사동, 태하, 현포 등 낮은 산에 자생한다.
- **잎** 어긋난다. 달걀모양 또는 좁은 달걀모양이며 길이 6~10cm, 폭 3~6cm로 가장자리에 예리한 톱니가 있다. 윗면은 거칠고 아랫면에 짧은 털이 있다. 기부부터 3줄로 맥을 이루며 옆맥은 7~12개로 곧게 뻗어서 톱니까지 닿는다. 잎자루는 0.5~1cm이다.

- **꽃** 암수한그루이고, 수꽃은 잎겨드랑이에서 작은모임 꽃차례로 피고, 암꽃은 새 가지 위쪽 잎겨드랑이에서 1~2개씩 피며 녹색이다. 꽃덮이는 5개로 갈라지며 암술머리는 2개로 갈라진다.
- **열매** 알갱이열매이고 둥글며 크기 0.7~0.8cm이다. 9~10월에 검게 익는다. 씨앗은 대체로 둥글고 그물 같은 무늬가 없다.
- **식별 포인트** 팽나무는 옆맥이 톱니까지 닿지 못하고 씨앗에 그물 같은 무늬가 있다. 푸조나무는 옆맥이 톱니까지 완전히 닿고 씨앗에 그물 같은 무늬가 없다.

분꽃나무

산분꽃나무과
Viburnum arlesii

- **꽃 피는 때** 4~5월
- **생육 특성** 전국 볕이 잘 드는 산지나 숲 가장자리 또는 석회암지대에 잘 자란다. 울릉도에서는 도동 바위지대, 태하, 현포 등 바닷가 산지에 자생하는 갈잎작은키나무다.
- **잎** 마주난다. 긴둥근꼴 또는 달걀모양이며 길이 3~10cm, 폭 2.5~8cm이다. 끝이 뾰족하고 가장자리에 톱니가 드문드문 있다. 두꺼운 편이다. 윗면에 털이 있고, 아랫면과 맥 위, 잎자루에 별모양 털이 빽빽하다가 떨어진다. 잎자루는 0.5~1cm이다.
- **줄기** 껍질은 회갈색이고 어린 가지에는 별모양 털이

빽빽하다.
- **꽃** 암수한꽃이고, 가지 끝 작은모임꽃차례에 흰색 또는 연붉은색 꽃이 잎과 함께 모여 핀다. 향기가 강하다. 꽃부리는 깔때기모양이고 끝이 5개로 갈라져 옆으로 퍼진다. 암술은 짧고 수술은 꽃부리통 중간지점에 있다.
- **열매** 알갱이열매이고 납작하다. 10월에 붉은색에서 검은색으로 익는다.
- **식별 포인트** 산분꽃나무에 비해 꽃부리통이 매우 길고, 수술이 밖으로 돌출되지 않는다.

분단나무 | 산분꽃나무과
Vibumum furcatum

- 꽃 피는 때 4~5월
- **생육 특성** 한국과 일본에 분포하는 갈잎큰키나무다. 제주도와 울릉도, 강원도 자병산에서 자생이 확인 되었다.
- **잎** 마주난다. 넓은 달걀모양 또는 둥근꼴이며 길이 6~20cm, 폭 5~13cm이다. 끝이 급격히 뾰족해지고 가장자리에 날카로운 잔톱니가 있다. 잎자루는 1~4cm이다.
- **줄기** 껍질은 회갈색이고 어린 가지에는 별모양 털이 빽빽하다.

- **꽃** 암수한꽃이고, 가지에 달리는 작은모임꽃차례에 흰색 꽃이 모여 핀다. 꽃차례 중앙에 암수한꽃이 피고 가장자리에 무성화가 달린다. 암수한꽃은 0.5~0.8cm로 작고, 꽃잎과 수술이 각각 5개이며, 암술이 1개다. 무성화는 지름 2~3cm로 크고 끝이 5개로 깊게 갈라진다.
- **열매** 알갱이열매이고 8~10월에 붉은색에서 검은색으로 익는다. 길이 0.8~1cm인 달걀모양이다.
- **식별 포인트** 무성화가 달리는 백당나무와 꽃이 비슷하나, 백당나무 잎은 3개로 갈라진다.

가막살나무

산분꽃나무과
Viburnum dilatatum

- **꽃 피는 때** 5~6월
- **생육 특성** 중국, 일본, 한국에 분포하며 중부이남 산지에 자생하는 갈잎작은키나무다. 울릉도에서는 산가막살나무와 더불어 자란다.
- **잎** 마주난다. 거꿀달걀모양이다. 길이 6~14cm, 폭 4~11cm로 끝이 뾰족하고 잎바닥은 얕은 심장모양이다. 가장자리에 얕은 톱니가 있다. 윗면에 별모양 털이 있고 아랫면에는 많다. 잎자루는 0.5~2cm이고 털이 많다. 턱잎이 없다.
- **줄기** 껍질은 회갈색이고 어린 가지에는 별모양 털이 많다.

- **꽃** 암수한꽃이고, 새 가지 끝 작은모임꽃차례에 흰색 꽃이 모여 피며 향기가 난다. 지름은 0.5~0.6cm이다. 암술대는 작으며 수술은 5개이고 꽃잎보다 커서 밖으로 튀어나온다.
- **열매** 알갱이열매이고 9~10월에 붉게 익는다. 지름 0.7~0.8cm인 달걀모양이다.
- **식별 포인트** 덜꿩나무는 잎자루가 0.2~0.6cm로 아주 짧고 턱잎이 있는 반면, 가막살나무는 잎자루가 길고 턱잎이 없다. 산가막살나무는 잎이 둥근꼴에 가깝고, 가막살나무는 거꿀달걀모양이다.

산가막살나무 | 산분꽃나무과
Viburnum wrightii

- **꽃 피는 때** 5~6월
- **생육 특성** 일본, 러시아, 한국에 분포한다. 전국 높은 산에 드물게 분포하며, 울릉도에서는 안평전, 태하 등에 자생하는 갈잎작은키나무다.
- **잎** 마주난다. 넓은 거꿀달걀모양 또는 둥근꼴이다. 길이 8~14cm, 폭 4~13cm로 끝이 급하게 뾰족해지고 잎바닥은 둥글다. 가장자리에 얕은 톱니가 있다. 윗면에 털이 없거나 있고, 아랫면 맥겨드랑이에 털이 있다. 잎자루는 1~2cm이다. 턱잎이 없다.

- **줄기** 껍질은 회갈색이고 어린 가지는 털이 없거나 있다.
- **꽃** 암수한꽃이고, 새 가지 끝 작은모임꽃차례에 흰색 꽃이 모여 피며, 향기가 난다. 지름은 0.5~0.6cm이다. 암술대는 작으며 수술은 5개이고 꽃잎보다 커서 밖으로 튀어나온다.
- **열매** 알갱이열매이고 9~10월에 붉게 익는다. 지름 0.6~0.9cm인 달걀모양이다.
- **식별 포인트** 가막살나무와 달리 털이 거의 없으며 잎이 둥근꼴에 가깝다.

털댕강나무

린네풀과
Abelia biflora

- 꽃 피는 때 5~6월
- 생육 특성 중국, 러시아, 한국에 분포하는 북방계 식물로 한국에서는 경북 이북 산지에 자생한다. 예전에는 울릉도에 자생하고, 잎 양면에 털이 없는 것을 섬댕강나무(*Abelia insularia*)라 해 특산식물로 여겼으나 지금은 털댕강나무와 같은 종으로 본다.
- 잎 마주난다. 버들잎모양 또는 좁은 달걀모양이다. 길이 3~6cm, 폭 1~3cm로 끝이 뾰족하고 잎바닥은 쐐기모양이다. 가장자리는 밋밋하거나 큰 톱니가 1~6쌍 있다. 윗면과 아랫면 맥 위에 털이 있다. 잎자루는 0.5~0.7cm이다.

- 줄기 껍질은 회갈색이고 세로로 깊은 홈이 몇 개 있다.
- 꽃 암수한꽃이고, 가지 끝에 연한 홍백색 꽃이 보통 2개씩 피고, 꽃받침은 4개로 갈라지며 갈래조각은 거꿀버들잎모양으로 털이 있다. 꽃부리는 1cm 크기인 원기둥모양이고 끝이 4개로 갈라지며 안쪽에 털이 빽빽하다. 암술대는 꽃부리와 크기가 비슷하고 수술 4개 중 2개는 길다.
- 열매 여윈열매이고 9~10월에 익는다. 길이 1~1.5cm인 긴둥근꼴이고 꽃받침이 남는다.
- 식별 포인트 줄댕강나무는 줄기 끝에 꽃이 머리모양꽃차례로 많이 달리고, 털댕강나무는 꽃이 2개씩 달린다.

꽃댕강나무

린네풀과
Abelia x grandiflora

- 꽃 피는 때 5~9월
- 생육 특성 중국 원산으로 주로 남부지방에서 관상용으로 심은 늘푸른나무이나 중부지방에서는 낙엽이 지기도 한다. 울릉도 도동 도로가에 관상용으로 심어 놓았다.
- 잎 마주난다. 달걀모양이다. 길이 2~5cm, 폭 1~2cm로 끝은 둔하거나 뾰족하고 잎바닥은 둥글거나 넓은 쐐기모양이다. 가장자리에 무딘 톱니가 2~3쌍 있다. 약간 두껍고 윗면에 광택이 있다. 아랫면 아래쪽 주맥에 흰색 털이 있다. 잎자루는 0.2~0.5cm이다.
- 줄기 껍질은 회갈색이고 세로로 갈라지거나 벗겨지기도 한다.

- 꽃 암수한꽃이고, 가지 끝 고깔꽃차례에 흰색 꽃이 모여 핀다. 향기가 진하다. 꽃받침은 3~5개로 갈라지며 갈래조각은 거꿀버들잎모양으로 털이 있다. 꽃부리는 1~2cm인 깔때기모양이고 끝이 5개로 갈라지며 안쪽에 털이 빽빽하다. 암술대는 꽃부리보다 약간 길게 나오며 수술 4개 중 2개는 길어 밖으로 나온다.
- 열매 여윈열매이고 9~12월에 익는다. 길이 1~1.5cm로 긴둥근꼴이고 꽃받침이 남는다. 개화기간이 길지만 결실률이 낮다.
- 식별 포인트 줄댕강나무는 머리모양꽃차례에 연붉은색 꽃이 피는 반면 꽃댕강나무는 고깔꽃차례에 흰색 꽃이 핀다.

고욤나무

감나무과
Diospyros lotus

- **꽃 피는 때** 6월
- **생육 특성** 중국, 서남아시아에 분포하는 갈잎큰키나무다. 울릉도에서는 현포 밭 근처 낮은 산에서 확인했다.
- **잎** 어긋난다. 긴둥근꼴이다. 길이 7~15cm, 폭 5~8cm로 끝이 뾰족하고 가장자리는 밋밋하며 물결모양을 이루기도 한다. 옆맥은 7~10쌍이다. 아랫면 전체에 부드러운 털이 있다가 맥 위에만 남고 없어진다. 잎자루는 0.8~1.2cm이다.
- **줄기** 껍질은 흑회색이고 불규칙하게 갈라진다. 작은 가지에 털이 있다가 없어진다.
- **꽃** 암수딴그루이고, 새 가지 밑부분에 연한 황백색 꽃이 핀다. 꽃받침은 4개로 갈라진다. 암꽃은 1개씩 달리고, 암술머리는 4개로 갈라지며 헛수술이 8개 있다. 꽃부리 지름은 0.6~0.7cm로 종모양이고 4개로 갈라지며 뒤로 젖혀진다. 수꽃은 1~3개가 모여 피며 꽃부리 지름 0.4~0.5cm로 암꽃보다 작으며 수술이 16개로 많다.
- **열매** 물열매이고 10~11월에 황적색으로 익는다. 지름 1~2cm인 공모양이고 단맛이 난다.
- **식별 포인트** 감나무는 어린 가지에 털이 빽빽하나 고욤나무는 털이 적다. 감나무 잎은 긴둥근꼴, 고욤나무 잎은 길쭉한 둥근꼴이다.

밤나무 | 참나무과
Castanea crenata

- **꽃 피는 때** 6월
- **생육 특성** 한국과 일본에 분포하며, 중부이남에 심는 갈잎큰키나무다. 울릉도에서는 안평전 가는 길모퉁이에서 볼 수 있다.
- 잎 어긋난다. 긴둥근꼴 또는 버들잎모양이다. 길이 10~20cm, 폭 2~6cm로 끝이 뾰족하고 가장자리에 가시 같은 톱니가 있다. 옆맥 17~25쌍이 비스듬히 있으며 옆맥 끝이 가시 같다. 윗면은 광택이 있고, 아랫면에 털이 있어서 회백색을 띤다. 잎자루는 1~1.5cm이다.
- 줄기 껍질은 암갈색이고 세로로 불규칙하게 갈라지며 작은 가지는 적갈색이다.

- 꽃 암수한그루이고, 황백색 꽃이 가지 끝에서 핀다. 암꽃은 꽃차례 아래쪽에 1~3개가 달리고 바늘모양 암술대가 밖으로 나온다. 수꽃차례는 10~20cm이고 꼬리모양꽃차례처럼 달린다. 수꽃은 3개씩 모여 달리며 수술은 10개 정도로 꽃덮이 밖으로 길게 나온다. 향기가 독특하다.
- **열매** 9~10월에 익는다. 지름 5~6cm이고 가시로 빽빽하게 완전히 싸이며 익으면 벌어지면서 밤톨이 1~3개 나온다.
- **식별 포인트** 잎이 상수리나무와 비슷하나 밤나무는 잎 톱니에도 엽록소가 있어서 녹색이다. 옆맥도 밤나무는 17~25쌍이나 상수리나무는 12~16쌍이다.

참회나무 | 노박덩굴과
Euonymus oxyphyllus

- 꽃 피는 때 5~6월
- 생육 특성 일본, 중국, 한국에 분포하는 갈잎작은키
  나무다. 울릉도에서는 사동과 태하, 나리분지 등에
  자생한다.
- 잎 마주난다. 버들잎모양 또는 달걀모양이다. 길이
  5~10cm, 폭 2~5cm로 끝이 길게 뾰족하고 잎바닥은
  넓은 쐐기모양이다. 가장자리에 무딘 잔톱니가 있다.
  양면에 털이 거의 없다. 잎자루는 0.3~1cm이고 털이
  없다.
- 줄기 껍질은 회색이다.

- 꽃 암수한꽃이고, 새 가지 잎겨드랑이에 달리는 작은
  모임꽃차례에 꽃줄기가 길게 늘어져 연한 황록색 꽃
  이 달린다. 꽃받침, 꽃잎, 수술은 각각 5개이고 암술은
  가운데 1개 있다. 지름 0.7~0.9cm이다.
- 열매 캡슐열매이고 9~10월에 붉게 익는다. 지름 1cm
  공모양이고 매끈하며 5개로 갈라진다.
- 식별 포인트 참회나무는 열매에 날개가 없으며 열매
  가 5개로 갈라진다. 회나무는 열매에 날개가 미약하
  게 있으며 열매가 5개로 갈라진다. 나래회나무는 열
  매에 날개가 있으며 열매가 4개로 갈라진다.

회잎나무

노박덩굴과
Euonymus alatus for. *ciliatodentatus*

- **꽃 피는 때** 5~6월
- **생육 특성** 전국 산지 숲 속에서 비교적 흔하게 자라는 갈잎작은키나무다. 울릉도에서는 나리분지를 비롯한 중산간 지대에 자생한다.
- **잎** 마주난다. 긴 거꿀달걀모양이다. 길이 3~6cm, 폭 1~3cm로 끝이 뾰족하고 잎바닥은 쐐기모양이다. 가장자리에 날카로운 잔톱니가 있다. 양면에 털이 없다. 잎자루는 0.1~0.3cm이다.
- **줄기** 껍질은 회갈색이고 코르크질 날개가 발달하지 않는다.

- **꽃** 암수한꽃이고, 2년생 가지에 잎겨드랑이에 달리는 작은모임꽃차례에 연한 황록색 꽃이 모여 핀다. 지름은 0.7cm이고 꽃받침, 꽃잎, 수술이 각각 4개이며 암술은 1개다. 꽃잎은 넓은 달걀모양이다.
- **열매** 캡슐열매이고 9~10월에 붉게 익는다. 씨는 주황색이며 헛씨껍질에 싸인다.
- **식별 포인트** 줄기에 코르크질 날개가 있는 것을 화살나무라고 하며, 회잎나무는 화살나무의 품종이다. 최근 회잎나무를 화살나무와 같은 종으로 취급하는 추세다.

석류나무

석류나무과
Punica granatum

- 꽃 피는 때 5~7월
- 생육 특성 중부이남 집에서 기르는 갈잎큰키나무다. 울릉도 마을 인근에서 볼 수 있다.
- 잎 어긋난다. 긴둥근꼴이다. 길이 3~9cm, 폭 1~2cm로 끝이 둥글고 잎바닥이 좁아지면서 잎자루와 연결된다. 가장자리는 밋밋하다. 양면에 털이 없으며 윗면은 광택이 나고 아랫면은 회녹색이다. 잎자루는 매우 짧다.
- 줄기 껍질은 회갈색이고 뒤틀리면서 불규칙하게 갈라진다. 작은 가지는 털이 없고 끝부분이 가시로 변한다.

- 꽃 암수한꽃이고, 가지 끝에 달리는 꽃자루에 붉은색 꽃이 1~5개 핀다. 지름 3~5cm이다. 꽃받침은 통모양이고 육질이며 끝이 6개로 갈라진다. 꽃잎은 6개로 포개지며 주름져 있다. 암술은 1개이고 수술은 여러 개다.
- 열매 9~10월에 붉게 익는다. 5~12cm 공모양이고 끝에 꽃받침이 남는다.
- 식별 포인트 꽃이 붉은색 통모양이고 열매에 꽃받침 6개 흔적이 남는다.

굴거리나무

굴거리나무과
Daphniphyllum macropodum

- 꽃 피는 때 5~6월
- 생육 특성 제주도, 전라도, 경상도 섬, 울릉도 낮은 산 저지대 및 중산간 지대에 자생하며 가로수로 많이 심은 늘푸른큰키나무다.
- 잎 가지 끝에서 촘촘히 어긋나며 좁고 긴 둥근꼴이다. 길이 8~20cm, 폭 3~6cm로 두껍고 끝은 약하게 뾰족하며 잎바닥은 둥글며 가장자리는 밋밋하다. 옆맥은 12~17쌍이고 뚜렷하다. 어릴 때 잎 아랫면은 분백색이다가 점차 연녹색으로 바뀐다. 잎자루는 3~6cm이고 붉은색이다.
- 줄기 껍질은 회갈색이고 매끈한 편이다.
- 꽃 암수딴그루이고, 2년생 가지 잎겨드랑이에서 나온 작은모임꽃차례에 꽃잎 없는 꽃이 모여 핀다. 암술머리는 2개로 갈라져 뒤로 젖혀지며 붉은색이고, 씨방은 달걀모양으로 녹색이며 털이 없다. 수꽃은 꽃받침이 없으며 수술은 8~10개이고 밑부분이 서로 붙어 있다. 꽃밥은 자갈색이다.
- 열매 알갱이열매이고 긴둥근꼴이며 지름 1cm로 10~11월에 검게 익는다.
- 식별 포인트 굴거리나무는 잎 옆맥이 뚜렷하고 암술머리가 붉은색이며 꽃받침조각이 없는 반면, 좀굴거리나무는 잎 아랫면이 그물맥이고 암술머리가 녹색이며 꽃받침조각이 있다.

143

진달래 | 진달래과
Rhododendron mucronulatum

- **꽃 피는 때** 4월
- **생육 특성** 중국, 일본, 러시아, 몽골, 한국에 분포한다. 전국 산지에 자생하는 갈잎작은키나무로 울릉도에서는 남양 밭 가장자리에 있다.
- **잎** 어긋난다. 긴 버들잎모양이다. 길이 4~7cm, 폭 1.5~2.5cm로 끝이 뾰족하고 가장자리는 밋밋하다. 윗면에는 비늘털이 조금 있으며 아랫면에는 비늘털이 많다. 잎자루는 0.5~1cm이고 비늘털이 있다. 특히, 울릉도에 있는 진달래는 잎가장자리에도 긴 털이 있다.
- **줄기** 껍질은 회색이고 매끈하다.

- **꽃** 암수한꽃이고, 새 가지 잎겨드랑이에 달리는 작은 모임꽃차례에 꽃줄기가 길게 늘어져 연한 황록색 꽃이 달린다. 꽃받침, 꽃잎, 수술은 각각 5개이고 가운데 암술이 1개 있다. 지름 0.7~0.9cm이다.
- **열매** 캡슐열매이고 9~10월에 익는다. 지름 1~1.5cm인 원기둥모양이고 위쪽이 4~5개로 갈라진다.
- **식별 포인트** 털진달래는 잎과 꽃이 같이 피고, 잎에 털이 많다. 참꽃나무는 제주도에 자생하며 잎이 둥근 꼴이고 3개씩 모여 달린다.

영산홍 | 진달래과
Rhododendron indicum

- 꽃 피는 때 5~6월
- 생육 특성 일본에 자생하는 사쓰끼철쭉을 개량한 원예품종 전체를 영산홍(映山紅)이라고 한다. 울릉도에서는 도동, 사동 마을 인근에 많다.
- 잎 어긋난다. 가지 끝에 모여 달리고 버들잎모양 또는 달걀모양이다. 길이 2~8cm, 폭 0.5~2.5cm로 끝이 뾰족하고 가장자리에 톱니가 없다. 양면에 갈색 털이 많아 만지면 보들보들하다. 잎자루는 아주 짧고 털이 많다.

- 줄기 껍질은 회색이다.
- 꽃 암수한꽃이고, 가지 잎겨드랑이에서 붉은색, 분홍색, 흰색 꽃이 핀다. 꽃받침은 5개로 갈라진다. 지름은 4~6cm이고 통꽃이며 5개로 갈라진다. 암술 1개, 수술 5개이며 암술이 수술보다 길다.
- 열매 캡슐열매이고 9~10월에 익으며, 갈색 털이 많다.
- 식별 포인트 잎에 털이 많아 만지면 보들보들하다.

만병초 | 진달래과
Rhododendron brachycarpum

- **꽃 피는 때** 6~7월
- **생육 특성** 일본, 지리산, 덕유산, 경남, 강원, 울릉도에 자생하는 늘푸른작은키나무다. 울릉도에서는 해발 700m 이상에서 보인다. 늘푸른작은키나무다.
- **잎** 어긋난다. 가지 끝에서는 잎 5~7개가 모여 달리며 긴둥근꼴이다. 길이 8~20cm, 폭 2~5cm로 끝이 무디고 잎바닥은 둥글며 가장자리는 밋밋하고 뒤로 말린다. 윗면은 녹색으로 광택이 있고, 아랫면에 연한 갈색 털이 빽빽하다. 잎자루는 1~3cm이다.
- **줄기** 껍질은 적갈색 또는 회백색이고 불규칙하게 갈라져 벗겨진다.

- **꽃** 암수한꽃이고, 가지 끝 송이꽃차례에 연한 홍백색 꽃 6~20개가 모여 핀다. 꽃자루는 1.5~2.5cm이고 적갈색 털이 빽빽하다. 꽃부리 지름은 3~6cm인 깔때기 모양이고 5개로 갈라지며 안쪽 윗부분에 녹색 얼룩이 있다. 수술은 10개이고 길이가 서로 다르며 수술대 기부에 털이 있다. 암술대에는 털이 없다. 꽃밥은 흰색 또는 연한 갈색이다.
- **열매** 캡슐열매이고 길이 2cm 정도인 긴 원기둥모양이고 9월에 갈색으로 익는다.
- **식별 포인트** 노란만병초에 비해 키가 크고 꽃이 연한 홍백색이다.

홍만병초

뽕나무 | 뽕나무과
Morus alba

- 꽃 피는 때 4~5월
- 생육 특성 중국이 원산지다. 1970년대에는 누에를 기를 목적으로 밭에 많이 심어 기른 갈잎큰키나무다. 태하, 현포, 천부 등 마을 인근에서 자란다.
- 잎 어긋난다. 달걀모양이며 결각처럼 3~5개로 갈라지기도 한다. 길이 6~20cm, 폭 4~10cm로 끝이 뾰족하고 잎바닥은 심장모양이며 가장자리에 무딘 톱니가 있다. 윗면은 거칠고 아랫면 맥 위에 잔털이 있다. 잎자루는 2~2.5cm이고 잔털이 있다.
- 줄기 껍질은 회갈색이고 오래될수록 세로로 깊게 갈라진다.
- 꽃 암수딴그루이고, 황록색 꽃이 새 가지 아랫부분이나 잎겨드랑이에서 아래를 향해 달린다. 암꽃이삭은 0.5~1.5cm이며 암술대는 짧고 암술머리는 2개로 갈라진다. 수꽃이삭은 3~5cm로 새 가지 밑부분 잎겨드랑이에서 아래를 향해 달린다.
- 열매 6월에 검게 익는다.
- 식별 포인트 산뽕나무는 암술대가 길어서 열매에 암술대가 남아 있다.

산뽕나무

뽕나무과
Morus bombycis

- 꽃 피는 때 4~5월
- **생육 특성** 일본, 중국, 러시아, 한국 등에 분포하며 전국 산과 들에 자생한다. 울릉도에서도 나리분지 등 산과 들에 자생하는 갈잎큰키나무다.
- 잎 어긋난다. 달걀모양 또는 넓은 달걀모양이다. 길이 5~22cm, 폭 3~14cm로 끝이 길게 뾰족하고 가장자리에 날카로운 톱니가 있다. 잎자루는 0.5~2.5cm이고 잔털이 있다.
- 줄기 껍질은 회갈색이고 세로로 불규칙하게 갈라진다.
- 꽃 암수딴그루이고, 새 가지 밑부분이나 잎겨드랑이에서 아래를 향해 달린다. 암꽃차례는 긴둥근꼴이며 0.5~1.5cm이고 암술대는 0.3cm이며 암술머리는 2개로 길게 갈라진다. 수꽃차례는 1~2cm인 원기둥모양이다.
- 열매 6~7월에 검게 익는다. 지름 1~1.5cm인 긴둥근꼴이고 암술대가 남는다.
- **식별 포인트** 뽕나무는 암술대가 짧아서 열매에 암술대가 남지 않는다.

닥나무

뽕나무과
Broussonetia kazinoki

- 꽃 피는 때 4~5월
- 생육 특성 일본, 중국, 대만, 한국의 전국 숲 가장자리에 자생하는 갈잎작은키나무다. 울릉도 현포 전망대 주변에 자생한다.
- 잎 어긋난다. 달걀모양이다. 길이 5~15cm, 폭 3~8cm로 끝이 뾰족하고 가장자리에 톱니가 있으며, 잎이 결각처럼 갈라지기도 한다. 윗면은 거친 편이며, 아랫면에는 부드러운 털이 있다. 잎자루는 1~2cm이고 털이 없다.
- 줄기 껍질은 매우 질기고 갈색이다. 어린 가지에는 털이 있다가 없어진다.
- 꽃 암수한그루이고, 새 가지 잎겨드랑이에 모여 핀다. 수꽃차례는 새 가지 밑부분에 달리며 길이 1.5cm로 긴둥근꼴이고 암꽃차례는 윗부분 잎겨드랑이에서 나오며 0.5~0.6cm인 공모양이다. 꽃줄기는 잎자루와 거의 같다. 암꽃에는 보라색 실 같은 암술대가 있다.
- 열매 9월에 붉게 익는다. 지름 1.5cm인 울퉁불퉁한 공모양이고 단맛이 난다.
- 식별 포인트 꾸지나무와 달리 암수한그루이고 암꽃과 수꽃 모양도 다르다.

꾸지나무

뽕나무과
Broussonetia papyrifera

- 꽃 피는 때 5~6월
- **생육 특성** 일본, 중국, 대만, 한국 숲 가장자리나 바닷가에 자생하는 갈잎큰키나무다. 울릉도 도동, 태하, 현포, 추산 등에 자생한다.
- **잎** 어긋난다. 달걀모양이다. 길이 7~20cm, 폭 5~15cm로 가장자리에 날카로운 톱니가 있고 잎몸이 결각 모양으로 갈라지기도 한다. 양면에 털이 있으며 아랫면에는 빽빽하다. 턱잎은 달걀모양으로 자주색이고 일찍 떨어진다. 잎자루는 2~8cm이고 털이 있다.
- **줄기** 껍질은 암회색이고 작은 가지에 털이 빽빽하다.

- **꽃** 암수딴그루이고, 새 가지 잎겨드랑이에 모여 달린다. 암꽃차례는 지름 1~1.2cm인 공모양이고 꽃자루가 짧다. 암술머리는 1개이고 긴 실 같으며 연한 적자색을 띤다. 수꽃차례는 3~8cm인 원기둥모양이고 1~2.5cm 꽃자루가 있다. 수술은 4개이고 퇴화한 암술이 있다.
- **열매** 9~10월에 붉게 익는다. 지름 2~3cm 공모양이고 단맛이 난다.
- **식별 포인트** 닥나무와 달리 암수딴그루이고 잎 양면에 털이 많으며 잎자루가 길다.

무화과나무 | 뽕나무과
Ficus carica

- 꽃 피는 때 5~8월
- **생육 특성** 서아시아와 지중해 연안이 원산지다. 남부 지방에서 과실수로 심어 기른다. 울릉도 남양, 학마을, 태하, 현포 등 마을 인근과 계곡 근처에서 많이 보이는 갈잎작은키나무다.
- 잎 어긋난다. 넓은 달걀모양이다. 길이 10~20cm, 폭 6~17cm이다. 가장자리는 손바닥모양처럼 3~5개로 깊게 갈라지고 갈래조각은 무디며 물결모양 톱니가 있다. 윗면은 거칠고 아랫면에는 잔털이 있다. 잎자루는 2~7cm이고 털이 있다. 잎이나 잔가지를 자르면 흰색 유액이 나온다.
- **줄기** 껍질은 회백색 또는 엷은 회갈색이고 어린 가지는 녹갈색이다.
- **꽃** 암수딴그루이고, 대개 암그루만 심으며 5~8월에 잎겨드랑이에서 꽃주머니가 1개씩 달린다. 그 속에 작은 꽃이 여러 개 들어 있다. 속에 작은 꽃이 들어 있기 때문에 꽃이 피지도 않았는데 열매가 달린 것처럼 보인다.
- **열매** 주머니모양이며 8~10월에 보랏빛 도는 검은색으로 익는다. 길이 5~8cm인 거꿀달걀모양이다.
- **식별 포인트** 천선과나무와 달리 열매가 거꿀달걀모양이고 잎이 손바닥모양으로 갈라진다.

머루 | 포도과
Vitis coignetiae

- 꽃 피는 때 5~7월
- **생육 특성** 일본, 러시아, 한국에 분포하는 덩굴식물로 갈잎덩굴나무다. 울릉도 저동에 자생한다.
- **잎** 어긋난다. 넓은 달걀모양이며 3~5개로 얕게 또는 깊게 갈라진다. 길이 8~15cm, 폭 7~14cm로 끝이 무디고 잎바닥은 심장모양이다. 가장자리에 이빨모양 톱니가 있다. 양면과 아랫면 맥 위에 거미줄 같은 털이 빽빽하다가 점차 떨어진다. 잎자루는 2~7cm이다.
- **줄기** 껍질은 적갈색이고 얇게 벗겨진다. 덩굴손으로 물체를 감고 오르며, 새순에는 털이 빽빽하다.

- **꽃** 수꽃과 암수한꽃이 딴 그루에 있고, 꽃은 잎과 마주난다. 수꽃은 고깔꽃차례이며 5~20cm이고 황록색 꽃이 모여 핀다. 꽃받침, 꽃잎, 수술은 각각 5개다. 암수한꽃 가운데에 암술이 1개 있으며 주변에 있는 수술은 짧다.
- **열매** 물열매이고 9월에 검게 익는다. 지름 0.6~0.8cm인 공모양이다.
- **식별 포인트** 왕머루는 잎 아랫면에 거미줄 같은 털이 없고, 개머루는 암수한꽃이다.

개머루 | 포도과
Ampelopsis heterophylla

- **꽃 피는 때** 6~8월
- **생육 특성** 일본, 중국, 한국에 자생하며 갈잎덩굴나무다. 전국 숲 가장자리나 바닷가 낮은 산 등에 자라며, 울릉도 저동, 사동, 남양등 도로가에 자생한다.
- **잎** 어긋난다. 달걀모양이다. 보통 3갈래로 얕게 갈라지며, 갈라지지 않는 잎도 있으며 간혹 5개로 갈라지기도 한다. 길이 5~12cm, 폭 4~10cm로 끝이 뾰족하고 가장자리에 톱니가 불규칙하게 나 있다. 아랫면 맥위에 털이 있다. 잎자루는 3~7cm이고 털이 있다.
- **줄기** 껍질은 적갈색이고 옆으로 벋으면서 자란다.

- **꽃** 암수한꽃이고, 잎과 마주나며 작은모임꽃차례에 황록색 꽃이 모여 핀다. 꽃받침, 꽃잎, 수술은 각각 5개이며 암술과 수술은 짧다. 지름은 0.5~0.7cm이다.
- **열매** 물열매이고 9~11월에 파란색 또는 자주색으로 익는다. 지름 0.5~1cm인 공모양이다.
- **식별 포인트** 잎 결각이 깊은 개체를 가새잎개머루라 하며 구별하기도 한다.

153

담쟁이덩굴 | 포도과
Parthenocissus tricuspidata

- **꽃 피는 때** 6~7월
- **생육 특성** 일본, 중국, 러시아, 한국에 자생하며 갈잎 덩굴나무다. 도동에서 저동으로 넘어가는 도로가 담벼락, 바닷가 절벽 등 울릉도 저지대 전역에 자란다.
- **잎** 어긋난다. 거꿀달걀모양이며 갈라지지 않는 잎, 얕게 3개로 갈라진 잎, 처음부터 3출엽인 잎 등 3가지 잎이 있다. 길이 5~17cm, 폭 5~20cm로 끝이 뾰족하고 가장자리에 무딘 톱니가 있다. 아랫면 맥과 잎자루에 털이 있다. 잎자루가 길다.
- **줄기** 껍질은 회갈색이고 공기뿌리가 발달하며, 어린

줄기는 적갈색이고 흡착판이 나와 다른 물체에 붙어 올라간다.
- **꽃** 암수한꽃이고, 가지 끝이나 잎겨드랑이에 작은모임꽃차례로 달리고 연한 녹색 꽃이 모여 핀다. 지름은 0.5~0.7cm이다. 꽃잎, 수술은 각각 5개이고 가운데 암술이 1개 있다.
- **열매** 물열매이고 9~10월에 검게 익는다. 지름 0.8cm인 공모양이다.
- **식별 포인트** 미국담쟁이덩굴은 잎이 5개로 갈라지고 줄기에 흡착판이 없다.

댕댕이덩굴 | 방기과
Cocculus trilobus

- 꽃 피는 때 6~8월
- **생육 특성** 일본, 중국, 한국 등에 자생하며 갈잎덩굴나무다. 전국 양지바른 곳에서 자라며, 울릉도에서는 도동, 태하 바위지대에서 자란다.
- **잎** 어긋난다. 긴둥근꼴 또는 달걀모양 등 잎 변이가 심하다. 길이 3~12cm, 폭 2~10cm로 끝은 둔하고 가장자리는 밋밋하다. 아랫면과 맥 주변에 흰 털이 많다. 잎자루는 1~3cm이고 흰 털이 있다.
- **줄기** 어린줄기는 녹색 또는 적갈색이 돌고 털이 빽빽하다.
- **꽃** 암수딴그루이고, 잎겨드랑이에 달리는 고깔꽃차례에 연한 황백색 꽃이 달린다. 꽃받침, 꽃잎, 수술은 각각 6개이고 암술 심피도 6개다. 꽃받침은 달걀모양

또는 둥근꼴이며, 꽃잎 끝부분이 2개로 갈라진다. 수술 꽃밥은 노란색이다. 지름 0.6cm 정도다.
- **열매** 물열매이자 알갱이열매이며 10~11월에 검게 익는다. 지름 0.7cm인 공모양이고 단맛이 난다.
- **식별 포인트** 방기과식물 4종은 잎으로 구별 가능하다. 댕댕이덩굴은 긴 달걀모양이며 가장자리가 밋밋하고 끝이 무디다. 방기는 둥근꼴로 끝이 뾰족하고 가장자리가 밋밋하지만 3~7개로 미약하게 갈라지기도 한다. 새모래덩굴은 방패모양이고 가장자리가 밋밋하지만 3~5개로 갈라지기도 하며, 잎자루가 잎 아랫면 배꼽 지점에 붙는다. 함박이는 세모꼴이고 잎자루가 잎 아랫면 배꼽 지점에 붙는다.

쪽동백나무

때죽나무과
Styrax obassia

- **꽃 피는 때** 5~6월
- **생육 특성** 일본, 중국, 한국 등에 분포하는 갈잎큰키나무다. 전국 산지 중산간 지대에 자생하며, 울릉도에서는 내수전을 비롯해 나리분지, 태하령, 형제봉, 성인봉 등 고지대까지 자생한다.
- **잎** 어긋난다. 거꿀달걀모양 또는 넓은 달걀모양이다. 길이 10~20cm, 폭 8~18cm로 끝은 짧게 뾰족하고, 가장자리 상반부나 전체에 톱니가 있다. 아랫면은 털이 있어 연녹색을 띤다. 잎자루는 0.5~2cm이다.
- **줄기** 껍질은 흑갈색이고 매끈하다. 2년생 가지는 적갈색이고 겨울에 껍질이 얇게 벗겨진다.
- **꽃** 암수한꽃이고, 새 가지 끝부분에 10~20cm인 송이꽃차례에 흰색 통꽃 20개 안팎이 아래로 처져서 달린다. 꽃줄기는 0.8~1cm이고 털이 있다. 꽃받침은 끝이 5개로 얕게 갈라지고, 꽃부리 지름은 1.5cm로 끝부분이 5개로 깊게 갈라지며 암술이 수술보다 길다. 꽃에서 아주 진한 향기가 난다.
- **열매** 캡슐열매이고 9~10월에 회백색으로 익는다. 지름 1.5cm인 긴둥근꼴이고 껍질이 불규칙하게 갈라진다.
- **식별 포인트** 때죽나무는 꽃 1~6개가 송이꽃차례로 달리지만 쪽동백나무는 10~20개가 송이꽃차례에 길게 달린다. 때죽나무는 잎이 좁고 길며, 쪽동백나무는 넓은 달걀모양이다.

머귀나무 | 운향과
Zanthoxylum ailanthoides

- 꽃 피는 때 7~9월
- **생육 특성** 일본, 중국, 대만, 한국 등에 분포하는 갈잎 큰키나무다. 남해안 산지에 자생하며 울릉도에서는 관음도와 태하령 옛길, 현포리 길가 등에 자생한다.
- 잎 어긋난다. 깃꼴겹잎이다. 작은잎은 버들잎모양 또는 긴둥근꼴이고, 13~25개다. 길이 5~15cm, 폭 2~4cm로 끝이 길게 뾰족하고, 가장자리에는 얕은 잔 톱니가 있다. 잎줄기에 가시가 있다.
- **줄기** 껍질은 회갈색이고 돌기가 많다. 어린 가지는 분백색이 도는 녹색이며 억센 가시가 있다.

- 꽃 암수딴그루이고, 새 가지 끝 고른꽃차례에 흰색 꽃이 핀다. 꽃줄기가 12cm이고 꽃받침, 꽃잎, 수술이 각각 5개이며 암술 심피는 3~4개다. 꽃받침조각은 넓은 세모꼴이고 꽃잎은 긴둥근꼴이다. 향기가 진해 벌이 많이 모여든다.
- **열매** 캡슐열매이고 3개로 나뉘는 분리열매이며 11~12월에 붉은색에서 황갈색으로 익는다. 분리열매는 지름 0.3~0.5cm인 공모양이다.
- **식별 포인트** 버들잎모양 긴 잎이 13~25개로 잎이 크면서 풍성하다.

탱자나무 | 운향과
Poncirus trifoliata

- 꽃 피는 때 5~6월
- 생육 특성 일본, 중국이 원산지이며 전국에서 생울타리로 심는 갈잎작은키나무다. 울릉도 사동, 안평전 가는 길, 도동 등에 울타리용으로 심었다.
- 잎 어긋난다. 3출엽이며 작은잎은 거꿀달걀모양 또는 긴둥근꼴이다. 잎자루는 2~2.5cm이고 날개가 약간 있다. 길이 2~5cm, 폭 1~3cm로 끝은 둔하고, 가장자리는 밋밋하거나 무딘 톱니가 있다.
- 줄기 껍질은 녹갈색이고 날카로운 가시가 있다. 어린 줄기는 녹색이다.

- 꽃 암수한꽃이고, 가지 끝이나 잎겨드랑이에 흰색 꽃이 1~2개 핀다. 지름은 3.5~5cm이다. 꽃받침조각과 꽃잎은 각각 5개다. 꽃잎은 거꿀달걀모양이고 서로 겹치지 않는다. 수술은 20개 안팎이고 크기가 다르며, 씨방은 8~10실로 나뉘고 털이 빽빽하다.
- 열매 물열매로 둥글고 지름 3cm이며 표면에 부드러운 털이 많고 향기가 좋다. 9~10월에 노란색으로 익는다.
- 식별 포인트 유자나무와 달리 꽃잎이 거꿀달걀모양이고 열매에 털이 빽빽하다.

황벽나무

운향과
Phellodendron amurense

- 꽃 피는 때 5~6월
- **생육 특성** 일본, 중국, 러시아, 한국 등에 분포하는 갈잎큰키나무다. 제주도와 전남을 제외한 전국에 자생하며, 울릉도에서는 나리분지, 태하, 안평전 등 성인봉 중산간 지대에 자생한다.
- **잎** 마주난다. 깃꼴겹잎이다. 작은잎은 5~13개이고 버들잎모양이다. 길이 5~10cm, 폭 2~4cm로 끝이 길게 뾰족하고 가장자리는 밋밋하거나 얕은 톱니가 있다. 아랫면 주맥 아래쪽에 흰 털이 많다.
- **줄기** 껍질은 회색이고 코르크층이 있다. 줄기 안쪽은 노란색이다.

- 꽃 암수딴그루이고, 새 가지 끝 고깔꽃차례에 황록색 꽃이 달린다. 꽃받침, 꽃잎이 각각 5개다. 꽃잎은 긴둥근꼴로 안쪽에 털이 있으며 꽃잎이 완전히 벌어지지 않는다. 암꽃은 암술대가 짧고 암술머리는 납작하다. 수술은 5개이고 노란색 꽃밥이 꽃잎 밖으로 나온다.
- **열매** 알갱이열매이고 11~12월에 검게 익는다. 지름 1cm인 공모양이고 독특한 맛이 난다.
- **식별 포인트** 울릉도 것을 섬황벽나무라고 하나 황벽나무와 별다른 차이점은 없다.

다래 | 다래나무과
Actinidia arguta

- 꽃 피는 때 5~6월
- 생육 특성 일본, 중국, 대만, 한국 등에 분포하는 갈잎 덩굴나무다. 전국 산지에서 흔히 자생하며 울릉도에서는 도동, 내수전, 나리분지로 올라가는 길 너덜지대에 자생한다.
- 잎 어긋난다. 긴둥근꼴 또는 넓은 달걀모양이다. 길이 6~12cm, 폭 3~8cm로 끝이 뾰족하고, 가장자리에 바늘모양 잔톱니가 있다. 윗면은 녹색이고 털이 없어 광택이 나고, 아랫면은 담녹색으로 맥 위에 연한 갈색 털이 있지만 곧 없어진다. 잎자루는 분홍색이고 3~8cm이며 털이 있다.

- 줄기 껍질은 회갈색이고 얇게 벗겨진다.
- 꽃 수꽃과 암수한꽃이 딴 그루에 있고, 잎겨드랑이에서 나오는 작은모임꽃차례에 흰색 꽃 1~10개가 아래를 향해 달린다. 지름 1.5~2cm이고, 꽃받침조각은 긴둥근꼴이다. 꽃잎은 4~6개다. 암수한꽃은 줄모양인 암술대가 방사상으로 벋고, 씨방에 털이 없으며, 짧은 수술이 있다. 수꽃 수술은 검은색이다.
- 열매 물열매이고 8~10월에 녹황색으로 익는다. 2~2.5cm인 긴둥근꼴이고 단맛이 난다.
- 식별 포인트 개다래와 달리 꽃밥이 검은색이고 잎 색깔이 변하지 않으며 열매가 녹황색으로 익는다.

개다래 | 다래나무과
Actinidia polygama

- 꽃 피는 때 6~7월
- **생육 특성** 일본, 중국, 러시아, 한국에 자생하며 갈잎 덩굴나무다. 전국 산지 계곡에 주로 자생하고, 울릉도 에서는 내수전, 양남, 태하, 추산 등에 자생한다.
- 잎 어긋난다. 넓은 달걀모양 또는 거꿀달걀모양이 다. 길이 7~12cm, 폭 4~8cm로 끝이 뾰족하고, 잎바 닥은 둥글거나 평평하며 가장자리에 잔톱니가 있다. 꽃 피는 시기 가지 위쪽 윗면에 흰색 무늬가 생긴다. 아랫면 맥 위에 흰색 또는 갈색 털이 있다. 잎자루는 1.5~5cm이고 털이 있다가 점차 떨어진다.
- 줄기 껍질은 흑갈색이고 불규칙하게 갈라져 벗겨진 다. 줄기 속은 흰색 속심으로 꽉 차 있다.

- 꽃 수꽃과 암수한꽃이 딴 그루에 있고, 새 가지 잎겨 드랑이나 줄기에 꽃 1~3개가 아래를 향해 핀다. 지름 1.5~2cm이고 꽃잎은 5개다. 꽃자루에 털이 있고, 버 들잎모양 꽃싼잎이 있다. 암수한꽃은 줄모양 암술대 가 방사상으로 놓이고 씨방에 털이 없다. 수꽃 꽃밥은 노란색이다.
- **열매** 물열매이고 10월에 짙은 노란색으로 익는다. 길 이 2~3cm로 긴둥근꼴이며 끝이 뾰족하다. 완전히 익 어야 단맛이 난다.
- **식별 포인트** 다래와 달리 꽃밥이 노란색이고 개화기 에 윗면이 흰색으로 변하고, 열매 끝이 뾰족하다.

참오동나무

현삼과
Paulownia tomentosa

- 꽃 피는 때 5~6월
- 생육 특성 일본, 중국, 한국에 분포하는 갈잎큰키나무다. 전국에 자생하며, 울릉도에서는 내수전, 도동, 사동, 태하령 등에 자생한다.
- 잎 마주난다. 넓은 달걀모양으로 3~5각형이다. 길이 15~30cm, 폭 10~25cm이고 끝이 뾰족하며, 가장자리는 밋밋하다. 윗면에 짧은 털이 빽빽하고, 아랫면에는 긴 흰 털이 빽빽해 보송보송하다. 잎자루는 5~20cm이고 흰 털이 빽빽하다.
- 줄기 껍질은 회갈색이고 세로로 줄이 있다. 가지가 굵고 퍼지며 어린 가지에는 털이 많다.
- 꽃 암수한꽃이고, 가지 끝에 달리는 30~50cm 고깔

꽃차례에 연한 보라색 꽃이 모여 핀다. 꽃받침은 5개로 갈라지며 겉면에 황갈색 털이 빽빽하다. 꽃부리는 깔때기모양이고 겉면에 짧은 털과 샘털이 있으며, 안쪽 옆꽃잎과 아래쪽에 진한 보라색 줄무늬가 있다. 암술은 수술보다 약간 길다. 수술은 4개이고 그중 2개는 길다.
- 열매 캡슐열매이고 10~11월에 갈색으로 익는다. 지름 3~4cm인 달걀모양이고 샘털이 빽빽하다. 씨앗 가장자리에 날개가 있다.
- 식별 포인트 꽃잎 안쪽에 자주색 줄무늬가 없는 것을 오동나무라고 하며 울릉도 특산식물로 보기도 하나, 참오동나무와 같은 종으로 보는 추세다.

오동나무

현삼과
Paulownia coreana

- 꽃 피는 때 5~6월
- **생육 특성** 일본, 중국, 한국에 분포하는 갈잎큰키나무다. 전국에 자생하며, 울릉도에서는 내수전, 도동, 사동, 태하령 등에 자생하며 울릉도 특산식물로 보기도 한다.
- 잎 마주난다. 넓은 달걀모양으로 3~5각형이다. 아랫면에 다갈색 털이 있다.
- **줄기** 껍질은 담갈색이고 세로로 줄이 있다. 어린 가지에 털이 많다.
- 꽃 암수한꽃이고, 가지 끝에 달리는 30~50cm 고깔꽃차례에 연한 보라색 꽃이 모여 핀다. 꽃받침은 5개로 갈라지며 겉면에 황갈색 털이 빽빽하다. 꽃부리는 깔때기모양이고 겉면에 짧은 털과 샘털이 있으며, 안쪽 옆꽃잎과 아래쪽에 진한 보라색 줄무늬가 없다. 암술은 수술보다 약간 길다. 수술은 4개이고 그중 2개는 길다.
- **열매** 캡슐열매이고 10~11월에 갈색으로 익는다. 지름 3~4cm인 달걀모양이고 털이 없다. 씨앗 가장자리에 날개가 있다.
- **식별 포인트** 꽃잎 안쪽에 자주색 줄무늬가 없다. 참오동나무와 함께 자생하며, 같은 종으로 보는 추세다.

아까시나무 | 콩과
Robinia pseudoacacia

- **꽃 피는 때** 5~6월
- **생육 특성** 북미가 원산지다. 전국 산과 들에 녹화용으로 심은 것이 야생화해 자라는 갈잎큰키나무로 울릉도에도 내수전, 학마을, 태하 등 도로 주변이나 절개지에서 많이 보인다.
- **잎** 어긋난다. 깃꼴겹잎이다. 작은잎은 달걀모양이고 9~19개이며 길이 2~4.5cm, 폭 1~2.5cm로 끝이 둥글고 가장자리는 밋밋하다. 아랫면은 연한 녹색이고 털이 거의 없다. 잎자루는 1~3cm이고 흰 털이 있다.
- **줄기** 껍질은 회갈색이 돌고 세로로 갈라지며 어린 가지에는 억센 가시가 1쌍 있다.
- **꽃** 암수한꽃이고, 잎겨드랑이에 달리는 송이꽃차례에 흰색 꽃이 아래로 늘어져 달리며 꿀 향기가 아주 진하다. 꽃받침은 5개로 얕게 갈라진다. 꽃잎 기판은 넓은 거꿀달걀모양이며 곧게 서고 기판 기부는 연한 노란색이다. 암술대 끝이 굽는다. 수술은 10개다.
- **열매** 꼬투리열매이고 9~10월에 갈색으로 익는다. 길이가 5~12cm인 긴둥근꼴이고 속에 콩팥모양 흑갈색 씨가 있다.
- **식별 포인트** '아카시아'로 잘못 알려졌다.

164

족제비싸리 | 콩과
Amorpha fruticosa

- 꽃 피는 때 5~6월
- 생육 특성 북미가 원산지다. 전국 숲 가장자리, 하천 등에 분포하며, 울릉도에서는 학포, 태하, 추산에 자생하는 갈잎작은키나무다.
- 잎 어긋난다. 깃꼴겹잎이다. 작은잎은 긴둥근꼴이고 11~25개다. 길이 1.5~3.5cm, 폭 0.5~1.5cm로 끝이 둥글고, 가장자리는 밋밋하다. 아랫면에 털과 샘점이 있다.
- 줄기 껍질은 회갈색이고 가지에는 털이 있다가 점차 없어진다.
- 꽃 암수한꽃이고, 가지 끝에 달리는 이삭꽃차례에 암자색 꽃이 빽빽하게 달린다. 꽃받침은 겉면에 털이 있고 끝이 5개로 갈라지며 가장자리에 털이 있다. 꽃은 기판 1개가 암술과 수술을 원기둥모양으로 감싼다. 수술은 10개이고 꽃밥은 노란색이다.
- 열매 꼬투리열매이고, 9~10월에 익는다. 길이 1cm인 굽은 긴둥근꼴이고, 씨앗은 광택이 있다.
- 식별 포인트 사방용으로 도입되었다.

큰낭아초 | 콩과
Indigofera bungeana

- **꽃 피는 때** 6~8월
- **생육 특성** 중국이 원산지다. 녹화용으로 들여온 것이 전국으로 퍼진 갈잎작은키나무다. 울릉도 나리분지, 도동 등에서도 보인다.
- **잎** 어긋난다. 깃꼴겹잎이다. 작은잎은 긴둥근꼴이고 5~11개이며, 길이 1~2.5cm, 폭 0.5~1.5cm로 끝은 오목하고, 가장자리는 밋밋하다. 잎줄기와 작은잎자루, 잎 양면에 누운 털이 있다.
- **줄기** 껍질은 회갈색이고 가지가 많이 갈라지며 곧게 서거나 비스듬히 자란다. 어린 가지에는 짧은 털이 있다.
- **꽃** 암수한꽃이고, 잎겨드랑이에 달리는 5~10cm 이삭꽃차례에 홍자색 꽃이 모여 핀다. 꽃받침은 겉면에 누운 털이 있고 끝이 5개로 갈라진다. 꽃은 길이 0.8~1.5cm이고, 기판은 넓은 거꿀달걀모양이며 겉면에 털이 있다. 암술은 수술보다 약간 길고, 수술은 10개이며 하나로 뭉쳐 있다.
- **열매** 꼬투리열매이고, 10~11월에 익는다. 길이 3~5cm이고, 짧은 누운 털이 있다.
- **식별 포인트** 바닥을 기는 낭아초와 달리 큰낭아초는 줄기가 곧게 서거나 비스듬히 자란다.

낭아초

낭아초

자귀나무 | 콩과
Albizia julibrissin

- 꽃 피는 때 6~7월
- **생육 특성** 일본, 중국, 인도 등에 분포한다. 강원이남 전국 낮은 산에 자생하는 난대성 나무로 울릉도에서는 남양, 학포, 태하 등 낮은 산에서 볼 수 있는 갈잎큰키나무다.
- 잎 어긋난다. 2회 깃꼴겹잎이다. 작은잎은 낫모양이고 15~30쌍이 마주난다. 길이 0.6~1.5cm, 폭 0.2~0.4cm로 낮에는 잎이 수평으로 펼쳐져 있다가 밤이 되면 서로 합쳐지는 수면운동을 한다. 끝이 뾰족하고 가장자리는 밋밋하다.
- 줄기 껍질은 회갈색이다.

- 꽃 수꽃과 암수한꽃이 한 그루에 있고, 가지 끝 고깔꽃차례에 분홍색 꽃이 모여 피며 향기가 좋다. 꽃받침통은 짧고 끝이 5갈래로 얕게 갈라진다. 꽃부리는 종모양이고 겉면에 털이 있으며 끝이 5개로 갈라진다. 수술은 3~4cm로 길고 많다. 암수한꽃은 꽃차례 가운데 1~2개 있으며 암수한꽃 주변을 수꽃이 둘러싼다.
- 열매 꼬투리열매이고, 10~11월에 갈색으로 익는다. 길이 10~15cm인 긴둥근꼴이고, 씨앗은 납작한 긴둥근꼴로 갈색이다.
- **식별 포인트** 왕자귀나무와 달리 잎이 낫 모양으로 뾰족하고 작다.

참싸리 | 콩과
Lespedeza cyrtobotrya

- 꽃 피는 때 6~8월
- **생육 특성** 중국, 러시아, 일본, 한국에 분포한다. 전국 낮은 산에 자생하며, 울릉도에서는 사동, 태하 등에 자생하는 갈잎작은키나무다.
- 잎 어긋난다. 3출엽이다. 작은잎은 넓은 거꿀달걀모양이다. 길이 2~4cm, 폭 1.5~3.5cm로 끝은 오목하고 비늘모양 작은 돌기가 있으며, 가장자리는 밋밋하다. 아랫면에 누운 털이 있으며 잎자루는 1~3cm이다.

- 줄기 껍질은 적갈색이다.
- 꽃 암수한꽃이고, 잎겨드랑이 송이꽃차례에 홍자색 꽃이 1~2cm로 모여 핀다. 꽃받침은 털이 빽빽하고 끝이 4~5개로 갈라진다.
- **열매** 꼬투리열매이고, 9~10월에 익는다. 길이 0.7cm에 납작하며 긴둥근꼴이고 털이 있다.
- **식별 포인트** 싸리는 잎 끝이 둥글다. 조록싸리는 잎 끝이 뾰족하고 약하게 물결모양을 이룬다.

조록싸리

칡 | 콩과
Pueraria lobata

- 꽃 피는 때 7~8월
- 생육 특성 중국, 러시아, 일본, 한국에 분포한다. 전국 산과 들에 흔히 자란다. 울릉도 전역 중산간 지대에 흔하게 자라는 갈잎덩굴나무다.
- 잎 어긋난다. 3출엽이다. 작은잎은 달걀모양 또는 마름모꼴이고 3갈래로 얕게 갈라지기도 하며 길이와 폭이 각각 10~15cm이다. 끝이 뾰족하고 가장자리는 밋밋하다. 아랫면에 갈색 털이 빽빽하다.
- 줄기 껍질은 갈색이고 다른 물체를 휘감고 오른다.

- 꽃 암수한꽃이고, 잎겨드랑이 송이꽃차례에 홍자색 꽃이 모여 달린다. 향기가 진하다. 꽃받침은 5개로 갈라진다. 꽃 길이는 1.5~2.5cm이고 기판은 곧게 서며 가운데에 노란색 무늬가 있다. 수술은 10개이고 뭉쳐 있다.
- 열매 꼬투리열매이고, 9~10월에 익는다. 길이 4~9cm에 납작하고 넓은 줄모양이며 갈색 털이 빽빽하다.
- 식별 포인트 뿌리가 굵다.

식나무 | 층층나무과
Aucuba japonica

- 꽃 피는 때 4~5월
- **생육 특성** 중국, 일본, 대만, 한국에 분포한다. 전국 숲 가장자리, 전남과 제주도, 울릉도에 자생하는 갈잎작은키나무로 안평전, 태하, 나리분지 등에 자생한다.
- **잎** 마주난다. 가지 끝에서는 모여 달리며, 긴둥근꼴이다. 길이 5~25cm, 폭 2~12cm로 끝이 뾰족하고, 잎바닥은 넓은 쐐기모양이며 가장자리에 큰 톱니가 있다. 가죽질이며, 윗면은 광택이 있다. 잎자루는 1~5cm이다.
- **줄기** 껍질은 회갈색이고 오래될수록 세로로 얕게 갈라진다. 어린 가지는 녹색이다.
- **꽃** 암수딴그루이고, 2년생 가지 끝 고깔꽃차례에 갈색 꽃이 모여 핀다. 꽃잎은 4개이고 긴 달걀모양이다. 암꽃에는 암술머리가 납작한 암술대가 1개 있다. 수꽃은 수술이 4개이며, 풍성하게 달린다.
- **열매** 알갱이열매이고, 11~12월에 붉게 익는다. 길이 1.5~2cm인 긴둥근꼴이고 단맛이 난다.
- **식별 포인트** 참식나무에 비해 키가 작고, 꽃은 고깔꽃차례이며, 잎가장자리에 톱니가 있다.

암꽃

수꽃

층층나무 │ 층층나무과
Cornus controversa

- **꽃 피는 때** 5~6월
- **생육 특성** 동아시아 지역에 넓게 분포하며 전국 산지에 자생하는 갈잎큰키나무로 울릉도에서도 전 지역에 골고루 분포한다.
- **잎** 어긋난다. 가지 끝부분에서는 촘촘하게 달리는 긴 둥근꼴 또는 넓은 달걀모양이다. 길이 6~14cm, 폭 3~8cm로 끝이 길게 뾰족하고 밑은 넓은 쐐기모양이며 가장자리는 밋밋하다. 옆맥은 6~9쌍이며 아랫면은 분백색이 돌고 누운 털이 있다.
- **줄기** 껍질은 회갈색이고 세로로 얕게 갈라진다.
- **꽃** 암수한꽃이고, 새 가지 끝에 달리는 지름 5~15cm

겹고른꽃차례에 자잘한 흰색 꽃이 빽빽하게 달린다. 꽃받침은 작고 얕은 톱니모양이다. 꽃잎은 4개이고 긴둥근꼴이다. 암술대는 1개이고 수술보다 짧다. 수술은 4개이고 꽃잎보다 길게 나온다.

- **열매** 알갱이열매이고, 9~10월에 보랏빛 도는 검은색으로 익는다. 지름 0.7cm 정도인 공모양이고 쓴맛이 난다.
- **식별 포인트** 말채나무와 달리 잎이 어긋나고 옆맥이 6~9쌍으로 많으며, 곰의말채나무에 비해서는 잎이 넓다.

곰의말채나무

층층나무과
Cornus macrophylla

- 꽃 피는 때 6~7월
- 생육 특성 중국, 일본, 대만, 한국 등에 분포하는 갈잎 큰키나무로 충남, 전라도, 경상도, 제주도에 자생한다. 울릉도 중산간 지대에서 보인다.
- 잎 마주난다. 긴둥근꼴이다. 길이 7~15cm, 폭 3~7cm로 끝이 뾰족하고 가장자리에는 겹톱니가 있다. 옆맥은 6~8쌍이고 윗면은 짙은 녹색이며, 아랫면은 회백색이 돌고 갈색 털이 있다. 잎자루는 2~5cm이다.
- 줄기 껍질은 흑갈색이고 어린 가지에는 부드러운 털이 빽빽하다가 점차 떨어진다.
- 꽃 암수한그루이고, 적갈색 꽃이 잎보다 먼저 핀다. 암꽃차례는 1~2cm이고 수꽃차례 위쪽에 달린다. 수꽃차례는 4~8cm이고 가지 끝에서 2~4개가 아래를 향해 꼬리모양꽃차례로 달린다.
- 열매 알갱이열매이고, 9~10월에 다갈색으로 익는다. 열매 이삭은 1~2.5cm인 긴둥근꼴이다.
- 식별 포인트 말채나무에 비해 잎이 길쭉하고 옆맥이 6~8쌍이다.

물오리나무

자작나무과
Alnus sibirica

- 꽃 피는 때 5~6월
- **생육 특성** 중국, 일본, 러시아, 한국에 분포한다. 전국 산지에 흔히 자생하며, 울릉도에서는 저동, 태하, 추산 등에 자생하는 갈잎큰키나무다.
- 잎 어긋난다. 넓은 달걀모양 또는 둥근꼴에 가깝다. 길이 7~12cm, 폭 6~11cm로 끝이 뾰족하고 가장자리는 5~7쌍으로 얕게 갈라지며 겹톱니가 있다. 옆맥은 6~8쌍이다. 윗면은 짙은 녹색이고 아랫면은 회백색이며 털이 있다. 잎자루는 2~4cm이고 털이 있다.

- 줄기 껍질은 흑갈색이고 가로로 껍질눈이 있다.
- 꽃 암수한그루이고, 적갈색 꽃이 잎보다 먼저 핀다. 수꽃차례는 4~7cm이고 가지 끝에서 2~4개가 아래를 향해 꼬리모양꽃차례로 피며, 암꽃차례는 1~2cm로 수꽃 아래에서 위쪽을 향해 핀다.
- 열매 9~10월에 다갈색으로 익는다. 열매이삭은 1~2.5cm로 달걀모양이다.
- **식별 포인트** 두메오리나무에 비해 잎이 더 넓으며 잎 가장자리가 5~8쌍으로 얕게 갈라진다.

자작나무

자작나무과
Betula platyphylla var. *japonica*

- 꽃 피는 때 4~5월
- 생육 특성 중국, 일본, 러시아, 유럽, 북한 등에 분포한다. 한국의 자작나무는 모두 심은 것으로 갈잎큰키나무다. 울릉도 나리분지 용출수 발원지에 심겨 있다.
- 잎 긴 가지에서는 어긋나고 짧은 가지에서는 2개씩 모여 달리며, 세모꼴로 넓은 달걀모양이다. 길이 4~8cm, 폭 3~6.5cm로 끝이 뾰족하고 가장자리에 겹톱니가 있으며, 옆맥은 6~8쌍이다. 잎자루는 1~3cm이다.

- 줄기 껍질은 광택 나는 흰색이고 얇게 벗겨진다. 어린 가지는 적갈색이다.
- 꽃 암수한그루이고, 잎과 함께 핀다. 수꽃차례는 3~8cm이고 가지 끝에서 아래를 향해 꼬리모양꽃차례에 핀다. 암꽃차례는 1~3cm이고 긴둥근꼴이며 짧은 가지 앞쪽에서 위를 향해 달린다.
- 열매 9~10월에 다갈색으로 익는다. 열매이삭은 길이 3~4cm인 기둥모양이고 아래를 향해 달린다.
- **식별 포인트** 껍질이 흰색이다.

두메오리나무 | 자작나무과
Alnus maximowiczii

- **꽃 피는 때** 5~6월
- **생육 특성** 일본, 시베리아, 캄차카반도, 한국에 분포하는 갈잎큰키나무다. 강원도와 울릉도에 있으며, 울릉도에서는 중산간 지대에 제법 흔하다.
- **잎** 어긋난다. 달걀모양이다. 길이 5~10cm, 폭 4~8cm로 끝이 점차 뾰족해지고 가장자리에 가시처럼 생긴 겹톱니가 있다. 옆맥은 8~12쌍이다. 아랫면은 연한 녹색이고 맥 위에 털이 있다. 잎자루는 2~4cm이다.
- **줄기** 껍질은 암갈색이고 가로로 된 흰색 줄이 있다.

어린 가지는 갈색이며 흰색 줄이 많다.
- **꽃** 암수한그루이고, 꽃은 잎과 함께 핀다. 수꽃차례는 4~6cm이고 가지 끝이나 잎겨드랑이에서 아래를 향해 꼬리모양꽃차례로 피며, 암꽃차례는 2~4cm이고 수꽃차례 아래쪽에서 위를 향해 핀다.
- **열매** 10~11월에 갈색으로 익는다. 열매이삭은 2~3cm로 긴둥근꼴이다.
- **식별 포인트** 잎이 물오리나무에 비해 5~8쌍으로 얕게 갈라지지 않으며 잎과 꽃이 같이 핀다.

177

후박나무 | 녹나무과
Machilus thunbergii

- 꽃 피는 때 5~6월
- 생육 특성 중국, 일본, 대만, 한국에 분포한다. 울릉도와 제주도, 서남해안 섬 낮은 지대에 자생한다. 울릉도에서는 저동을 비롯해 전역 저지대에 자생하며 늘푸른넓은잎큰키나무다.
- 잎 어긋난다. 가지 끝에 많고 긴 거꿀달걀모양이다. 길이 7~15cm, 폭 3~7cm로 끝이 뾰족하고 가장자리는 밋밋하다. 옆맥은 8~9쌍이고 윗면은 광택이 있으며 아랫면은 회녹색이다. 잎자루는 2~3cm이고 털이 없다.
- 줄기 껍질은 갈색이고 매끈한 편이다. 어린 가지는 녹색이다.
- 꽃 암수한꽃이고, 새 가지 밑부분 잎겨드랑이에서 고깔꽃차례에 황록색 꽃이 풍성하게 핀다. 꽃차례 길이는 4~7cm이다. 꽃덮이조각은 6개이고 긴둥근꼴이다. 암술은 1개이고 암술머리는 흰색이다. 수술은 12개로 3개씩 4배열되며 가장 안쪽 3개는 헛수술이다.
- 열매 알갱이열매이고, 7~8월에 보랏빛 도는 검은색으로 익는다. 지름 0.8~1cm인 약간 납작한 공모양이고 밑부분에 꽃덮이조각이 남는다.
- 식별 포인트 센달나무에 비해 잎 폭이 넓고 길이가 짧다.

참식나무 녹나무과
Neolitsea sericea

- **꽃 피는 때** 10~11월
- **생육 특성** 중국, 일본, 대만, 한국에 분포한다. 울릉도, 제주도, 서남해안 섬 산과 들에 자생하는 늘푸른큰키나무다. 울릉도에서는 태하, 나리분지, 관음도 등에 자생한다.
- **잎** 어긋난다. 긴둥근꼴이며 옆맥이 3쌍이다. 새순이 갈색으로 돋아나서 죽은 잎처럼 보인다. 길이 7~16cm, 폭 4~8cm로 끝이 뾰족하고 가장자리는 밋밋하다. 윗면은 광택이 있고, 아랫면은 분백색이다. 잎자루는 2~3.5cm이다.
- 줄기 껍질은 회갈색이고 새 가지는 녹색이다.
- **꽃** 암수딴그루이고, 잎겨드랑이 우산모양꽃차례에 자루가 없는 황백색 꽃이 모여 핀다. 꽃차례에 갈색 털이 빽빽하다. 꽃덮이는 4개로 깊게 갈라진다. 암꽃은 암술이 1개, 헛수술이 6개 있으며, 수꽃은 수술이 6개다.
- **열매** 알갱이열매이고, 다음 해 10월에 붉게 익는다. 지름 1.3cm인 공모양이다.
- **식별 포인트** 옆맥이 3쌍인 새덕이와 비슷하나 새덕이 잎이 더 가늘고 길다. 새덕이는 열매가 검게 익는다.

수국 | 수국과
Hydrangea macrophylla

- 꽃 피는 때 6~7월
- **생육 특성** 일본 원산지로 북반구에서 많이 재배한다. 전국에서 볼 수 있으며 꽃 색깔이 다양해 집이나 공원 등에 많이 심는 갈잎작은키나무다. 울릉도 민가 주변이나 도로가 등에 심어 놓았다.
- **잎** 마주난다. 달걀모양이다. 길이 10~15cm, 폭 6~10cm로 끝이 갑자기 뾰족해지고, 가장자리에 톱니가 있다.
- **줄기** 껍질은 회갈색이고 겨울에 가지 윗부분이 죽는다.

- **꽃** 무성화이고, 가지 끝 고른꽃차례에 10~15cm 꽃이 풍성하게 달린다. 꽃받침은 4~5개로 꽃잎처럼 생겼고 시간이 지나면서 다양한 색으로 변한다. 꽃잎은 4~5개로 아주 작으며 수술은 10개 정도이고 암술은 퇴화해 열매를 맺지 못한다. 꺾꽂이로 번식한다.
- **열매** 암술이 퇴화해 열매를 맺지 못한다.
- **식별 포인트** 원예용으로 도입되어 산지에 널리 퍼져 자란다.

등수국 | 수국과
Hydrangea petiolaris

- 꽃 피는 때 5~6월
- **생육 특성** 일본, 러시아, 한국에 분포한다. 한국에서는 제주도와 울릉도에서만 자라는 갈잎덩굴나무다. 울릉도에서는 도동, 내수전, 태하 등에서 보인다.
- 잎 마주난다. 넓은 달걀모양이다. 길이 4~10cm, 폭 3~10cm로 끝이 뾰족하고 가장자리 톱니가 날카롭고 균일한 편이다. 아랫면 맥 위에 털이 빽빽하다. 잎자루는 2~8cm이고 털이 없다.
- **줄기** 껍질은 적갈색이고 오래될수록 세로로 갈라져 벗겨진다. 줄기에서 공기뿌리를 내어 다른 나무나 바위를 타고 오른다.

- 꽃 암수한꽃이고, 가지 끝에 달리는 10~25cm 고른 꽃차례에 흰색 꽃이 모여 핀다. 가장자리에 꽃잎 같은 꽃받침잎이 있으며 톱니가 있고 지름 3cm 정도다. 안쪽 암수한꽃은 꽃받침과 꽃잎이 각각 5개이고, 수술은 15~20개, 암술대는 2~3개다.
- **열매** 캡슐열매이고, 10~11월에 익는다. 지름 0.3~0.4cm인 공모양이고 암술대가 남는다.
- **식별 포인트** 바위수국과 달리 가장자리 무성화 꽃받침이 3~4개로 갈라지며 잎 톱니가 뾰족하다.

바위수국 | 수국과
Schizophragma hydrangeoides

- 꽃 피는 때 5~6월
- **생육 특성** 일본, 한국에 분포하며, 제주도와 울릉도에 서만 자라는 갈잎덩굴나무다. 울릉도에서는 태하, 현 포, 추산에서 나리분지 가는 길 등에 자란다.
- 잎 마주난다. 넓은 달걀모양이다. 길이와 폭이 각각 5~15cm이고 끝이 뾰족하며 가장자리 톱니가 위쪽으 로 갈수록 커진다. 윗면 맥 위에 털이 있고, 아랫면 맥 위에는 긴 털이 빽빽하다. 잎자루는 3~7cm이고 붉은 빛이 돈다.
- **줄기** 껍질은 적갈색이고 줄기에서 공기뿌리를 내어 다른 나무나 바위를 타고 오른다.

- 꽃 암수한꽃과 무성화이고, 가지 끝에 달리는 10~20cm 고른꽃차례에 흰색 꽃이 풍성하게 핀다. 중 앙부 꽃은 암수한꽃이고 주변부 꽃은 무성화. 암수 한꽃은 꽃잎이 5개이고 암술머리가 납작하게 4~5개 로 갈라지며, 수술은 10개로 길다. 주변부 꽃은 꽃받 침조각 1개로만 되어 있으며 흰색이고 매우 크다.
- **열매** 캡슐열매이고, 9~10월에 익는다. 지름 0.6cm인 공모양이고 암술대가 남는다.
- **식별 포인트** 등수국과 달리 가장자리 무성화 꽃받침 조각이 1개다.

남천 | 매자나무과
Nandina domestica

- **꽃 피는 때** 6~7월
- **생육 특성** 일본, 중국, 한국에 분포한다. 남부지방 화원, 공원, 울타리 등에 많이 심는 늘푸른작은키나무다. 울릉도에서는 도동, 사동, 천부 등에서 볼 수 있다.
- **잎** 어긋난다. 버들잎모양이다. 길이 30~50cm이며 잎줄기에 마디가 있다. 작은잎은 길이 3~8cm, 폭 0.5~2cm로 버들잎모양이고 잎자루가 없다. 가장자리에 톱니가 없고 잎 아래쪽은 보랏빛 도는 검은색으로 줄기를 감싼다. 겨울에는 붉은색으로 변한다.
- **줄기** 밑에서 줄기가 많이 갈라지고, 겨울에는 붉게 변한다.

- **꽃** 암수한꽃이고, 가지 끝 고깔꽃차례에 흰색 꽃이 풍성하게 핀다. 꽃부리 지름은 0.6~0.8cm이다. 수술은 6개이며 꽃밥은 노란색이고 세로로 터진다. 씨방은 1개이고 암술대는 짧다.
- **열매** 물열매로 공모양이며 지름 0.8cm 정도이고 10월에 붉게 익는다.
- **식별 포인트** 매자나무과 다른 종에 비해 잎가장자리가 밋밋하고 고깔꽃차례에 핀다.

능소화

능소화과
Campsis grandiflora

- 꽃 피는 때 7~8월
- 생육 특성 중국이 원산지다. 전국에서 관상수로 심는 갈잎덩굴나무다. 울릉도에서는 저동, 도동, 태하에 심겨 있다.
- 잎 마주난다. 깃꼴겹잎이다. 작은잎은 긴 달걀모양이며 7~9개이고 길이 3~7cm, 폭 1~3cm로 끝이 길게 뾰족하고 가장자리에 굵은 톱니가 있다. 아랫면 맥에 부드러운 털이 있다.
- 줄기 껍질은 회갈색이고 오래될수록 세로로 갈라져 벗겨진다. 줄기에서 공기뿌리를 내어 다른 나무나 바위를 타고 오른다.
- 꽃 암수한꽃이고, 가지 끝 고깔꽃차례에 황적색 꽃이 아래로 늘어져 풍성하게 핀다. 꽃부리는 6~8cm로 나팔모양이다. 꽃잎은 5개로 갈라지며 갈래조각은 옆으로 퍼진다. 암술은 1개이고 수술은 4개이며 그중 2개는 길고 2개는 짧다.
- 열매 캡슐열매이고, 10월에 익는다. 네모나고 익으면 2개로 갈라진다.
- 식별 포인트 라디칸스능소화(미국능소화)는 꽃대롱이 길다.

협죽도 | 협죽도과
Nerium oleander

- **꽃 피는 때** 7~8월
- **생육 특성** 인도와 유럽 동부가 원산지다. 남부지방에서 관상수로 심는 늘푸른작은키나무로 울릉도에서는 저동에서 볼 수 있다. 독이 있다.
- **잎** 3개가 돌려나며, 줄모양이고 두껍다. 길이 7~15cm, 폭 0.8~2cm로 끝이 길쭉하고 가장자리는 밋밋하며 양면에 털이 없다.
- **줄기** 껍질은 회갈색이고 껍질눈이 있으며, 어린 가지는 녹색이다.

- **꽃** 암수한꽃이고, 가지 끝 작은모임꽃차례에 붉은색 꽃이 핀다. 흰색이나 노란색 꽃이 피기도 한다. 지름은 3~5cm이다. 꽃받침은 5개로 깊게 갈라지며 꽃부리도 5개로 갈라지며 수평으로 퍼진다. 암술 1개, 수술 5개다.
- **열매** 분열열매이고, 10~11월에 적갈색으로 익는다.
- **식별 포인트** 겹꽃이면 만첩협죽도라고 한다.

무궁화 | 아욱과
Hibiscus syriacus

- 꽃 피는 때 7~9월
- **생육 특성** 중국, 인도, 시베리아에 분포한다. 한국 전역에서 심어 가꾸는 갈잎큰키나무다. 울릉도에서는 도동, 사동 등 마을 근처에서 볼 수 있다.
- **잎** 어긋난다. 마름모꼴이다. 길이 4~10cm, 폭 2~5cm로 끝이 약간 뾰족하고 가장자리에 굵은 톱니가 있다. 아랫면에 털이 있다가 떨어진다. 잎자루는 0.5~2cm이다.
- **줄기** 껍질은 회갈색이고 가지를 많이 친다.
- **꽃** 암수한꽃이고, 새 가지 잎겨드랑이에서 분홍색 꽃이 핀다. 품종에 따라 다양한 색깔로 핀다. 지름 5~12cm이다. 꽃받침은 종모양이고 5개로 깊게 갈라진다. 꽃잎은 5개이고 안쪽 부분이 붉은색을 띤다. 수술통 끝부분에서 흰색 암술대가 나오며 암술머리는 끝이 5개로 갈라진다. 수술통 주변에 수술이 많이 돋아난다.
- **열매** 캡슐열매이고, 10~11월에 갈색으로 익는다. 길이 3cm인 긴둥근꼴로 갈색 털이 빽빽하다.
- **식별 포인트** 품종이 다양하다.

배롱나무 | 부처꽃과
Lagerstroemia indica

- 꽃 피는 때 7~9월
- **생육 특성** 중국이 원산지다. 남부지방에서 관상수나 가로수로 심는 갈잎작은키나무다. 울릉도에서는 저 동, 도동, 사동 등에 심어 놓았다.
- 잎 마주나거나 어긋나고 긴동근꼴이다. 길이 3~7cm, 폭 2~3cm로 끝이 둥글고 가장자리에 톱니가 없으며 두껍다. 매끈해 광택이 나고 아랫면은 연녹색이며 맥을 따라 털이 있다. 잎자루는 거의 없다.
- **줄기** 껍질은 연한 적갈색이고 매끈하다. 오래될수록 얇은 조각으로 벗겨지면서 얼룩무늬가 생긴다.

- 꽃 암수한꽃이고, 가지 끝에 달리는 10~25cm 고깔 꽃차례에 분홍색 또는 흰색 꽃이 풍성하게 핀다. 꽃받 침과 꽃잎은 각각 6개이며, 꽃잎 끝부분이 주름져 있 다. 암술은 1개이며 수술 밖으로 길게 나오고, 수술은 30~40개이며 그중 가장자리 6개는 길고 안으로 굽 는다.
- **열매** 캡슐열매이고, 10~11월에 익는다. 지름 0.7~1.2 cm인 공모양이고 6개로 갈라진다.
- **식별 포인트** 꽃이 100일 동안 핀다고 해 목백일홍이 라고도 하며 줄기가 매끈하다.

자금우

자금우과
Ardisia japonica

- 꽃 피는 때 6~8월
- 생육 특성 중국, 일본, 대만, 한국에 분포한다. 한국에서는 제주도와 서남해안 섬, 울릉도 등에 자생하는 늘푸른작은키나무다. 나리분지, 형제봉 주변부 등 울릉도 중산간 지대에서부터 고지대까지 자생한다.
- 잎 마주나기도 하고, 어긋나기도 하며, 돌려나기도 한다. 긴둥근꼴로 길이 3~10cm, 폭 1~4cm이고 끝이 뾰족하며 가장자리에 잔톱니가 있다. 잎자루는 0.6~1cm이다.
- 줄기 껍질은 갈색이고 땅속줄기가 옆으로 길게 뻗으며 자란다. 높이 15~20cm이다.
- 꽃 암수한꽃이고, 줄기 끝 잎겨드랑이에 달리는 우산모양꽃차례에 연한 홍백색 꽃 3개 정도가 아래를 향해 핀다. 꽃받침은 5개로 갈라지며, 꽃잎은 지름 0.6~0.8cm이고 5개로 갈라지며 뒤로 살짝 젖혀지고 얼룩이 있다. 암술은 1개, 수술은 5개이며 암술이 수술보다 길다.
- 열매 알갱이열매이고, 10~12월에 붉게 익는다. 지름 0.5~0.6cm인 공모양이고 아래로 처진다.
- 식별 포인트 산호수는 잎 톱니가 크고, 백량금은 키가 50~100cm이며 잎가장자리에 물결모양 톱니가 있다.

왕작살나무 | 마편초과
Callicarpa japonica var. *luxurians*

- 꽃 피는 때 6~8월
- 생육 특성 일본, 대만, 한국에 분포한다. 전국 산지에 자생하는 갈잎작은키나무다. 울릉도 저지대에서부터 중산간 지대까지 자란다.
- 잎 마주난다. 긴둥근꼴이며 조금 두껍다. 길이 8~15cm, 폭 4~7cm로 끝이 길게 뾰족하고 가장자리에 톱니가 있다. 아랫면은 연녹색이며 샘점이 많다. 잎자루는 0.2~0.5cm이다.
- 줄기 껍질은 회갈색이고, 어린 가지는 굵고 단면이 원기둥모양이며 갈색 별모양 털이 있다가 없어진다.
- 꽃 암수한꽃이고, 잎겨드랑이에서 겹취산꽃차례로 연한 홍자색 꽃이 핀다. 꽃부리통은 길이 0.2~0.3cm이고 4개로 갈라지며 갈래꽃잎은 퍼지거나 뒤로 살짝 말린다. 암술은 1개이고 꽃 밖으로 나오며, 수술은 4개다.
- 열매 알갱이열매이고, 9~10월에 보라색으로 익는다. 지름 0.3~0.7cm인 공모양이다.
- 식별 포인트 잎이 줄모양으로 좁으면 좀작살나무이고, 작살나무에 비해 잎이 더 크고 두꺼우며 넓으면 왕작살나무다.

좀깨잎나무 | 쐐기풀과
Boehmeria spicata

- 꽃 피는 때 7~9월
- 생육 특성 일본, 중국, 한국에 분포한다. 전국에 자생하며 하천가나 낮은 산 가장자리, 길가 등에 자생하는 갈잎작은키나무로 울릉도에서도 길가 담벼락, 숲 가장자리에 흔하다.
- 잎 마주난다. 네모꼴이다. 길이 4~8cm, 폭 2~4cm로 끝이 갑자기 꼬리처럼 길어지고 가장자리에 커다란 톱니가 5~8쌍 있다. 윗면에 누운 털이 있고, 아랫면 맥 위에 털이 있다. 잎자루는 1~3cm이고 붉은빛이 돈다.
- 줄기 껍질은 회갈색이고 오래될수록 세로로 얇게 벗겨진다. 어린 가지는 붉은빛이 돈다.
- 꽃 암수한그루이고, 잎겨드랑이에서 이삭꽃차례로 핀다. 암꽃차례는 줄기 위쪽에 달리고 여러 개 암꽃이 꼬리모양꽃차례를 이룬다. 수꽃차례는 아래쪽에 달리며 암꽃차례보다 짧고, 꽃덮이조각과 수술은 각각 4개다.
- 열매 여원열매이고, 긴 암술대가 남으며 끝에 털이 있다. 10~11월에 갈색으로 익는다.
- 식별 포인트 풀인 거북꼬리와는 잎 모양이 다르고 줄기가 목질화되었다.

191

헛개나무

갈매나무과
Hovenia dulcis

- 꽃 피는 때 5~6월
- 생육 특성 일본, 중국, 한국 등에 분포한다. 경기이남 산지에 자생하는 갈잎큰키나무로 울릉도에서는 흔한 편이다. 봉래폭포 가는 길, 사동, 태하 등에 흔하다.
- 잎 어긋난다. 넓은 달걀모양이다. 길이 8~15cm, 폭 6~12cm로 끝이 뾰족하고 가장자리에 불규칙한 잔 톱니가 있다. 아랫면 맥 위에 털이 있다. 잎자루는 3~6cm이고 털이 있다.
- 줄기 껍질은 흑갈색이고 오래될수록 세로로 잘고 깊게 갈라진다.
- 꽃 암수한꽃이고, 가지 끝 부근 잎겨드랑이에 달리는 작은모임꽃차례에 흰색 또는 연한 황록색 꽃이 모여 핀다. 꽃받침조각과 꽃잎은 각각 5개이고, 수술도 5개다. 암술대는 1개이며 끝이 3개로 갈라진다.
- 열매 알갱이열매이고, 둥글며 갈색이 돌고 9~10월에 익는다.
- 식별 포인트 한약재로 많이 쓰인다.

붉나무 | 옻나무과
Rhus javanica

- **꽃 피는 때** 7~9월
- **생육 특성** 일본, 중국, 한국 등에 분포한다. 전국 저지 대에 자생하는 갈잎큰키나무다. 울릉도에서는 저지대 부터 중산간 지대까지 흔하다.
- **잎** 어긋난다. 깃꼴겹잎이다. 작은잎은 긴둥근꼴로 7~13개이며 길이 6~12cm, 폭 2~6cm이다. 끝이 뾰족 하고 가장자리에 무딘 톱니가 있다. 잎줄기와 아랫면 맥 위에 털이 있다. 잎줄기에 날개가 있다.
- **줄기** 껍질은 회갈색이고 껍질눈이 있다.
- **꽃** 암수딴그루이고, 가지 끝에 달리는 길이 15~35cm 고깔꽃차례에 황백색 꽃이 모여 핀다. 꽃받침, 꽃잎, 수술이 각각 5개다. 암꽃은 꽃잎이 뒤로 젖혀지지 않고 암술대가 3개로 갈라지며, 수꽃은 꽃잎이 뒤로 젖혀 지며 수술이 5개다.
- **열매** 알갱이열매이고, 10~11월에 황적색으로 익는다. 지름 0.4~0.6cm인 공모양이고 짠맛과 신맛이 난다.
- **식별 포인트** 다른 옻나무 종류와 달리 잎줄기에 날개 가 있고, 꽃차례가 위를 향한다.

사철나무 | 노박덩굴과
Euonymus japonicus

- 꽃 피는 때 6~7월
- **생육 특성** 일본, 한국에 분포한다. 중부이남 바닷가 근처에 자생하는 늘푸른작은키나무다. 울릉도 사동, 태하, 천부 등 바닷가 낮은 산 및 중산간 지대에 자란다.
- 잎 마주난다. 긴둥근꼴이다. 길이 3~9cm, 폭 2~5cm로 끝이 무디고 가장자리에 작고 무딘 톱니가 있다. 윗면은 짙은 녹색이고 광택이 있으며, 아랫면은 황록색이며 두껍고 양면에 털이 없다. 잎자루는 0.5~1.2cm이고 털이 없다.
- **줄기** 껍질은 흑회색이고 새 가지는 녹색이며 가지를 많이 친다.

- 꽃 암수한꽃이고, 잎겨드랑이에 달리는 작은모임꽃차례에 황록색 꽃 7~12개가 모여 핀다. 지름 0.6~0.7cm이다. 꽃받침, 꽃잎, 수술이 각각 4개다. 꽃잎 4개는 뒤로 약간 말린다. 암술대는 1개이고 수술보다 짧다.
- **열매** 캡슐열매로 둥글며 10~11월에 붉게 익는다. 지름 0.7~0.9cm인 공모양이고 4개로 갈라진다.
- **식별 포인트** 줄사철나무는 덩굴성이며 줄기에서 공기뿌리가 나온다.

줄사철나무 | 노박덩굴과
Euonymus fortunei

- 꽃 피는 때 6~7월
- 생육 특성 일본, 중국, 한국 등에 분포한다. 바닷가를 따라 자라며 울릉도에 많이 자라는 덩굴성 늘푸른덩굴나무다.
- 잎 마주난다. 긴둥근꼴이며 가죽질이다. 길이 2~5cm, 폭 1~2.5cm로 끝이 뾰족하거나 무디고 가장자리에 무딘 톱니가 있다. 윗면은 짙은 녹색이고 광택이 있다. 아랫면은 회녹색이다. 양면에 털이 없다. 잎자루는 0.5~1cm이다. 어린잎은 모양과 크기에 변이가 심하다.
- 줄기 껍질은 흑갈색이고 공기뿌리를 내어 다른 나무나 바위를 타고 오른다. 어린 가지는 녹색이다.
- 꽃 암수한꽃이고, 잎겨드랑이에 달리는 작은모임꽃차례에 황록색 꽃 7~12개가 모여 핀다. 지름 0.5~0.6cm이다. 꽃받침, 꽃잎, 수술이 각각 4개다. 꽃잎 4개는 약간 뒤로 말린다. 암술대는 1개이고 수술보다 짧다.
- 열매 캡슐열매이며, 10~11월에 연붉은색으로 익는다. 지름 0.6~0.7cm인 공모양이고 4개로 갈라진다.
- 식별 포인트 사철나무와 달리 줄기가 덩굴성이고 공기뿌리를 내어 다른 물체에 붙어 자란다.

사위질빵 | 미나리아재비과
Clematis apiifolia

- 꽃 피는 때 7~9월
- **생육 특성** 일본, 중국, 한국에 분포한다. 전국 산과 들에 흔하게 자생하는 갈잎덩굴나무다. 울릉도에서는 내수전, 학포, 태하 등에서 볼 수 있다.
- **잎** 마주난다. 3출엽이다. 작은잎은 달걀모양이고 길이 4~7cm, 폭 2~4cm이다. 가장자리는 흔히 2~3개로 갈라진다. 아랫면 맥 위에 긴 털이 빽빽하다. 잎자루는 1.5~4cm이고 잔털이 있다.
- **줄기** 껍질은 연한 갈색이고 세로로 능선이 있다. 어린 가지는 녹색에서 자갈색으로 변하며 잔털이 있다.
- **꽃** 암수한꽃이고, 가지 끝이나 잎겨드랑이에 달리는 고깔꽃차례에 흰색 꽃이 핀다. 지름 1.5~2.5cm이다. 꽃덮이조각은 4개이고 긴 거꿀달걀모양이다. 씨방과 암술대에 긴 털이 빽빽하다. 수술은 많고 길이는 꽃덮이와 비슷하다.
- **열매** 여윈열매이고, 9~10월에 익는다. 씨는 긴둥근꼴이고 털이 빽빽하며 끝에 암술대가 변한 깃모양 털이 1~2cm로 달린다.
- **식별 포인트** 으아리나 참으아리에 비해 수술이 길게 나오고, 잎 가장자리가 2~3개로 갈라진다.

참으아리 │ 미나리아재비과
Clematis terniflora

- **꽃 피는 때** 7~9월
- **생육 특성** 일본, 중국, 대만, 한국에 분포한다. 전국 바닷가 근처 낮은 산에 자생하는 갈잎덩굴나무다. 울릉도 바닷가 근처에서 볼 수 있다.
- **잎** 마주난다. 깃꼴겹잎이다. 작은잎은 3~7개이고 달걀모양이다. 길이 3~10cm, 폭 2~4cm로 끝이 뾰족하고 가장자리는 밋밋하나 결각처럼 갈라지기도 한다. 잎자루와 아랫면 맥 위에 짧은 털이 있다. 잎자루와 작은 잎자루는 다른 물체를 휘감아서 꾸불꾸불하다.
- **줄기** 덩굴성으로 가늘며 어릴 때 털이 있다가 커서 없어진다.

- **꽃** 암수한꽃이고, 줄기 끝이나 잎겨드랑이에서 나온 고깔꽃차례에 흰색 꽃이 핀다. 지름 2.5~3.5cm이고 꽃덮이조각은 주로 4개이며 긴둥근꼴이다. 꽃자루에 털이 있다. 암술은 적고 암술대에 털이 빽빽하다. 수술은 여러 개이고 꽃덮이보다 짧다.
- **열매** 7~10cm인 여윈열매이고, 8~10월에 익는다. 열매에 잔털이 있고, 털이 돋아서 날개모양으로 된 긴 암술대가 달려 있다.
- **식별 포인트** 으아리와 달리 꽃자루에 털이 없고 잎바닥이 심장모양이다.

계요등 | 꼭두서니과
Paederia scandens

- 꽃 피는 때 7~9월
- **생육 특성** 일본, 한국 등 아시아지역에 분포한다. 제주도를 비롯한 중부이남 저지대에 자생하는 갈잎덩굴나무로 울릉도에서는 저동, 안평전, 학포, 태하 등에 자생한다.
- **잎** 마주난다. 달걀모양 또는 버들잎모양으로 다양하다. 길이 5~12cm, 폭 1~7cm로 끝이 뾰족하고 가장자리는 밋밋하다. 양면에 털이 있다가 없어진다. 잎자루는 1~8cm이다.

- **줄기** 길이 5~7m이며, 다른 물체를 감고 오른다.
- **꽃** 암수한꽃이고, 가지 끝이나 잎겨드랑이에 달리는 고깔꽃차례 또는 작은모임꽃차례에 원기둥모양 흰색 꽃이 모여 핀다. 꽃부리통 길이 1~1.5cm, 지름 0.5cm이며, 안쪽은 적자색이고 흰색 털이 빽빽하다.
- **열매** 알갱이열매이고, 10~11월에 황갈색으로 익는다. 지름 0.5~0.6cm인 공모양이고 털이 없다.
- **식별 포인트** 잎 변이가 심하다. 잎이 좁고 긴 버들잎모양인 것을 좁은잎계요등으로 나누기도 한다.

좁은잎계요등

좁은잎계요등

두릅나무 | 두릅나무과
Aralia elata

- 꽃 피는 때 7~9월
- **생육 특성** 중국, 일본, 러시아, 한국에 분포한다. 전국 숲 가장자리에 자생하며 밭에 심기도 하는 갈잎큰키나무다. 울릉도 사동, 학포, 태하 등에서 볼 수 있다.
- 잎 어긋나지만 가지 끝에서는 모여나고 사방으로 퍼진다. 길이 40~100cm로 2~3회 홀수깃꼴겹잎이다. 잎줄기와 잎자루에 가시가 있다. 작은잎은 달걀모양이고 길이 5~12cm, 폭 2~7cm로 끝이 뾰족하며 가장자리에 불규칙한 톱니가 있다. 아랫면 맥 위에 털이 있다.
- 줄기 껍질은 회갈색이고 날카로운 침이 많으나 점차 없어진다.

- 꽃 암수한꽃이고, 햇가지 끝 겹우산모양꽃차례에 백록색 꽃이 풍성하게 달린다. 꽃받침조각, 꽃잎, 수술, 암술대는 각각 5개다. 꽃차례 위쪽 꽃일수록 빨리 핀다. 수술기를 거쳐 암술기로 전환된다는 설과 암수한꽃 아래쪽에 수꽃이 따로 핀다는 설이 있다.
- **열매** 물열매이고, 9~10월에 검게 익는다. 지름 0.3~0.4cm인 공모양이며 독특한 맛이 있다.
- **식별 포인트** 음나무는 잎이 손바닥 편 모양처럼 5~9개로 갈라진다.

음나무 | 두릅나무과
Kalopanax septemlobus

- **꽃 피는 때** 7~9월
- **생육 특성** 일본, 중국, 러시아, 한국에 분포한다. 전국 숲 가장자리에 자생하며 집이나 밭에 심기도 하는 갈 잎큰키나무다. 울릉도 사동, 태하, 현포 등에 있다.
- **잎** 어긋나지만 가지 끝에서는 모여 달리며 5~9갈래로 갈라진다. 길이와 폭 각각 10~30cm이고 갈래조각은 끝이 길게 뾰족하며, 밑은 얕은 심장모양이고 가장자리에 톱니가 있다. 잎자루는 10~30cm이다.
- **줄기** 껍질은 회갈색이고 세로로 깊게 갈라진다. 어린 가지에는 굵은 가시가 있다.

- **꽃** 암수한꽃이고, 가지 끝에 달리는 위쪽이 평평한 작은모임꽃차례에 황백색 꽃이 핀다. 꽃차례에 짧은 수술과 긴 수술이 있다. 꽃잎과 수술은 5개이며, 암술대는 끝에서 2개로 갈라진다.
- **열매** 알갱이열매이고, 10~11월에 검게 익는다. 지름 0.6cm인 공모양이다.
- **식별 포인트** 두릅나무와 달리 잎이 5~9개로 갈라지고 줄기가 굵다.

송악 | 두릅나무과
Hedera rhombea

- 꽃 피는 때 9~11월
- **생육 특성** 일본, 한국에 분포한다. 충북과 전북 고창, 울릉도 등에 자생하는 늘푸른덩굴나무다. 울릉도에서는 바닷가를 비롯해 중산간 지대에서 고지대까지 자생한다.
- 잎 어긋난다. 심장모양, 달걀모양, 마름꼴 등 다양하며 새 가지 잎은 세모꼴이고 3~5갈래로 얕게 갈라진다. 길이 3~7cm, 폭 2~4cm로 끝이 뾰족하고 가장자리는 밋밋하다. 가죽질이고 윗면은 광택이 난다. 아랫면 맥 위에 털이 약간 있다. 잎자루는 2~5cm이다.
- **줄기** 껍질은 회갈색이고, 줄기와 가지에서 공기뿌리가 나와 다른 물체를 타고 올라간다.
- **꽃** 암수한꽃이고, 우산모양꽃차례 1개 또는 여러 개가 가지 끝에 달리며, 황록색 꽃이 촘촘하게 달린다. 지름 0.4~0.6cm이다. 꽃잎은 5개이고 달걀모양이다. 수술도 5개이며, 암술은 1개. 작은 꽃줄기는 1~1.5cm이며, 별모양 털이 빽빽하다.
- **열매** 알갱이열매이고 이듬해 4~5월에 검게 익는다. 지름 0.8~1cm인 공모양이고 암술대 흔적이 남는다.
- **식별 포인트** 줄기에서 공기뿌리가 나오고 잎 변이가 심하다.

누리장나무

마편초과
Clerodendrum trichotomum

- 꽃 피는 때 7~8월
- 생육 특성 일본, 중국, 한국 등에 분포한다. 우리나라 중부이남 산지에 자생하는 갈잎큰키나무다. 울릉도에는 안평전, 태하, 나리분지 등 중산간 지대에서 보인다.
- 잎 마주난다. 넓은 달걀모양이다. 길이 8~20cm, 폭 5~10cm로 끝이 꼬리처럼 뾰족하고 가장자리는 밋밋하다. 양면에 짧은 털이 있고, 아랫면 밑부분에 샘점이 있으며 맥 위에는 굽은 털이 빽빽하다. 잎자루는 2~8cm이고 잎에서 누린내가 난다.
- 줄기 껍질은 회백색이고 속은 흰색이다.
- 꽃 암수한꽃이고, 새 가지 끝 작은모임꽃차례에 흰색 꽃이 풍성하게 핀다. 꽃부리 지름은 3cm이다. 꽃부리와 꽃받침은 각각 5개로 갈라진다. 수술이 암술보다 조금 더 길다. 수술이 먼저 성숙하고 수술이 시들면 암술이 익는다.
- 열매 알갱이열매이고, 10~11월에 보랏빛 도는 검은색으로 익는다. 적자색으로 변한 꽃받침에 싸여 있다가 지름 0.6~0.8cm인 보랏빛 도는 검은색 열매가 튀어나온다.
- 식별 포인트 누린내가 나고 잎 아랫면 맥 위에 굽은 털이 있다. 꽃받침이 주로 분홍색이지만 흰색인 개체도 있다.

보리수나무

보리수나무과
Elaeagnus umbellata

- 꽃 피는 때 4~6월
- 생육 특성 일본, 중국, 한국에 분포한다. 중부이남 숲 가장자리나 풀밭에 자생하는 갈잎작은키나무다. 울릉도 안평전 가는 길에 있다.
- 잎 어긋난다. 긴둥근꼴이다. 길이 3~7cm, 폭 1~3cm로 끝이 무디고 가장자리는 밋밋하다. 잎자루와 아랫면에 은백색과 갈색 비늘털이 빽빽하다. 잎자루는 0.4~1cm이다.
- 줄기 껍질은 회색이고 가지에 긴 가시가 있다.
- 꽃 암수한꽃이고, 새 가지 잎겨드랑이에서 흰색 꽃

2~6개가 피었다가 수정되면 노란색으로 변한다. 꽃자루와 꽃받침통에 은백색 비늘털이 빽빽하다. 꽃받침통 끝은 4개로 갈라지고 갈래조각은 세모꼴이다. 암술은 1개이고 수술은 4개다. 암술이 수술보다 길다.
- 열매 알갱이열매이고, 9~10월에 붉게 익는다. 지름 0.6~ 0.8cm인 공모양이다.
- 식별 포인트 보리밥나무, 보리장나무, 뜰보리수와 달리 열매가 공모양이고 작으며, 꽃이 흰색에서 노란색으로 변한다.

보리장나무(잎 뒷면이 붉은 것이 특징)

뜰보리수나무

보리밥나무 | 보리수나무과
Elaeagnus macrophylla

- **꽃 피는 때** 9~10월
- **생육 특성** 일본, 대만, 한국에 분포한다. 남쪽 섬 낮은 산에 주로 자라지만, 서해 대청도, 동해 울릉도까지 자라는 늘푸른작은키나무다. 울릉도 도동, 학포, 태하, 추산 등 주로 바위 절벽에 자생한다.
- **잎** 어긋난다. 긴 달걀모양이다. 길이 5~10cm, 폭 3~6cm로 끝이 뾰족하고 가장자리는 밋밋하나 물결모양을 이룬다. 윗면은 광택이 있고 아랫면은 은백색 비늘털이 빽빽하다. 잎자루는 1~2.5cm이고 갈색 또는 은백색 비늘털이 있다.
- **줄기** 껍질이 회갈색이고 오래될수록 불규칙하게 갈라진다.

- **꽃** 암수한꽃이고, 잎겨드랑이에 종모양 은백색 꽃이 1~3개 핀다. 지름 0.5~0.7cm이다. 꽃받침과 꽃자루에 은백색 비늘털이 빽빽하고 갈색 점이 있다. 꽃받침 쪽잎은 4개로 갈라지고 갈래조각은 넓은 달걀모양이다. 꽃자루는 0.5~1cm이다. 암술은 1개이고 꼬부라지며, 수술은 4개다.
- **열매** 알갱이열매이고, 다음 해 3~4월에 붉게 익는다. 길이 1.5~2cm인 긴둥근꼴이며 약간 떫고 단맛이 난다.
- **식별 포인트** 보리장나무와 달리 잎 아랫면이 은백색이고, 꽃받침도 은백색이다.

204

차나무

차나무과
Camellia sinensis

- 꽃 피는 때 10~11월
- 생육 특성 중국이 원산지다. 전북과 경남 이남에 심는 늘푸른작은키나무다. 울릉도에는 학포에 몇 개체가 자란다.
- 잎 어긋난다. 긴둥근꼴이다. 길이 5~12cm, 폭 2~5cm로 끝이 무디고 가장자리에 무딘 톱니가 있다. 옆맥은 6~9쌍이고 윗면은 진한 녹색이며 광택이 있다. 아랫면은 연한 녹색으로 털이 있다가 떨어진다. 잎자루는 0.3~0.5cm이다.
- 줄기 껍질은 회백색이고 매끈하다.

- 꽃 암수한꽃이고, 잎겨드랑이에서 흰색 꽃 1~3개가 아래쪽을 향해 핀다. 지름 2~3cm이고 꿀 향이 난다. 꽃받침은 끝이 둥글고 털이 있다. 꽃잎은 5~7개이고 거꿀달걀모양이며 뒤로 젖혀진다. 암술대는 1개이고 끝이 3개로 갈라지며 수술은 많고 노란색이다. 꽃자루는 1~1.4cm이다.
- 열매 캡슐열매이고, 다음 해 8~10월에 익는다. 지름 1.5~2cm인 약간 납작한 공모양이고 3개로 갈라진다.
- 식별 포인트 열매가 익을 때까지 꽃받침이 남아 있다.

동백나무 | 차나무과
Camellia japonica

- 꽃 피는 때 11~4월
- 생육 특성 일본, 중국, 대만, 한국에 분포한다. 제주도와 남해안을 비롯해 서해안, 동해 울릉도까지 자라는 늘푸른넓은잎큰키나무다. 울릉도 도동, 사동, 태하, 천부, 관음도 등 바닷가를 낀 중산간 지대에 자생한다.
- 잎 어긋난다. 달걀모양이다. 길이 5~12cm, 폭 3~7cm로 끝이 약간 뾰족하고 가장자리에 잔톱니가 많다. 옆맥은 6~9쌍이고 두껍다. 윗면은 진녹색이고 광택이 있으며, 아랫면은 연녹색이다. 잎자루는 1~1.5cm이다.

- 줄기 껍질은 회갈색이고 매끈하다.
- 꽃 암수한꽃이고, 줄기 끝이나 잎겨드랑이에서 붉은색 꽃이 핀다. 지름 3~6cm이다. 꽃받침에 털이 빽빽하다. 꽃잎은 5~7개이고 두껍다. 암술대는 끝부분이 3개로 갈라지며 수술은 많고 한곳에 모여 있다. 꽃자루는 없다.
- 열매 캡슐열매이고, 9~10월에 붉게 익는다. 지름 2~4cm이며 3개로 갈라진다.
- **식별 포인트** 애기동백나무는 흰 꽃이 핀다.

쌍떡잎식물

풀

3월

개불알풀 | 현삼과
Veronica didyma var. lilacina

- 꽃 피는 때 3~5월
- 생육 특성 전국 양지바른 곳에 자라며, 울릉도 나리분지, 태하, 안평전 등에서 군락을 이룬다. 높이 5~15cm로 땅바닥에 바짝 붙어 자란다.
- 잎 달걀모양이다. 아랫부분 잎은 마주나고, 길이와 너비가 0.6~1.5cm이며, 톱니가 2~3쌍 있다. 짧은 잎자루가 있으나, 윗부분 잎은 잎자루가 없으며 어긋난다.
- 줄기 부드럽고 짧은 털이 있으며 밑에서부터 가지가 갈라져 옆으로 자라거나 비스듬히 선다.

- 꽃 윗부분 잎겨드랑이에 연한 홍자색으로 피며, 꽃받침은 길이 0.3~0.6cm이고 길게 4개로 갈라지고 끝이 무디다. 꽃은 지름 0.3~0.4cm이고 4개로 갈라진다. 수술 2개와 암술 1개가 있고 건드리면 잘 떨어진다.
- 열매 길이 0.5cm 정도인 캡슐열매로 콩팥모양이며 전체에 부드러운 털이 있고 중앙부에 깊은 홈이 있다.
- 식별 포인트 열매 모양이 독특하다.

큰개불알풀 | 현삼과
Veronica persica

- 꽃 **피는 때** 3~6월
- **생육 특성** 전국에 자생하며 안평전, 태하 길가 빈터 등 양지바르고 조금 습기가 있는 곳에서 잘 자란다. 높이 10~30cm이다.
- **잎** 세모꼴로 길이 1~2cm이며 밑부분에서는 마주나고, 윗부분에서는 어긋나며 가장자리에 굵은 톱니가 4~7개 있다.
- **줄기** 길이 10~30cm이고 밑부분이 옆으로 자라거나 비스듬히 서며 가지가 갈라진다.
- **꽃** 지름 0.8~1cm로 파란색이며 색이 짙은 줄이 있다.

잎겨드랑이에 1개씩 달리며 꽃잎은 4장이고 아래쪽 1장은 작다. 수술은 2개이며 암술을 향해 꼬부라지며 암술은 1개이다. 꽃받침은 길이 0.8cm이며 4개로 갈라지고, 꽃자루는 길이 1~4cm이다.

- **열매** 캡슐열매다. 거꿀심장형으로 끝이 파이고 그 부분에 암술대가 남아 있다.
- **식별 포인트** 개불알풀은 꽃이 연분홍색에 0.4cm 정도로 작고, 큰개불알풀은 꽃이 파란색에 0.9cm 정도로 크다.

광대나물 | 꿀풀과
Lamium amplexicaule

- **꽃 피는 때** 3~5월
- **생육 특성** 전국에 자생하고 울릉도 나리분지 도동, 저동 등 양지바른 곳에 잘 자라는 두해살이풀로 높이 10~30cm이다.
- **잎** 마주난다. 아래쪽 잎은 잎자루가 있으나 위쪽 잎은 반달모양이고 양쪽에서 원줄기를 완전히 감싸서 붙어 있는 것처럼 보인다.
- **줄기** 네모나고 기부에서 가지가 많이 갈라져 뭉쳐나며, 원줄기는 자줏빛이 돈다.
- **꽃** 홍자색이며, 잎겨드랑이에서 많이 나와 뭉쳐나는

것처럼 보인다. 꽃받침은 길이 0.5cm이고 5개로 갈라지며 잔털이 있다. 꽃은 판통이 길고 아랫입술꽃잎이 3개로 갈라지며 좌우 아랫입술꽃잎에 붉은색 얼룩이 있는 개체가 많다. 윗입술꽃잎은 앞쪽으로 약간 굽고 바깥쪽에 털이 많다.
- **열매** 작은 굳은껍질열매로 능선이 3개 있고 거꿀달걀 모양이다.
- **식별 포인트** 꽃이 광대 춤사위 같은 모양이며, 줄기 위쪽에서 마주나는 반달모양 잎 2개가 붙어 있다.

금창초 | 꿀풀과
Ajuga decumbens

- 꽃 피는 때 4~6월
- 생육 특성 남부지방 산기슭이나 풀밭에 자생하며 울릉도 안평전, 태하 등 산지와 들판 경계지점 양지바른 곳에 자라는 여러해살이풀이다. 높이 5~15cm로 땅에 붙어 자란다.
- 잎 뿌리에서 나와 방석처럼 펼쳐지고 거꿀버들잎모양이다. 가장자리에 무딘 물결모양 톱니가 있다.
- 줄기 옆으로 자라고 전체에 털이 많다.
- 꽃 잎겨드랑이에서 청자색 꽃이 여러 개 피며 꽃받침은 5개로 갈라지고 털이 있다. 꽃잎도 5개이며, 아래쪽 3개는 깊게 갈라지고 가운데 꽃잎에는 흰색 줄무늬가 뚜렷하다.
- 열매 달걀모양이며 작은 굳은껍질열매다.
- 식별 포인트 유사종인 조개나물은 꽃대가 곧게 선다.

꽃마리 | 지치과
Trigonotis peduncularis

- 꽃 피는 때 3~7월
- 생육 특성 전국 들이나 풀밭에 나는 두해살이풀로 울릉도 태하에서 보인다. 높이 5~30cm이다.
- 잎 뿌리잎은 긴둥근꼴이며 땅바닥에 붙어 자란다. 줄기잎은 어긋나고 길이 1~3cm, 너비 0.6~1cm로 긴둥근꼴이며 양면에 누운 털이 있고 가장자리에 톱니가 없다.
- 줄기 밑에서부터 가지를 많이 쳐서 뭉쳐나며 비스듬히 자란다.

- 꽃 지름 0.2cm인 연한 하늘색 꽃이 줄기나 가지 끝에 송이꽃차례로 달리고, 말려 있던 것이 태엽처럼 풀리면서 꽃이 핀다. 꽃받침은 달걀모양 조각 5개로 갈라지고 꽃부리도 5개로 갈라지며 안쪽은 노란색이다가 수정되면 옅어진다.
- 열매 작은 굳은껍질열매이며 꽃받침에 싸여 있고, 씨는 4개로 갈라진다.
- 식별 포인트 꽃차례가 말려 있고, 꽃잎 안쪽에 노란색이 있다.

별꽃 | 석죽과
Stellaria media

- 꽃 피는 때 3~6월
- **생육 특성** 전국 밭이나 길가에 자생하는 두해살이 풀로 울릉도 저지대 어느 곳에서나 볼 수 있다. 높이 10~20cm이다.
- **잎** 마주난다. 긴동근꼴로 가장자리는 톱니 없이 매끈하며 아래쪽 잎은 잎자루가 있으나 위로 갈수록 없어진다.
- **줄기** 밑에서 많이 갈라지고 비스듬히 자라며 털이 한 줄 나 있다.

- 꽃 줄기나 가지 끝에 흰색 꽃이 핀다. 꽃자루에 털이 있다. 꽃받침은 5개로 갈라지며 아랫면에 털이 있다. 꽃잎은 5개이며 각 꽃잎은 2개로 깊게 갈라져 10개처럼 보인다. 수술은 1~7개이고 암술대는 3개다.
- **열매** 달걀모양 캡슐열매이며, 익으면 6개로 갈라진다.
- **식별 포인트** 쇠별꽃은 암술대가 5개로 갈라지고 잎가장자리가 주름졌다.

쇠별꽃

석죽과
Stellaria aquatica

- 꽃 피는 때 3~9월
- **생육 특성** 밭과 들, 강가 등 조금 습한 곳에 자생하는 2년생 또는 여러해살이풀로 높이 20~50cm이다.
- 잎 달걀모양으로 마주나며, 밑부분 것은 긴 잎자루가 있으나 위로 올라갈수록 짧아지며 심장모양 잎이 줄기를 감싼다. 가장자리가 주름진다.
- **줄기** 밑에서 갈라지고 비스듬히 자라다가 윗부분이 곧추서며 1줄로 돋은 털이 있다.

- 꽃 작은모임꽃차례에 흰색 꽃이 핀다. 꽃자루에 털이 있다. 꽃받침은 5개이고 아랫면에 털이 있다. 꽃잎도 5개이고 꽃잎마다 2개로 깊게 갈라져 꽃잎이 10개처럼 보인다. 수술은 10개이고 암술대가 5개인 점이 특징이다.
- **열매** 달걀모양 캡슐열매이고 익으면 5개로 갈라진다.
- **식별 포인트** 별꽃은 암술대가 3개로 갈라지며 잎가장자리가 매끈하다.

유럽점나도나물

석죽과
Cerastium glomeratum

- **꽃 피는 때** 3~7월
- **생육 특성** 전국 밭이나 길가에 자생하는 두해살이풀로 울릉도에도 저지대 풀밭에 자란다. 높이 15~30cm이다.
- **잎** 뿌리잎과 줄기 아래쪽 잎은 주걱모양이고 잎자루가 있으며 줄기 위쪽 잎은 긴둥근꼴로 잎자루가 없다. 양면에 털이 빽빽하다.
- **줄기** 담녹색이 돌며 기부에서 많이 갈라진다. 줄기 위쪽에는 털이 많다.

- **꽃** 작은모임꽃차례로 꽃이 필 때는 둥글게 뭉쳐 피며 열매일 때는 성기게 늘어선다. 꽃자루는 꽃받침 길이와 같거나 짧고 꽃받침은 5개로 긴 털이 있다. 꽃잎은 흰색으로 5개이다. 수술은 10개, 암술은 1개로 암술머리가 5개로 갈라진다.
- **열매** 원기둥모양으로 끝이 열린다.
- **식별 포인트** 점나도나물과 비슷하지만 작은꽃자루가 꽃받침보다 짧거나 같고 선모와 퍼진 털이 빽빽하다.

꽃다지 | 십자화과
Draba nemorosa

- 꽃 피는 때 3~5월
- **생육 특성** 전국에 분포하며 울릉도 풀밭과 낮은 산, 도로가 등에 자라는 2년생 풀로 높이 10~20cm이다.
- **잎** 뿌리잎은 방석처럼 퍼지고 주걱모양 긴둥근꼴이며 털이 많다. 길이 2~4cm, 너비 0.8~1.5cm이고 톱니가 약간 있다. 줄기잎은 달걀모양이고 어긋난다.
- **줄기** 20cm까지 자라고 곧추서며 가지가 갈라지고 아래쪽에 털이 있다.
- **꽃** 노란색으로 피며 원줄기나 가지 끝 송이꽃차례에 많은 꽃이 달린다. 꽃받침과 꽃잎은 각각 4개이고 꽃잎은 넓은 주걱모양이며 길이 0.3cm 정도다. 수술 6개 중 4개는 길고 암술은 1개다.
- **열매** 짧은 뿔열매로 전체에 털이 있다.
- **식별 포인트** 민꽃다지에 비해 전체에 털이 많다.

갓

십자화과
Brassica juncea

- **꽃 피는 때** 3~5월
- **생육 특성** 하천변, 맨땅, 도로가 등 척박한 토양에서 도 잘 자라는 식물이다. 중국에서 들여와 재배하며 울 릉도 바닷가, 계곡 주변에 많이 퍼져 있는 두해살이풀 이다. 높이 1~1.5m까지 자란다.
- **잎** 줄기잎은 어긋나며 잎자루가 길고 주걱모양이며, 가장자리에 톱니가 있고 길이 20cm이다. 뿌리잎은 긴둥근꼴로 잎자루가 짧고 가장자리에 톱니가 있고 주름져 있다.
- **줄기** 매끈하며 위쪽에서 가지가 갈라진다.
- **꽃** 십자모양 노란색 꽃이 송이꽃차례로 핀다. 꽃대 길 이는 1cm이며 꽃받침은 0.5cm 정도로 3맥이 있다. 꽃잎은 주걱모양이고 0.8cm이며 수술은 4개, 암술은 1개이다.
- **열매** 긴 뿔열매로 길이 2.5~5cm이며, 씨앗은 갈색 이다.
- **식별 포인트** 갓은 잎이 줄기를 감싸지 않지만 유채는 잎이 줄기를 감싼다.

유채 | 십자화과
Brassica napus

* 꽃 피는 때 3~4월
* **생육 특성** 따뜻한 곳 논이나 밭에 재배한다. 울릉도 태하 울릉심층수가 있는 주변에 군락지가 있으며 도동, 저동, 현포 등 마을 인근에서도 재배한다. 높이 80~130cm이다.
* **잎** 버들잎모양이고 끝이 무디다. 아래쪽 줄기잎은 잎자루가 길고 잎가장자리가 깊게 갈라지며, 위쪽 줄기잎은 잎자루가 없고 잎이 줄기를 감싼다. 윗면은 녹색이나 아랫면은 흰색이다.

* **줄기** 원줄기에서 1차 곁가지가 15개 안팎으로 나오고 각 가지에서 2차 곁가지가 나온다.
* **꽃** 가지 끝에 고깔꽃차례가 달린다. 노란색 꽃잎이 4개이고 1cm 정도이며 수술 6개 중 4개는 길고 2개는 짧으며, 암술은 1개다.
* **열매** 뿔열매로 길이 8cm 정도인 원기둥모양이고 짙은 갈색 씨앗이 20개 정도 들어 있다.
* **식별 포인트** 유채는 잎이 줄기를 감싸지만 갓은 잎이 줄기를 감싸지 않는다.

왜제비꽃

제비꽃과
Viola japonica

- 꽃 피는 때 3~4월
- 생육 특성 양지바른 무덤이나 풀밭, 인가 주변 등에 자생하는 여러해살이풀로 높이 10~15cm이다. 제비꽃 중에 생김새가 가장 다양하다. 울릉도 태하, 안평전에 자생한다.
- 잎 모여나며, 세모꼴이고, 무딘 톱니가 있다. 아랫부분은 심장모양이고 끝부분은 둥글다. 잎 양면과 잎자루에 털이 나기도 한다.
- 줄기 줄기가 없다.
- 꽃 옆꽃잎에 털이 있기도 하고 없기도 하다. 꽃 색은 흰색에서부터 연자주색까지 다양하다.
- 열매 캡슐열매로 달걀모양이다.
- 식별 포인트 서울제비꽃은 잎이 긴둥근꼴로 밝은 녹색을 띠는 반면, 왜제비꽃은 세모꼴이고 더 넓다.

서울제비꽃

제비꽃과
Viola seoulensis

- 꽃 피는 때 3~4월
- 생육 특성 길가, 공원, 공터 등 척박한 토양에서도 잘 크며 높이 15cm까지 자라는 여러해살이풀이다. 최근 들어서는 나리분지에서도 보인다.
- 잎 뿌리에서 모여나며, 처음에는 안쪽으로 말린다. 잎 자루 윗부분에 날개가 약간 있으며 잎 아랫면에 털이 많고, 잎몸은 달걀모양으로 톱니가 있다.
- 줄기 줄기가 없다.

- 꽃 꽃자루에 털이 있으며 꽃은 보라색 또는 연한 보라색으로 측열편에 털이 있다.
- 열매 캡슐열매로 달걀모양이다.
- 식별 포인트 잎이 긴둥근꼴로 밝은 녹색을 띤다. 최근 나리분지 투막집 부근에서 서울제비꽃을 관찰했으며 유입경로를 살펴볼 필요가 있다.

둥근털제비꽃

제비꽃과
Viola collina

- 꽃 피는 때 3~4월
- **생육 특성** 산 중턱에서 주로 자라며, 울릉도 안평전 등산로 입구와 나리분지 길가에 자생하는 여러해살이 풀로 전체에 털이 많다.
- **잎** 꽃 필 무렵에는 잎이 좌우로 말려 있으며 잎자루와 잎 아랫면에 털이 많다. 심장모양이며 끝부분은 둥글고 가장자리에 무딘 톱니가 있다. 길이

- 2~3.5cm, 너비 2~3cm이지만 여름이 오면 길이 6cm 이상 자란다.
- **줄기** 줄기가 없다.
- **꽃** 연한 보라색과 흰색이 있으며 꽃줄기에 털이 많다.
- **열매** 캡슐열매로 달걀모양이며 열매는 땅에 누운 채로 익는다.
- **식별 포인트** 꽃이 연한 보라색이며 전체에 털이 많다.

솜나물

국화과
Leibnitzia anandria

- 꽃 피는 때 3~8월
- **생육 특성** 길가, 낮은 산 등 양지바른 곳에 자라는 여러해살이풀로 울릉도 안평전 무덤 주변과 태하에서 보인다. 봄형은 3~4월에 꽃이 피며 높이 10~20cm, 가을형은 8월에 피어 가을까지 이어지고 높이 30~60cm까지 자란다.
- **잎** 넓은 버들잎모양으로 아랫면에 거미줄 같은 흰 털이 덮여 있다.

- **줄기** 줄기가 없다.
- **꽃** 봄형은 흰색 또는 연한 자색으로 피고 지름 1.5cm 정도인 머리모양꽃차례가 꽃줄기 끝에 1개씩 달린다. 가을형은 닫힌꽃으로 큰꽃싸개 길이가 1.5cm 정도다.
- **열매** 여윈열매로 길이 0.6cm이고 갓털은 연한 갈색이다.
- **식별 포인트** 봄형과 가을형이 따로 있다.

머위 | 국화과
Petasites japonicus

- 꽃 **피는 때** 3~4월
- **생육 특성** 제주도와 울릉도, 남부지방 산지와 습지 주변에 자생한다. 특히 울릉도에는 바닷가 주변 낮은 산과 밭에 많다. 높이 5~45cm이며 여러해살이풀이다. 꽃이 피기 전 어린잎을 쌈으로 먹는다.
- **잎** 뿌리잎은 콩팥모양으로 지름 15~30cm이며 털이 있으나 뒤에 없어진다. 잎자루가 60cm로 길고 위쪽에 홈이 파여 있다.
- **줄기** 땅속줄기가 사방으로 뻗으면서 자라고 땅 위에는 줄기가 없다.

- **꽃** 3월에 5~45cm로 꽃대가 나오고 나란히맥이 있는 꽃턱잎이 꽃줄기에 어긋난다. 지름 0.7~1cm인 꽃이 다닥다닥 달려서 풍성한 꽃다발처럼 보인다.
- **열매** 여읜열매로 원기둥모양이고 길이 0.3~0.4cm이며 털이 없다. 갓털은 1.2cm 정도이고 흰색이다.
- **식별 포인트** 가을에 피는 털머위는 잎과 꽃이 더 크고 윗면에 털이 없으며 꽃도 노란색이다.

털민들레 | 국화과
Taraxacum mongolicum

- 꽃 피는 때 3~5월
- 생육 특성 울릉도 전역 도로 및 민가 주변과 낮은 산 등에 자생하며 환경적응력이 뛰어나 어디서든지 잘 자라지만 서양민들레에 밀려나 자생지가 줄어들고 있다. 여러해살이풀로 높이 20cm까지 자란다.
- 잎 거꿀버들잎모양이며 뿌리에서 나와 수평으로 펼쳐지고 가장자리가 깃꼴로 깊게 갈라지며 톱니가 있다. 잎과 줄기를 자르면 하얀 액이 나오며 쓰다.
- 줄기 줄기가 없다.
- 꽃 꽃줄기 끝에 노란 머리모양꽃이 달리며 지름 3~4cm이고 혀모양꽃으로만 구성된다. 바깥쪽 큰꽃싸개는 긴둥근꼴로 끝부분에 세모꼴 작은 돌기가 있으며 안팎 큰꽃싸개 모두 꽃잎을 받치고 있다. 꽃줄기에 털이 있다.
- 열매 긴둥근꼴 여윈열매이고 갈색이며, 갓털은 갈색이 도는 흰색이다.
- 식별 포인트 산민들레는 큰꽃싸개에 뿔 같은 돌기가 없고, 서양민들레는 바깥쪽 큰꽃싸개가 아래로 젖혀진다. 지금까지 민들레로 알려져 왔던 종이다.

서양민들레 국화과
Taraxacum officinale

- 꽃 피는 때 3~10월
- 생육 특성 유럽 원산 귀화식물이다. 전국 양지바른 곳에 잘 자라는 여러해살이풀로 봄부터 가을까지 피고 지고를 반복한다. 높이 20cm까지 자란다.
- 잎 뿌리에서 나와 수평으로 펴지며 가장자리가 깃꼴로 깊게 갈라지고 톱니가 있다. 잎과 줄기를 자르면 하얀 액이 나오며 쓰다.
- 줄기 줄기가 없다.

- 꽃 꽃줄기 끝에 노란 머리모양꽃이 달리며 지름 3~5cm이고 혀모양꽃으로만 구성된다. 바깥쪽 큰꽃싸개는 달걀모양으로 끝부분에 세모꼴 돌기가 있으며, 바깥쪽 큰꽃싸개는 아래로 젖혀진다. 꽃줄기에 털이 있다.
- 열매 여윈열매이고 갈색이며 편평한 가락꼴로 달린다. 갓털은 흰색이다.
- 식별 포인트 민들레 참조.

산민들레 | 국화과
Taraxacum ohwianum

- 꽃 피는 때 3~5월
- 생육 특성 제주도를 제외한 전국 산지에 자생하며 울릉도 도동과 안평전 등에 자생하는 여러해살이풀이다. 높이 30cm까지 자란다.
- 잎 뿌리에서 나와 사방으로 퍼지며 거꿀버들잎모양이다. 길이 9~20cm, 너비 2~5cm이지만 길이가 30cm 이상이고 너비가 7cm 이상인 것도 있어 민들레나 서양민들레보다 잎이 크다. 양면에 털이 있고 가장자리가 밑을 향해 4~5쌍으로 갈라진다.

- 줄기 줄기가 없다.
- 꽃 꽃줄기 끝에 노란색 머리모양꽃이 달리고, 꽃줄기는 꽃이 핀 다음 훨씬 길어지며 꽃 밑에 털이 빽빽하다. 큰꽃싸개는 녹색이다. 바깥쪽 큰꽃싸개는 긴둥근꼴이고 끝에 돌기가 없다.
- 열매 여윈열매로 갈색이 돌고 긴둥근꼴이며 갓털은 0.7~0.8cm로 회갈색이다.
- 식별 포인트 민들레와 달리 큰꽃싸개 끝에 돌기가 없다. 큰꽃싸개가 녹색이어서 좀민들레와 구별된다.

개쑥갓 | 국화과
Senecio vulgaris

- 꽃 피는 때 3~10월
- 생육 특성 유럽 원산 귀화식물로 전국 길가 빈터에 자생하며, 울릉도 사동, 태하, 현포 등 도로변 밭 근처에 자생하는 한두해살이풀로 높이 10~40cm이다.
- 잎 어긋난다. 불규칙한 깃꼴로 깊게 갈라지며 가장자리에 불규칙한 톱니가 있다. 잎바닥은 살짝 원줄기를 감싼다.
- 줄기 10~40cm까지 자라며 가지를 치고 주로 붉은색을 띤다.
- 꽃 거의 연중 핀다. 꽃줄기나 가지 끝에 노란색 머리모양꽃이 달리며 혀모양꽃이 없고 갓모양꽃만 있다. 큰꽃싸개는 녹색이다.
- 열매 여윈열매는 털이 없고 원기둥모양이며 길이 0.1~0.3cm이고 세로줄이 있다. 순백색 갓털은 떨어지기 쉽다.
- 식별 포인트 쑥갓과 잎이 비슷하다.

228

등대풀

대극과
Euphorbia helioscopia

- 꽃 피는 때 3~5월
- 생육 특성 경기이남 들과 바닷가에 자생하는 한두해살이풀로 울릉도에서는 태하로 흘러가는 냇물 하구에 자생한다. 높이 15~40cm이며 곧게 서거나 비스듬히 자란다.
- 잎 어긋난다. 거꿀달걀모양이고 가장자리 중간 이상에 잔톱니가 있고 양면에 털이 있다. 가지가 갈라지는 부분에서는 잎 5개가 어긋난다.
- 줄기 아래에서부터 가지를 치고 위에서는 털이 드문

드문 난다. 줄기를 자르면 흰색 유액이 나온다.
- 꽃 줄기 끝 잔모양꽃차례에 황록색 꽃이 핀다. 큰꽃싸개와 작은꽃싸개가 각각 2개씩 달리고 콩팥모양 샘덩이가 4개 있다. 큰꽃싸개 안에 암꽃 1개와 수꽃 몇 개가 있으며 모두 작은꽃자루가 길고 암술대는 3개이며 끝이 2개로 갈라진다.
- 열매 캡슐열매로 밋밋하고 털이 없으며, 길이 0.3cm이며 3개로 갈라진다.
- 식별 포인트 흰대극은 샘덩이가 초승달모양이다.

애기똥풀

양귀비과
Chelidonium majus var. *asiaticum*

- **꽃 피는 때** 4~8월
- **생육 특성** 유라시아 동부 온대지방에 분포하며, 우리나라 전역에 자생한다. 울릉도에는 현포, 추산 등에서 확인되며 특히 현포 개체는 꽃잎이 자잘하게 갈라진다. 두해살이풀이며 높이는 20~80cm이다.
- **잎** 어긋난다. 1~2회 깃꼴겹잎이고 잎자루가 있다. 가장자리에 무딘 톱니가 있다. 잎이나 줄기를 자르면 노란색 즙이 나온다.
- **줄기** 가지를 많이 치고 분백색을 띠며 자르면 노란색 즙이 나온다.

- 꽃 줄기와 가지 끝에 달리는 우산모양꽃차례에 지름 2.5~3.5cm인 노란색 꽃이 핀다. 꽃받침조각은 2개이며 긴 털이 나고 꽃잎보다 빨리 떨어진다. 꽃잎은 4개이고 암술대는 1개이며 초록색으로 길고 수술은 많다.
- **열매** 가느다란 캡슐열매이며, 익으면 광택이 있는 검은색 씨가 나온다. 씨에 당분체가 붙어 있다.
- **식별 포인트** 피나물이나 매미꽃과 달리 작은잎이 다시 갈라지고, 잎을 자를 때 나오는 즙이 노랗다.

쌍떡잎식물

풀

4월

살갈퀴 | 콩과
Vicia angustifolia var. *segetilis*

- 꽃 피는 때 4~5월
- **생육 특성** 전국 산기슭이나 들판 양지바른 곳에 자라는 두해살이풀로 울릉도 안평전, 태하, 현포, 추산 등에서 군락을 이룬다. 높이 30~80cm까지 비스듬히 또는 곧게 자란다.
- 잎 어긋난다. 깃꼴겹잎이다. 작은잎은 3~7쌍이고 끝부분에 3개로 갈라진 덩굴손이 달려서 다른 물체를 감는다. 작은잎은 거꿀달걀모양으로 끝이 오목하며 그곳에서 가시 같은 꼬리가 달린다. 턱잎은 2개이고 흔히 톱니가 있다.

- 줄기 밑에서 가지가 많이 갈라져 퍼지듯 자라며 끝부분은 곧게 서나, 처음부터 곧게 서는 개체도 보인다.
- 꽃 잎겨드랑이에서 피며 나비모양 홍자색 꽃이 1~2개씩 핀다. 길이 1~1.8cm이다. 꽃받침은 5개로 뾰족하게 갈라진다.
- 열매 꼬투리열매로 편평하고 털이 없으며 길이 3~4cm이다. 무늬가 있는 검은색 씨앗이 4~10개 들어 있다.
- **식별 포인트** 가는살갈퀴와 달리 작은잎이 거꿀달걀모양이다.

가는살갈퀴 | 콩과
Vicia angustifolia

- 꽃 피는 때 4~5월
- 생육 특성 중부이남 산기슭이나 들판 양지바른 곳에 자라는 두해살이풀로 울릉도 도동, 사동의 안평전 가는 길, 현포 등에서 무리 지어 자란다. 높이 30~80cm까지 비스듬히 또는 곧게 자란다.
- 잎 어긋난다. 깃꼴겹잎이다. 작은잎은 3~7쌍이고 끝부분이 3개로 갈라진 덩굴손으로 다른 물체를 감는다. 작은잎은 줄모양이고 끝에 가시 같은 꼬리가 달린다. 턱잎은 2개이고 흔히 톱니가 있다.

- 줄기 밑에서 가지가 많이 갈라져 퍼지듯 자라며 끝부분은 곧게 서나, 처음부터 곧게 서는 개체도 보인다.
- 꽃 잎겨드랑이에서 피며 나비모양 홍자색 꽃이 1~2개씩 핀다. 길이 1.8cm 정도이며 울릉도 개체는 위 꽃잎 2장이 조금 크다. 꽃받침은 5개로 뾰족하게 갈라진다.
- 열매 꼬투리열매로 편평하고 털이 없으며 길이 3~4cm이다. 무늬가 있는 검은색 씨앗이 4~10개 들어 있다.
- 식별 포인트 살갈퀴와 달리 잎이 긴둥근꼴이다.

개자리 | 콩과
Medicago polymorpha

- **꽃 피는 때** 4~6월
- **생육 특성** 유럽 원산 귀화식물로 척박한 토양에서도 잘 자라는 한해살이풀이다. 울릉도 사동 도로가에서 확인되며 바닥을 기면서 자란다. 길이는 5~20cm이다.
- **잎** 어긋난다. 잎자루가 있으며 3출엽이다. 작은잎은 넓은 거꿀달걀모양이고 끝이 오목하며 윗부분 가장자리에 잔톱니가 있다. 턱잎은 빗살처럼 여러 개로 갈라진다.
- **줄기** 땅을 기면서 자라고 끝부분이 위쪽으로 서는 경우도 있다.
- **꽃** 잎겨드랑이에서 나온 꽃대에 노란색 꽃 2~8개가 나비모양으로 핀다. 꽃받침은 종모양이고 끝이 버들잎모양으로 갈라진다.
- **열매** 꼬투리열매로 나사처럼 2~3회 둥글게 말리고 갈고리모양 침이 있다. 지름 0.5~0.6cm이다.
- **식별 포인트** 잔개자리에 비해 꽃 수가 적고 열매에 갈고리모양 가시가 있다.

234

잔개자리 | 콩과
Medicago lupulina

- **꽃 피는 때** 4~6월
- **생육 특성** 유럽 원산 귀화식물로 척박한 토양에서도 잘 자라는 한해살이풀이다. 울릉도 도동과 사동, 태하로 넘어가는 도로가에서 확인되며 길이는 5~20cm이다.
- **잎** 어긋난다. 위쪽 잎 잎자루는 거의 없으며 3출엽이다. 작은잎은 거꿀달걀모양이고 끝이 파이지 않으며 둥근 편이다. 턱잎은 아래쪽이 넓은 버들잎모양이다.
- **줄기** 땅을 기면서 자라고 끝부분은 위를 향하며 부드러운 털이 있다.
- **꽃** 잎겨드랑이에서 꽃자루가 1~3cm로 길게 나오며 그 끝에 나비모양 노란색 꽃이 10~30개 모여 핀다. 꽃받침은 종모양이고 끝이 버들잎모양으로 갈라지며 털이 있다.
- **열매** 꼬투리열매로 콩팥모양이며 튀어나온 맥이 있고, 털로 덮인다.
- **식별 포인트** 개자리에 비해 꽃이 풍성하게 달리고 턱잎이 갈라지지 않으며 열매에 갈고리모양 침이 없다.

완두 | 콩과
Pisum sativum

- **꽃 피는 때** 4~6월
- **생육 특성** 유럽 원산 한두해살이풀이며 전국에서 재배한다. 울릉도 일주도로를 따라 많이 심어 놓았다. 높이 50~100cm이다.
- **잎** 어긋난다. 깃꼴겹잎이며 끝이 갈라져 덩굴손이 된다. 작은잎은 1~3쌍이며 달걀모양이다. 마디 부분에서 줄기를 감싸는 턱잎은 작은잎보다 훨씬 크다.

- **줄기** 속이 비었고, 전체에 털이 없다.
- **꽃** 꽃자루는 잎겨드랑이에서 나오고 끝에 흰색 꽃이 2개씩 달린다. 지름은 2~2.5cm이다. 꽃받침은 녹색이고 깊게 5개로 갈라지며 끝까지 남아 있다.
- **열매** 꼬투리열매이고 칼 같으며 길이 5cm 정도다. 씨앗이 5개 정도 들어 있다.
- **식별 포인트** 붉은완두는 홍자색 꽃이 핀다.

붉은완두

붉은완두

갯완두 | 콩과
Lathyrus japonicus

- 꽃 피는 때 4~6월
- **생육 특성** 전국 바닷가 모래땅에 자생하는 여러해살이풀이다. 울릉도 사동 바닷가에 자란다. 높이 20~60cm이다.
- 잎 어긋난다. 작은잎 3~6쌍으로 된 깃꼴겹잎이다. 잎자루 끝은 덩굴손이 되고 갈라지지 않거나 2~3개로 갈라지기도 한다. 작은잎은 긴둥근꼴로 양면이 분백색을 띠며 가장자리는 밋밋하다.

- 줄기 원줄기는 모서리각이 있고 비스듬히 자란다.
- **꽃** 나비모양 적자색 꽃이 송이꽃차례에 한쪽으로 치우쳐서 달린다. 꽃받침은 5개로 갈라지며 갈래조각은 버들잎모양이고 털이 없다. 수술은 10개, 암술은 1개다.
- **열매** 꼬투리열매이며 납작하고 길다. 씨앗이 5개 정도 들어 있다.
- **식별 포인트** 털갯완두와 달리 꽃받침에 털이 없다.

괭이밥 | 괭이밥과
Oxalis corniculata

- **꽃 피는 때** 4~7월
- **생육 특성** 전국 길가, 밭 등에 자생하는 여러해살이풀이다. 울릉도 저동, 도동, 사동 등 마을 인근 길가에 터를 잡고 살아간다. 높이 10~20cm로 비스듬히 뻗어 나간다.
- **잎** 어긋난다. 3출엽이다. 작은잎은 거꿀심장모양이고 윗면에 털이 조금 있으며, 아랫면에 털이 많다. 턱잎이 있고 긴둥근꼴이다.
- **줄기** 가지가 많이 갈라지고 비스듬히 자란다.
- **꽃** 잎겨드랑이에서 긴 꽃줄기가 나와 우산모양꽃차례

에 노란 꽃이 1~8개 핀다. 꽃받침조각은 버들잎모양이고 5개이며, 꽃잎은 거꿀달걀모양으로 역시 5개이고, 지름 0.6~1cm이다. 수술은 10개이고 그중 5개는 짧다.
- **열매** 캡슐열매로 6각 기둥모양이다. 익으면 껍질이 터지면서 튕겨 나간다.
- **식별 포인트** 잎이나 꽃 안쪽이 붉은색인 것을 붉은괭이밥이라고도 하나 동일종으로 본다. 선괭이밥에 비해 비스듬히 자라며 턱잎이 있다.

선괭이밥 | 괭이밥과
Oxalis stricta

- 꽃 피는 때 4~6월
- 생육 특성 길가, 빈터 등에 자생하는 여러해살이풀로 높이 20~40cm까지 자란다.
- 잎 어긋난다. 3출엽이다. 작은잎은 거꿀심장모양이고 윗면에 털이 조금 있으며, 아랫면에 털이 많다. 턱잎이 없다.
- 줄기 가지가 거의 갈라지지 않고 곧게 자란다.
- 꽃 잎겨드랑이에서 긴 꽃줄기가 나와 우산모양꽃차례에 노란 꽃이 1~8개 핀다. 꽃받침조각은 버들잎모양이고 5개이며, 꽃잎은 거꿀달걀모양으로 역시 5개이고, 지름 0.6~1cm이다. 수술은 10개이고 그중 5개는 짧다.
- 열매 캡슐열매로 6각 기둥모양이다. 익으면 껍질이 터지면서 튕겨 나간다.
- 식별 포인트 괭이밥에 비해 줄기가 곧게 자라며 턱잎이 없다.

겨자냉이 │ 십자화과
Wasabia japonica

- **꽃 피는 때** 4~6월
- **생육 특성** 일본에 자생하며 우리나라에서는 울릉도 나리분지와 봉래폭포, 태하, 안평전 등 골짜기에 자생하는 여러해살이풀로 높이 20~40cm까지 자란다. 최근 나리분지에서 재배하고 있다.
- **잎** 뿌리잎은 길이와 너비가 각각 8~10cm로 심장모양이고 무더기로 나며 가장자리에 불규칙한 잔톱니가 있다. 잎줄기는 길이 30cm 정도이며 밑부분이 넓어져서 서로 감싼다. 줄기잎은 2~4cm로 넓은 달걀모양이거나 심장모양이다.
- **줄기** 곧게 서고 뿌리줄기에서 여러 대가 나오며 약해서 옆으로 눕기도 한다.
- **꽃** 줄기 끝 송이꽃차례에 흰색 꽃이 풍성하게 핀다. 꽃받침과 꽃잎이 각각 4개이고 긴둥근꼴이다. 암술은 1개이고, 수술은 6개이며 그중 4개는 길다.
- **열매** 굳은껍질열매이고 길이 1.5~2cm이다. 약간 굽었고 끝이 부리처럼 생겼다.
- **식별 포인트** 뿌리줄기와 잎에서 매운맛이 난다. 고추냉이로 불렸으나, 이는 일본에 자생하는 종과 같은 종으로 국명을 겨자냉이(*Wasabia japonica* (Miq.) Matsum)로 해야 한다는 논문을 따랐다.

냉이 | 십자화과
Capsella bursapastoris

- 꽃 피는 때 4~5월
- 생육 특성 전국 들판과 길가 등에 자생하는 여러해살이풀로 울릉도 안평전, 태하, 나리분지 등에 많다. 높이는 10~50cm이다.
- 잎 뿌리잎은 방석처럼 퍼지고 깃꼴로 깊게 갈라진다. 줄기잎은 어긋나고 버들잎모양이며 잎바닥이 줄기를 감싸며 위로 올라갈수록 가늘어진다.
- 줄기 곧게 서고 가지가 갈라지며 전체에 털이 많다.

- 꽃 줄기와 가지 끝 송이꽃차례에 흰색 꽃이 모여 달린다. 꽃받침과 꽃잎은 각각 4개이고, 꽃받침은 긴둥근꼴이며 꽃잎은 거꿀달걀모양이다. 암술은 1개이고, 수술은 6개이며 그중 4개는 길다.
- 열매 납작한 역삼각형이며 끝 가운데가 오목하다.
- 식별 포인트 이른 봄에 뿌리와 잎을 통째로 캐서 된장국이나 나물로 먹는다. 독특한 향이 있다.

황새냉이 | 십자화과
Cardamine flexuosa

- 꽃 피는 때 4~5월
- **생육 특성** 전국 논밭 주변이나 습지 근처에 자생하는 두해살이풀이다. 울릉도 사동 습지 주변이나 통구미, 남양, 태하 등 개천 주변에 자란다. 높이 10~30cm이다.
- 잎 어긋난다. 깃꼴겹잎이며 잔털이 있다. 줄기 아래쪽 작은잎은 7~17개이고 달걀모양이며 끝 쪽에 있는 작은잎이 옆에 있는 작은잎보다 2배 이상 크다. 줄기 위쪽 작은잎은 3~11개이고 버들잎모양이다. 잎자루가 있다.

- 줄기 밑에서 가지가 갈라진다.
- 꽃 줄기와 가지 끝 송이꽃차례에 흰색 꽃이 모여 핀다. 꽃받침과 꽃잎은 각각 4개이고 암술은 1개, 수술은 6개이며 그중 4개가 길다.
- **열매** 줄모양으로 긴 뿔열매이다.
- **식별 포인트** 맨 끝 작은잎이 옆에 달린 작은잎보다 2배 이상 크다.

좁쌀냉이 | 십자화과
Cardamine fallax

- 꽃 피는 때 4~5월
- **생육 특성** 전국 들판 양지바른 곳에 자라는 여러해살이풀이다. 울릉도 안평전, 태하 골짜기 등에 자란다. 높이 15~30cm이다.
- **잎** 어긋난다. 깃꼴겹잎이다. 작은잎은 11개 이하이며 불규칙한 톱니가 있다. 잎줄기에 털이 있다.
- **줄기** 곧게 서고 털이 많으며 가지가 갈라지지만 길게 뻗지는 않는다.

- 꽃 가지 끝이나 원줄기 끝에 흰색 꽃이 송이꽃차례로 모여 핀다. 꽃받침과 꽃잎이 각각 4개이며, 암술 1개에 수술이 6개이고 그중 4개는 길다.
- **열매** 긴 뿔열매로 길이 2cm이다.
- **식별 포인트** 황새냉이와 달리 맨 끝 작은잎보다 옆에 달린 작은잎이 약간 더 크다. 싸리냉이는 작은잎이 가늘고 길며, 잎바닥 좌우로 날개가 있어 줄기를 감싼다.

콩다닥냉이 | 십자화과
Lepidium virginicum

독도 서식

- **꽃 피는 때** 4~6월
- **생육 특성** 북아메리카 원산이며 전국에서 흔히 볼 수 있는 두해살이풀이다. 울릉도 나리분지, 천부, 태하 등에서 볼 수 있다. 높이 20~40cm이다.
- **잎** 어긋난다. 뿌리잎은 깃꼴겹잎이다. 줄기잎은 거꿀버들잎모양이며 가장자리에 크기가 다른 톱니가 있다.
- **줄기** 곧게 서고 위쪽에서 가지가 많이 갈라진다.

- **꽃** 줄기와 가지 끝 송이꽃차례에 흰색 꽃이 자잘하게 많이 달린다. 꽃받침과 꽃잎이 각각 4개이며, 암술은 1개, 수술은 2개다.
- **열매** 원반모양이며 끝이 오목하다.
- **식별 포인트** 다닥냉이는 잎이 버들잎모양이며 톱니가 없고 수술이 6개다.

개갓냉이 | 십자화과
Rorippa indica

- 꽃 피는 때 4~6월
- 생육 특성 전국 들이나 밭에 자생하는 여러해살이풀로 울릉도 태하, 나리분지 등에서 볼 수 있다. 높이는 15~50cm이다.
- 잎 뿌리잎은 긴둥근꼴이고 잎자루가 있으며 대개 깃꼴로 갈라지지만 갈라지지 않는 것도 있으며 가장자리에 톱니가 있다. 줄기잎은 어긋나고 버들잎모양이며 갈라지지 않고, 잎자루는 거의 없다.
- 줄기 곧게 서고 가지가 많이 갈라지며 전체에 털이 거의 없다.

- 꽃 줄기와 가지 끝 송이꽃차례에 노란색 꽃이 핀다. 꽃받침과 꽃잎은 각각 4장이며 꽃잎이 꽃받침보다 조금 더 길다. 수술은 6개이고 그중 4개는 길다.
- 열매 뿔열매이고 긴 바늘모양이다. 끝에 암술대가 남아 있다.
- 식별 포인트 속속이풀과 달리 줄기잎이 거의 갈라지지 않는다.

갯장대 | 십자화과
Arabis stelleri

- **꽃 피는 때** 4~5월
- **생육 특성** 강원, 경북, 경남, 전남, 제주도 그리고 울릉도에 자생하는 두해살이풀이다. 울릉도에서는 도동, 남양, 태하 등 바닷가 모래땅이나 바위틈에 뿌리 내렸다. 높이 15~40cm이다.
- **잎** 뿌리잎은 거꿀버들잎모양 또는 긴동근꼴이며 별모양 털이 빽빽하고 잎바닥이 좁아져서 넓은 잎자루가 되고 톱니가 약간 있다. 줄기잎은 어긋나고 긴동근꼴 또는 달걀모양이며 잎바닥이 줄기를 감싸고 가장자리에 불규칙한 톱니가 있다.
- **줄기** 비스듬히 서고 드물게 가지를 치며 2~4개로 갈라진 털이 빽빽하다.

- **꽃** 줄기나 가지 끝 송이꽃차례에 흰색 꽃이 모여 핀다. 꽃받침조각은 4개이고 버들잎모양이며 끝이 무디고 연한 녹색이다. 꽃잎도 4개이고 거꿀달걀모양이다. 수술 6개 중에 4개는 길며, 암술은 1개다.
- **열매** 줄모양으로 긴 뿔열매이고 길이 4~6cm이며, 줄기와 거의 평행하게 붙는다.
- **식별 포인트** 섬장대는 열매 길이가 6~8cm, 폭이 0.1cm로 길어서 아래로 늘어진다. 선갯장대(2016.7. 신종발표)는 잎 윗면에 털이 없고 완전하게 곧게 선다.

선갯장대

섬장대

유럽장대

십자화과
Sisymbrium officinale

- **꽃 피는 때** 5~7월
- **생육 특성** 유럽 원산 귀화식물로 백령도, 제주도, 대구, 울릉도에서 자라는 한해살이풀이다. 울릉도에서는 통구미와 남양 쪽에서 확인되었다. 높이 40~80cm이다.
- **잎** 어긋난다. 뿌리잎은 20cm에 달하고 깃꼴겹잎이다. 줄기잎은 아래쪽에서는 깃꼴겹잎이며, 위쪽은 버들잎모양이고 잎자루가 약하다.
- **줄기** 곧게 서고 사방으로 가지가 갈라지며 거친 털이 아래쪽을 향한다.
- **꽃** 줄기나 가지 끝 좁은 송이꽃차례에 노란색으로 핀다. 지름은 0.3~0.4cm이고 꽃받침은 연한 초록색이며 털이 빽빽하다. 꽃잎은 4개이고 주걱모양이다. 수술은 6개이고 꽃밥은 노란색, 암술은 1개다.
- **열매** 뿔열매이며 가느다란 버들잎모양으로 꽃대에 붙어 감고 털이 빽빽하다.
- **식별 포인트** 민유럽장대에 비해 전체에 털이 많다.

좀씀바귀 | 국화과
Ixeris stolonifera

- 꽃 피는 때 4~6월
- 생육 특성 전국 산과 들 양지바른 곳에 자라는 여러해살이풀이다. 울릉도 도동 중산간 지대에서 볼 수 있다. 높이는 8~15cm이다.
- 잎 넓은 달걀모양이고 주로 뿌리에서 모여난다. 가장자리에 톱니가 거의 없고, 잎자루는 길다. 잎이나 줄기를 자르면 하얀 즙이 나온다.
- 줄기 땅 위를 기면서 마디에서 수염뿌리를 내려 새로운 개체로 자란다.

- 꽃 뿌리에서 자란 꽃줄기 끝에서 노란색 머리모양꽃이 1~3개 달린다. 지름은 1.5~2.5cm이며 혀모양꽃 여러 개로만 구성된다.
- 열매 가는 가락꼴 여윈열매가 모여서 공모양으로 달리며 씨앗에 흰색 갓털이 달린다.
- 식별 포인트 다른 씀바귀 종들과 달리 잎이 작고 둥글다.

개구리자리 | 미나리아재비과
Ranunculus sceleratus

- 꽃 피는 때 4~6월
- **생육 특성** 중국, 한국 등 북반구 열대와 온대에 분포한다. 중부이남 논이나 습지에 흔히 자생하는 한두해살이풀이다. 울릉도 사동과 태하의 습한 지역에 자란다. 높이 10~60cm이다.
- **잎** 뿌리잎은 둥근 콩팥모양이고 잎자루가 길며 3개로 깊게 갈라지고 가장자리에 무딘 톱니가 있다. 줄기잎은 위로 갈수록 잎자루가 짧아지다가 없어지고 완전히 3개로 갈라지며, 갈래조각은 좁은 버들잎모양이며 끝이 무디다.

- **줄기** 곧게 서고 가지가 갈라진다. 전체에 털이 없고 광택이 있으며 속이 비었다.
- **꽃** 줄기와 가지 끝에 노란색 꽃이 1개씩 핀다. 지름은 0.6~1cm이다. 꽃받침조각과 꽃잎은 각각 5개이고 광택이 있다. 수술은 15개 안팎이며, 암술은 많다.
- **열매** 많은 여윈열매가 긴둥근꼴로 모여 달린다.
- **식별 포인트** 전체에 털이 없고 광택이 있으며 속이 비었다.

왜젓가락풀 | 미나리아재비과
Ranunculus silerifolius

- **꽃 피는 때** 4~5월
- **생육 특성** 동아시아에 널리 자라는 여러해살이풀이다. 습지나 빛이 잘 드는 물가에 자생한다. 울릉도 저동, 태하 등에서 보인다. 높이는 15~80cm이다.
- **잎** 뿌리잎은 잎자루가 길고 3출 겹잎이며, 작은잎은 달걀모양이고 깊게 갈라진다. 잎가장자리에 불규칙한 톱니가 있고 양면에 털이 있다. 줄기잎은 잎자루가 짧고 3출 겹잎이며 윗부분 것은 단순히 3개로 갈라진다.
- **줄기** 곧게 서고 털이 있거나 없으며 윗부분에서 가지가 갈라진다.

- 꽃 줄기나 가지 끝에 노란색 꽃이 1~4개 달린다. 꽃자루는 길이가 1.5~6cm이고 꽃받침조각은 5개이며 꽃이 필 때 뒤로 젖혀진다. 꽃잎도 5개이며 길이 0.4~0.6cm이다.
- **열매** 덩어리열매로 둥근꼴이며 각각은 여윈열매로, 길이 0.3cm 정도이고 납작한 달걀모양이다. 암술대 끝부분은 꼬부라진다.
- **식별 포인트** 개구리자리와 달리 암술대 끝부분이 꼬부라진다.

개종용

열당과
Lathraea japonica

- 꽃 피는 때 4~5월
- **생육 특성** 일본과 울릉도 숲 속에 자생하는 여러해살이풀이다. 울릉도에서는 나리분지에 가장 많은 개체가 자라며 안평전, 태하, 성인봉 정상 주변까지 분포한다. 높이 10~30cm이다.
- **잎** 꽃줄기에 끝이 뾰족한 막질 비늘조각이 드문드문 어긋난다.
- **줄기** 곧게 서고 연한 갈색이다.
- **꽃** 줄기 끝 송이꽃차례에 연분홍색 또는 흰색 꽃이 촘

촘히 달린다. 꽃받침은 4개로 갈라지고 갈래조각은 세모꼴이며 표면에 털이 많다. 꽃부리는 긴 통모양이고 암술대가 밖으로 튀어나오며 암술머리는 얕게 2개로 갈라진다. 안쪽에 수술이 4개 있다. 수정되면 꽃부리가 검은색으로 변한다.

- **열매** 길이 0.5cm 정도인 캡슐열매다.
- **식별 포인트** 전체가 연한 보라색이나 흰색을 띠며 엽록소가 없다.

뱀딸기 | 장미과
Duchesnea indica

- 꽃 피는 때 4~7월
- 생육 특성 중국, 인도, 일본 등에 분포하며 전국 들판이나 숲 가장자리에 자생하는 여러해살이풀이다. 울릉도 천부, 태하 등에 자란다. 높이 10~15cm이다.
- 잎 어긋난다. 3출엽이다. 작은잎은 달걀모양이고 가장자리에 겹톱니가 있으며 윗면은 털이 없으나 아랫면은 맥을 따라 긴 털이 있다.
- 줄기 긴 털이 있고 꽃이 필 때는 작으나 열매가 익을 무렵에는 마디에서 뿌리가 내려 길게 뻗는다.

- 꽃 잎겨드랑이에서 긴 꽃자루가 나오고 그 끝에 노란색 꽃이 1개씩 핀다. 겹꽃받침잎이 5개 있고 끝이 얕게 3개로 갈라지며 꽃받침보다 크다. 꽃잎은 5개이고 넓은 달걀모양이며 끝이 오목하다.
- 열매 둥글고 지름 1cm 정도다. 연한 홍백색 바탕에 붉은빛이 도는 여윈열매가 전체에 촘촘히 붙어 있다.
- 식별 포인트 다른 양지꽃속 종과 달리 겹꽃받침잎이 꽃받침보다 더 크다.

딸기 | 장미과
Fragaria × ananassa

- **꽃 피는 때** 4~6월
- **생육 특성** 전국 각지에서 기르는 여러해살이풀이다. 울릉도 나리분지, 추산, 태하 등에서 재배하며, 높이 5~20cm이다.
- **잎** 뿌리에서 나오며 잎자루가 길고 3출 겹잎이다. 작은잎은 네모꼴이며 길이 3~6cm, 너비 2~5cm이다. 가장자리에 이빨모양 톱니가 있다.
- **줄기** 전체에 꼬불꼬불한 털이 있다.

- **꽃** 작은모임꽃차례에 흰색 꽃 5~15송이가 달린다. 지름 3cm이다. 꽃받침은 5개이고 버들잎모양으로 끝이 뾰족하며, 덧꽃받침(부악편)도 5개로 끝이 뾰족하다. 꽃잎은 5~6개로 꽃받침보다 훨씬 길며 수술은 많다.
- **열매** 꽃받침은 꽃이 진 다음에 육질화해 붉은색으로 익는다.
- **식별 포인트** 잎자루가 길고 3출 겹잎이며, 줄기 전체에 꼬불꼬불한 털이 있다.

긴병꽃풀 | 꿀풀과
Glechoma grandis

- **꽃 피는 때** 4~5월
- **생육 특성** 중국, 러시아, 한국 등에 분포한다. 제주도를 제외한 전국 숲 가장자리에 자생하는 여러해살이풀이다. 울릉도 내수전 가는 길 골짜기 가장자리에서 보인다.
- **잎** 마주난다. 콩팥모양이다. 잎자루는 길고 가장자리에 둥그스름한 톱니가 있다.
- **줄기** 네모나고 비스듬히 자란다.
- **꽃** 잎겨드랑이에서 입술모양 연한 홍자색 꽃이 1~3개 핀다. 꽃받침은 세모꼴로 갈라지고 갈래조각은 끝이 뾰족하다. 꽃부리 안쪽에 짙은 자주색 얼룩이 있다. 윗입술꽃잎은 끝이 오목하고 아랫입술꽃잎은 3개로 갈라진다. 아랫입술 3갈래 중 가운데 갈래가 가장 크고 안쪽에 긴 흰색 털이 있다.
- **열매** 분리열매다. 긴둥근꼴로 꽃받침에 싸여 있다.
- **식별 포인트** 꽃이 진 다음에 줄기가 옆으로 길게 뻗는 특징이 있다.

갈퀴덩굴 | 꼭두서니과
Galium spurium var. *echinospermon*

- 꽃 피는 때 4~6월
- 생육 특성 전국 텃밭이나 길가에 자생하는 두해살이풀이다. 울릉도에서도 길가에 자란다. 높이는 30~90cm이다.
- 잎 어긋난다. 마디마다 잎이 6~8개 있다. 좁은 버들잎모양이며 가시털이 있다.
- 줄기 바닥에 비스듬히 누워서 자라며 끝부분은 하늘을 향한다. 네모나고 아래를 향한 가시털이 있어 다른 물체를 잘 감고 올라간다.

- 꽃 잎겨드랑이에서 황록색 꽃이 작은모임꽃차례에 핀다. 꽃부리는 4개로 깊게 갈라지며 수술 4개, 암술 1개가 달린다.
- 열매 둥근꼴 분리열매이고 갈고리모양 단단한 털이 있다.
- 식별 포인트 좁은 버들잎모양 잎 6~8개가 돌려난다.

애기수영 | 마디풀과
Rumex acetosella

- **꽃 피는 때** 4~6월
- **생육 특성** 유럽 원산 귀화식물로 중부이남 길가나 풀밭에 자생하는 여러해살이풀이다. 울릉도에서도 풀밭이나 길가에 자란다. 높이 15~50cm이다.
- **잎** 뿌리잎은 모여나고 귀 같은 돌기가 좌우로 나 있어 창모양 같다. 가장자리에 톱니가 없고 잎자루가 길다. 줄기잎은 버들잎모양으로 어긋나고 아래쪽 잎은 창모양이다.
- **줄기** 곧게 서고 세로로 능선이 있으며 털이 거의 없

다. 잎과 더불어 신맛이 난다.
- **꽃** 줄기 위쪽 고깔꽃차례에 녹자색 자잘한 꽃이 많이 핀다. 암수딴포기다. 꽃잎은 없고 꽃받침조각만 6개 있으며, 수꽃은 수술이 6개이고 꽃밥이 아래로 처진다. 암꽃은 암술대가 3개 있다.
- **열매** 긴둥근꼴 여윈열매로 능선이 3개 있다.
- **식별 포인트** 수영에 비해 키가 작고 잎이 창모양이다.

갯괴불주머니

현호색과
Corydalis platycarpa

- **꽃 피는 때** 4~6월
- **생육 특성** 제주도를 비롯한 남부지방 바닷가, 섬에 자생하며 울릉도 바닷가에도 자라는 두해살이풀이다. 높이 40~60cm이다.
- **잎** 어긋난다. 넓은 달걀모양이며 2~3회 깃꼴겹잎이다. 작은잎은 쐐기모양이고 결각이 있다.
- **줄기** 곧게 서거나 비스듬히 서고 분백색이 도는 자주색이며 가지가 갈라진다.
- **꽃** 줄기와 가지 끝에 달리는 노란색 꽃이 송이꽃차례로 핀다. 꽃싼잎은 버들잎모양으로 길이가 꽃자루와 비슷하다. 꽃부리는 입술모양이고 바깥꽃잎은 끝이 뾰족하다. 위쪽 바깥꽃잎은 검은 빛이 돈다. 꿀주머니는 끝이 뭉툭하고 아래로 약간 기울어진다. 수술은 6개이며 2개로 갈라진다.
- **열매** 넓은 줄모양 캡슐열매이며 잘록한 부분이 불규칙하다. 씨앗은 거의 두 줄로 들어 있고, 당분체가 붙어 있다.
- **식별 포인트** 두 가지 타입이 있다. 노란색 입술모양꽃에서 위쪽 바깥꽃잎에 검은 빛이 돌고 잎이 가늘게 갈라지는 개체와 위쪽 바깥꽃잎에 검은 빛이 돌지 않고 잎이 가늘게 갈라지지 않는 개체다. 뒤의 경우 송이꽃차례이긴 하나 꽃이 듬성듬성 달린다.

큰구슬붕이 | 용담과
Gentiana zollingeri

- 꽃 피는 때 4~6월
- 생육 특성 전국에 분포하며 산지 숲 속 양지에 자생하는 두해살이풀이다. 울릉도 나리분지 등 중산간 지대에 자란다. 높이는 5~10cm이다.
- 잎 뿌리잎은 줄기잎보다 작고, 꽃 필 무렵에 뿌리잎은 마른다. 줄기잎은 마주나고 달걀모양이며 두껍다. 윗면은 진한 녹색이고 아랫면은 적자색이 돈다.
- 줄기 능선과 잔돌기가 있고 가지가 갈라지지 않는다.
- 꽃 꽃줄기 끝에 종모양 청자색 꽃이 위를 향해 핀다.

꽃부리는 통모양이고 가장자리가 5개로 갈라져 밖으로 젖혀진다. 각 갈래 사이에는 덧꽃부리가 있다. 꽃받침은 꽃부리 길이의 1/2이고 끝이 뒤로 젖히지 않는다. 수술은 5개, 암술은 1개이고 암술머리는 2개로 갈라진다.
- 열매 캡슐열매이고 긴 자루가 있다. 익으면 2개로 벌어진다. 안쪽에 씨앗이 많다.
- 식별 포인트 구슬붕이는 뿌리잎이 방석모양으로 벌어지며, 꽃받침 끝이 뒤로 젖혀진다.

헐떡이풀 | 범의귀과
Tiarella polyphylla

- 꽃 피는 때 4~6월
- 생육 특성 일본, 중국에도 분포하며 한국에서는 울릉도가 유일한 자생지다. 울릉도 중산간 지대에서부터 성인봉 주변 습기 있는 곳에 자라는 여러해살이풀이다. 높이 15~40cm이다.
- 잎 뿌리잎은 여러 개가 모여나고 심장모양이다. 가장자리가 얕게 5개로 갈라진다. 양면에 털이 있고, 잎자루는 3~12cm이다. 줄기잎은 작고 2~3개가 달리며 잎자루가 짧다. 턱잎은 막질이고 갈색이다.

- 줄기 곧게 서고 샘털이 있다.
- 꽃 줄기 끝 송이꽃차례에 흰색 꽃이 아래를 향해 달린다. 꽃자루는 0.5cm 안팎이고 꽃받침은 끝이 5개로 갈라진다. 꽃잎은 5개이고 바늘모양이며 서로 모양이 다르다. 수술은 10개이고 꽃 밖으로 나온다.
- 열매 긴둥근꼴 캡슐열매다. 위아래 심피 2개로 되어 있으며 1개는 길고 1개는 짧다.
- 식별 포인트 천식에 좋은 약초라는 뜻에서 붙여진 이름이다.

제비꽃 | 제비꽃과
Viola mandshurica

- **꽃 피는 때** 4~5월
- **생육 특성** 중국, 일본, 러시아, 한국 등에 분포하는 여러해살이풀로 양지바른 곳에 자생한다. 울릉도에서는 안평전, 태하 등에 자란다. 높이 10~20cm이다.
- **잎** 뿌리에서 모여나고 잎자루 위쪽에 날개가 있으며, 날개에 털이 있다. 버들잎모양이고 가장자리에 무딘 톱니가 있다. 두꺼운 편이며 아랫면은 흔히 자줏빛이 돈다.

- **줄기** 줄기가 없다.
- **꽃** 꽃줄기 끝에 홍자색 꽃이 1개씩 핀다. 꽃잎은 5장이고 곁꽃잎 안쪽에 털이 있다.
- **열매** 캡슐열매로 긴둥근꼴이다. 3개로 벌어지면서 갈색 씨를 튕겨 낸다.
- **식별 포인트** 잎이 버들잎모양이고 잎자루에 날개가 뚜렷하다.

남산제비꽃 | 제비꽃과
Viola albida var. *chaerophylloides*

- 꽃 피는 때 4~6월
- 생육 특성 전국 산과 들에 자생하는 여러해살이풀이 다. 육지에서는 제비꽃 중에 가장 흔한데 울릉도에서 는 봉래폭포, 안평전, 태하 등에서 드문드문 보인다. 높이는 5~15cm이다.
- 잎 뿌리에서 나오고 3개로 갈라지며 각 갈래가 다시 여러 개로 갈라진다. 잎이 갈라지는 모양이 매우 다양 하다.
- 줄기 줄기가 없다.
- 꽃 꽃줄기 끝에 흰색 또는 아이보리색 꽃이 피고 향기 가 난다. 꽃잎은 5개이고 곁꽃잎 안쪽에 털이 있다.
- 열매 긴둥근꼴 캡슐열매이며 익으면 3개로 갈라지면 서 씨를 튕겨 낸다.
- 식별 포인트 남산제비꽃과 다른 제비꽃 사이에서 다 양한 교잡종이 발생한다.

큰졸방제비꽃

제비꽃과
Viola kusanoana

- 꽃 피는 때 4~6월
- 생육 특성 북부지방 숲 속 또는 숲 가장자리나 낮은 산 초입에 많이 자라는 여러해살이풀이다. 울릉도에도 많은 개체가 자란다. 높이 10~40cm이다.
- 잎 어긋난다. 심장모양이며 길이와 너비가 비슷하다. 가장자리에 톱니가 있으며 턱잎은 긴둥근꼴이고 빗살처럼 갈라진다.
- 줄기 밑부분에서 조금씩 눕는다.

- 꽃 줄기잎 잎겨드랑이에서 올라온 꽃줄기 끝에 연한 청자색 꽃이 1개씩 핀다. 꽃잎은 5개이고 곁꽃잎 안쪽에 털이 없다. 아래쪽 꽃잎 안쪽에는 흰색 바탕에 보라색 줄무늬가 있다. 흰색 꽃이 피기도 한다.
- 열매 세모꼴 캡슐열매. 익으면 3개로 벌어지면서 갈색 씨를 튕겨 낸다.
- 식별 포인트 졸방제비꽃과 달리 꽃잎 안쪽에 털이 없으며, 잎이 심장모양이다.

콩제비꽃 | 제비꽃과
Viola verecunda

- 꽃 피는 때 4~6월
- **생육 특성** 중국, 일본, 러시아, 한국 등에 분포한다. 전국 산과 들에 자생하는 여러해살이풀로, 울릉도에서는 나리분지, 태하 등에 군락을 이룬다. 높이 10~30cm이다.
- 잎 뿌리잎은 콩팥모양이고 가장자리에 무딘 톱니가 있다. 줄기잎은 어긋나고 넓은 심장모양이다. 턱잎은 버들잎모양이고 톱니가 약간 있다.

- 줄기 곧게 선다.
- 꽃 잎겨드랑이에서 나온 꽃자루 끝에 흰색 또는 연분홍색 꽃이 핀다. 꽃받침은 5개로 갈라지고 갈래조각은 끝이 뾰족하다.
- 열매 캡슐열매이며 익으면 3갈래로 벌어지면서 갈색 씨를 튕겨 낸다.
- **식별 포인트** 변종인 반달콩제비꽃은 잎이 좁고 반달처럼 생겼으나 콩제비꽃에 포함시키는 경향이 있다.

반달콩제비꽃

애기괭이눈

범의귀과
Chrysosplenium flagelliferum

- 꽃 피는 때 4~6월
- 생육 특성 제주도를 제외한 전국 낮은 산 계곡 주변에 자생하는 여러해살이풀이다. 울릉도에서는 태하, 안평전, 성인봉 주변에 자란다. 높이 3~15cm이다.
- 잎 뿌리잎은 지름 4cm 정도이고 가장자리에 톱니가 있으며, 꽃이 필 때 흔히 없어진다. 줄기잎은 길이 0.3~1cm, 너비 0.4~1.2cm이고 잎바닥이 심장모양이다. 꽃 주변 줄기잎은 끝부분이 3개로 갈라진다.
- 줄기 전체에 털이 없지만 간혹 아래쪽에 털이 있는 개체도 있다.
- 꽃 줄기 끝 엉성한 작은모임꽃차례에 연한 노란색 꽃이 핀다. 꽃싼잎은 좁은 달걀모양이고 녹색이며 가장자리가 보통 3개로 갈라지는데 울릉도 개체는 3~7개까지 갈라진다. 꽃받침은 4개이고 끝이 둥글며 수평에 가깝게 비스듬히 젖혀진다. 꽃잎은 없고 수술은 8개다.
- 열매 캡슐열매이고 익으면 잔모양으로 벌어지면서 갈색 씨를 드러낸다.
- 식별 포인트 꽃받침잎 4개가 수평으로 펼쳐진다.

선갈퀴 | 꼭두서니과
Asperula odorata

- 꽃 피는 때 4~6월
- 생육 특성 중부이북과 전라도, 울릉도에 자생하는 여러해살이풀이다. 울릉도에서는 중산간 지대에 무리지어 자란다. 높이는 15~40cm이다.
- 잎 잎 6~10개가 돌려나고, 긴둥근꼴이며 양 끝이 좁고 광택이 있다. 길이 2.5~4cm, 너비 0.5~1cm이다. 가장자리와 아랫면 맥 위에 센털이 있다.
- 줄기 곧게 서고 네모나며 털이 없다.
- 꽃 줄기 끝 작은모임꽃차례에 흰색 꽃이 모여 핀다. 꽃부리는 깔때기모양이며 끝이 4개로 갈라지고 수평으로 퍼진다. 수술은 4개이고 꽃부리 밖으로 나오지 않는다.
- 열매 공모양 분리열매이고 갈고리 같은 털이 빽빽하다.
- 식별 포인트 잎 6장이 돌려나고 줄기에 센털이 있으면 개선갈퀴, 센털이 없으면 검은개선갈퀴다.

벼룩나물 | 석죽과
Stellaria alsine var. *undulata*

- 꽃 피는 때 4~5월
- **생육 특성** 일본, 러시아, 한국 등에 분포하는 한두해살이풀이다. 울릉도 안평전, 남양에서 볼 수 있다. 높이가 15~25cm이다.
- **잎** 마주난다. 잎자루가 없다. 버들잎모양으로 끝이 뾰족하다.
- **줄기** 밑에서부터 많이 갈라지고 전체에 털이 없다.
- **꽃** 줄기 끝이나 잎겨드랑이 작은모임꽃차례에 흰색 꽃이 1개씩 엉성하게 핀다. 꽃받침은 5개이고 버들잎 모양이다. 꽃잎도 5개이며 깊게 갈라져 10개처럼 보인다. 수술은 6개이고 암술은 끝이 3개로 갈라진다.
- **열매** 달걀모양 캡슐열매이며, 익으면 6개로 갈라지고, 짙은 갈색 씨앗이 드러난다.
- **식별 포인트** 벼룩이자리에 비해 꽃잎이 깊게 갈라져 10개처럼 보이며, 줄기가 매끈하다.

지면패랭이꽃 | 꽃고비과
Dianthus deltoides

- 꽃 **피는 때** 4~6월
- **생육 특성** 미국 동부 원산 여러해살이풀이다. 전국 공원에 많이 심었다. 울릉도 저동, 도동 등 도로 주변에 많다. 높이는 10cm이다.
- **잎** 마주난다. 버들잎모양이다.
- **줄기** 바닥을 기듯이 뻗어 가며 가지가 많이 갈라져서 지면을 완전히 뒤덮는다.
- **꽃** 꽃받침은 5개로 갈라지며 끝이 예리하게 뾰족하고 잔털이 있다. 꽃부리는 깊게 5개로 갈라지며 끝이 얕게 파이고 수평으로 퍼진다. 꽃통은 길이 1cm 정도이며 가늘다. 수술은 5개이며 꽃대롱 안쪽에 붙어 있으나 일부는 밖으로 뻗으며, 암술대는 길이 약 1.2cm이다. 꽃 색깔은 분홍색, 흰색 등이 있다.
- **열매** 캡슐열매이며 각 실에 씨앗이 1개씩 들어 있다.
- **식별 포인트** 바닥을 기듯이 뻗어 가며 가지가 많이 갈라진다.

쌍떡잎식물

풀

5월

노랑토끼풀 | 콩과
Trifolium campestre

- 꽃 피는 때 5~6월
- 생육 특성 유럽 지중해 연안이 원산지이며 충남, 제주도, 울릉도에서 확인되었다. 높이 10~25cm이다.
- 잎 작은잎 3개로 이루어지며 잎자루는 길이 0.5~1cm이다. 작은잎은 거꿀달걀모양이며 끝 쪽에 톱니가 있다. 턱잎은 달걀모양이다.
- 줄기 비스듬히 자란다.
- 꽃 머리모양꽃차례는 길이 1.5cm로 노란색이며 작은

꽃 30개 안팎으로 이루어져 있다. 큰꽃잎은 넓은 달걀모양이며, 중맥을 중심으로 옆맥 5~8개가 뻗고 맥을 따라 홈이 파인다. 꽃받침은 5갈래인데 갈래 크기다 모두 다르다.
- 열매 씨앗이 1개 들어 있다.
- 식별 포인트 애기노랑토끼풀에 비해 머리모양꽃차례가 크고 큰꽃잎 옆맥을 따라 홈이 파인다.

새완두 | 콩과
Vicia hirsuta

- 꽃 피는 때 5~6월
- 생육 특성 전국에 자생하는 두해살이풀로 산기슭 초입에서 흔히 보인다. 높이는 30~60cm이다.
- 잎 어긋난다. 작은잎 6~8쌍으로 된 깃꼴겹잎이다. 끝부분 덩굴손이 3개로 갈라진다. 작은잎은 버들잎모양이고 끝부분이 살짝 파이기도 한다. 턱잎은 4개로 갈라진다.
- 줄기 잔털이 조금 있으며 밑부분에서 갈라져 길게 뻗는다.

- 꽃 나비모양 백자색 꽃 3~7개가 잎겨드랑이에 송이꽃차례로 달린다. 꽃받침은 끝이 5개로 갈라지고 털이 있으며 녹색이다.
- 열매 긴둥근꼴 꼬투리열매이며 표면에 긴 털이 빽빽하다. 씨앗은 2개씩 들어 있다.
- 식별 포인트 얼치기완두와 달리 덩굴손이 갈라지고 열매에 긴 털이 빽빽하다.

얼치기완두 | 콩과
Vicia tetrasperma

- **꽃 피는 때** 5~6월
- **생육 특성** 전국에 분포하며 산기슭이나 들녘에 자생하는 두해살이풀이다. 울릉도에서는 봉래폭포, 안평전, 학포 등에서 볼 수 있다. 높이 30~60cm이다.
- **잎** 어긋난다. 작은잎 3~8쌍으로 된 깃꼴겹잎이다. 잎자루 끝은 덩굴손이 되며 대체로 갈라지지 않는다. 작은잎은 긴둥근꼴이다.
- **줄기** 능선이 있고 잔털이 조금 있으며 비스듬히 자란다.

- **꽃** 잎겨드랑이에 나비모양 홍자색 꽃이 1~3개 달린다. 꽃받침은 5개로 갈라지고 털이 있으며 적자색이다.
- **열매** 긴둥근꼴 꼬투리열매이며 표면에 털이 거의 없다. 씨앗이 3~6개 들어 있다.
- **식별 포인트** 새완두와 달리 덩굴손이 거의 갈라지지 않고, 열매에 털이 거의 없으며, 씨앗이 3~6개 들어 있다.

자주개자리 | 콩과
Medicago sativa

- **꽃 피는 때** 5~7월
- **생육 특성** 지중해 연안이 원산지이며 '알팔파'라는 목초로 재배되던 것이 야생화해 중북부지방에 퍼진 여러해살이풀이다. 울릉도에서는 태하 도로가에 풍성하게 자란다. 높이 40~100cm이다.
- **잎** 어긋난다. 3출엽이다. 작은잎은 줄모양, 거꿀버들잎모양, 긴둥근꼴 등 다양하게 나타나며 끝부분에 톱니가 있기도 하다. 턱잎은 가느다란 버들잎모양이다.
- **줄기** 곧추서거나 비스듬히 자라며 가지가 많이 갈라진다. 속이 비었다.

- **꽃** 줄기 끝이나 잎겨드랑이 송이꽃차례에 흰색, 아이보리색, 노란색, 홍자색, 청자색 등 다양한 색깔로 핀다. 꽃받침조각은 5개이며 버들잎모양이고 털이 있다. 꽃잎은 길이 0.7~0.8cm이다.
- **열매** 2~3회 나선형으로 말리며 편평하고 지름 0.4~0.6cm이며 가시가 없다.
- **식별 포인트** 꽃 색깔이 다양하고, 잎도 줄모양에서 긴둥근꼴까지 다양하다.

벌노랑이 | 콩과
Lotus corniculatus var. *japonica*

- 꽃 피는 때 5~7월
- 생육 특성 일본에도 분포한다. 전국 바닷가 풀밭, 내륙 낮은 산 가장자리 등에 자생하는 여러해살이풀이다.
- 잎 어긋난다. 작은잎 5개로 이루어진 깃꼴겹잎이다. 작은잎은 거꿀달걀모양이며 3개는 잎줄기 끝에 달리고 2개는 원줄기 쪽에 붙어 달린다. 턱잎은 작거나 없다.
- 줄기 비스듬히 서거나 누워 자라고 줄기 끝부분은 위를 향한다. 밑에서 가지가 갈라지고 전체에 털이 없다.
- 꽃 줄기 끝이나 잎겨드랑이에서 꽃대가 나오고 끝에 나비모양 노란색 꽃 1~4개가 옆을 향해 핀다. 꽃받침은 털이 없고 5개로 갈라지며 갈래조각은 가느다란 버들잎모양이고 꽃대롱보다 길다. 꽃싼잎은 3개다.
- 열매 꼬투리열매이며 긴 원기둥모양이다.
- 식별 포인트 서양벌노랑이나 들벌노랑이와 달리 꽃받침에 털이 없고, 꽃이 1~4개로 적다.

서양벌노랑이 | 콩과
Lotus corniculatus

- **꽃 피는 때** 5~7월
- **생육 특성** 인도, 호주, 북미, 중국, 일본 등에 분포한다. 귀화식물로 전국에 자생하는 여러해살이풀이다. 울릉도에도 최근 구암에서 태하 쪽으로 넘어가는 도로가에 풍성하게 자란다. 높이 20~40cm이다.
- **잎** 어긋난다. 작은잎 5개로 이루어진 깃꼴겹잎이다. 작은잎은 거꿀달걀모양이며 3개는 잎줄기 끝에 달리고 2개는 원줄기 쪽에 붙어 달린다. 턱잎은 작거나 없다.
- **줄기** 비스듬히 서거나 누워서 자라며, 네모나고 가운데에 수질이 차 있다. 뿌리는 곧다.

- **꽃** 줄기 끝이나 잎겨드랑이에서 길이 5~6cm 꽃자루가 나와 그 끝에 노란색 꽃 4~7개가 우산모양꽃차례를 이룬다. 꽃받침은 5개로 갈라지며 꽃대롱은 털이 없고 갈래조각에는 털이 있다.
- **열매** 꼬투리열매이고 긴 원기둥모양이다.
- **식별 포인트** 줄기 속에 수질이 차 있고, 꽃대롱에는 털이 없으나 조각에는 털이 있다. 꽃차례에 꽃이 4~7개 달린다.

토끼풀 | 콩과
Trifolium repens

- 꽃 피는 때 5~7월
- **생육 특성** 유럽과 북아프리카 원산으로 개항 이후 귀화한 식물로 전국에 퍼져 사는 여러해살이풀이다. 울릉도 사동, 태하, 나리분지 등에서 볼 수 있다. 옆으로 뻗으며 길이 30~60cm이다.
- 잎 어긋난다. 10cm 안팎 긴 잎자루가 있고 그 끝에 3출엽으로 달린다. 작은잎은 둥근꼴이며 길이 1~3cm이다. 턱잎은 버들잎모양으로 끝이 뾰족하고 길이 1cm 이하다.

- 줄기 옆으로 뻗으면서 자라고 털이 없다.
- 꽃 머리모양꽃차례로 둥글며 폭 2cm 정도이고 흰색 또는 담홍색 꽃 30~80개로 이루어진다. 꽃받침에는 초록색 맥이 10개 있다. 꽃자루는 10~20cm로 기는 줄기에서 나온다.
- 열매 꽃받침에 싸여 있고 씨가 2~4개 들어 있다.
- **식별 포인트** 붉은토끼풀은 곧게 서는 줄기에서 꽃자루가 나오며, 토끼풀은 기는 줄기에서 꽃자루가 나온다.

개소시랑개비 | 장미과
Potentilla supina

- 꽃 피는 때 5~8월
- 생육 특성 유럽 원산 귀화식물로 전국 길가나 빈터 습한 지역에 자생하는 한두해살이풀이다. 울릉도 현포항에 자라며 높이 15~40cm이다.
- 잎 어긋난다. 아래쪽 잎은 긴둥근꼴 깃꼴겹잎이고 위쪽 잎은 3출엽이며 톱니가 있다.
- 줄기 비스듬히 자라며 아래쪽에서 가지를 친다.

- 꽃 줄기와 가지 끝 잎겨드랑이에 노란색 꽃 몇 개가 작은모임꽃차례로 핀다. 꽃받침조각과 부꽃받침조각이 각각 5개 있다. 꽃잎은 5장으로 거꿀달걀모양이며 끝이 오목하고 꽃받침보다 작다.
- 열매 공모양 여윈열매다.
- 식별 포인트 좀개소시랑개비에 비해 꽃잎이 3배 이상 더 크다.

좀개소시랑개비

눈개승마 | 장미과
Aruncus dioicus var. *kamtschaticus*

- 꽃 피는 때 5~7월
- 생육 특성 제주도를 제외한 전국 숲에 자생하는 여러해살이풀이다. 울릉도 나리분지를 비롯한 중산간 지대부터 성인봉 주변까지 자란다. 높이는 30~100cm이다.
- 잎 어긋난다. 2~3회 깃꼴겹잎이다. 작은잎은 좁은 달걀모양이며 끝이 뾰족하고 가장자리에 톱니가 있다. 윤기가 나고 잎자루가 길다.
- 줄기 곧추선다. 뿌리줄기는 목질화해 굵어지고 비늘조각이 몇 개 있다.
- 꽃 줄기 끝에 고깔꽃차례로 달린다. 노란빛이 도는 흰색 꽃이 암수딴포기로 핀다. 수꽃은 암꽃보다 크다. 꽃받침은 끝이 5개로 갈라지고 꽃잎도 5개이며 거꿀달걀모양이고 길이 0.1cm이다. 수꽃은 수술이 20개 있고, 암꽃은 암술이 3~4개 있으며 씨방이 3개다.
- 열매 긴동근꼴 분열열매로 아래를 향해 달린다.
- 식별 포인트 울릉도에서는 '삼나물'이라고 하며 대량으로 기른다.

긴사상자 | 산형과
Osmorhiza aristata

- 꽃 피는 때 5~6월
- **생육 특성** 일본과 한국에 분포하는 여러해살이풀이다. 산지 그늘진 곳에 자생하며 울릉도 숲 계곡 주변에 흔하다. 높이 40~60cm이다.
- **잎** 뿌리잎은 길이 10~20cm, 너비 8~20cm이고, 잎자루가 길고 세모꼴이며 2~3회 깃꼴겹잎이다. 줄기잎도 잎자루가 있으며 뿌리잎과 비슷하다. 양면에 털이 있다.
- **줄기** 곧게 서며 흰색 털이 있다.
- 꽃 줄기 끝 잎과 마주나는 꽃자루에 겹우산모양꽃차례로 흰색 꽃이 핀다. 우산살모양 꽃가지는 2~7개이고 각각에 꽃이 3~11개 달린다. 꽃자루에 긴 털이 빽빽하다. 꽃잎 5개, 수술 5개이며, 암술은 2개다.
- **열매** 좁고 긴 거꿀버들잎모양 분리열매이며 3~9개가 달리고, 끝에 가시 같은 털이 있어 다른 물체에 잘 붙는다.
- **식별 포인트** 사상자에 비해 우산살모양 꽃가지가 2~7개로 적고 열매가 길다.

사상자 | 산형과
Torilis japonica

- 꽃 피는 때 5~7월
- **생육 특성** 유럽, 북아메리카, 아시아 등에 자생하는 두해살이풀이다. 울릉도 낮은 산 가장자리 조금 습한 지역에 잘 자란다. 높이 30~70cm이다.
- 잎 어긋난다. 2회 3출엽이고, 잎자루는 길며 잎바닥이 넓어져서 원줄기를 감싼다. 양면에 털이 있고, 작은잎은 버들잎모양이며 깃꼴로 깊게 갈라진다.
- 줄기 곧게 서고 가지를 치며 전체에 짧은 털이 있다.

- 꽃 줄기와 가지 끝 겹우산모양꽃차례에 흰색 꽃이 모여 핀다. 우산살모양 꽃가지는 5~11개이고 각각에 꽃이 6~20개 달린다. 꽃잎은 5개이고 끝이 2로로 깊게 파인다. 수술은 5개, 암술대는 2개다.
- 열매 짧은 가시 같은 털이 있어 다른 물체에 잘 붙는다.
- 식별 포인트 긴사상자에 비해 우산살모양 꽃가지가 5~11개로 많고 열매가 길지 않다.

전호

산형과
Anthriscus sylvestris

- **꽃 피는 때** 5~7월
- **생육 특성** 일본, 중국, 유럽 등에도 자라는 여러해살이풀이다. 전국 산지 숲 가장자리에 자생하며, 울릉도 낮은 산과 중산간 지대에 흔하다. 높이 50~120cm이다.
- **잎** 뿌리잎과 줄기 아래쪽 잎은 잎자루가 길고 세모꼴이다. 줄기잎은 어긋나고 2~3회 깃꼴겹잎이며 작은잎은 깃꼴로 다시 가늘게 갈라진다. 잎 아랫면에 퍼진 털이 있다.
- **줄기** 곧게 서고 가지가 갈라진다.
- **꽃** 줄기 끝과 잎겨드랑이에서 나온 꽃자루에 달리는 겹우산모양꽃차례에 흰색 꽃이 모여 핀다. 우산살모양 꽃가지는 5~12개이고 털이 없으며 길이 3~4cm로 그 끝에 꽃이 10여 개 달린다. 큰꽃싸개는 없으며 작은꽃싸개는 5~12개다. 꽃잎은 5개이며 크기가 각각 다르다. 수술은 5개이고 암술대는 2개로 갈라져 좌우로 굽는다.
- **열매** 줄모양 분리열매다.
- **식별 포인트** 어린 순은 나물로 먹는다. 유럽전호와 달리 꽃잎 5개 크기가 각각 다르다.

유럽전호 | 산형과
Anthriscus caucalis

- 꽃 피는 때 5~6월
- **생육 특성** 유럽 원산 귀화식물로 경기, 제주, 울릉도 등지 들이나 산에 자생하는 한해살이풀이다. 울릉도 현포 쪽 들판에서 자란다. 높이 15~80cm이다.
- 잎 어긋난다. 2~3회 깃꼴겹잎이며 작은잎은 깃꼴로 다시 잘게 갈라진다. 긴 잎자루가 있고 잎자루 기부가 잎집으로 되어 있으며 잎집 주변에 털이 있다.
- **줄기** 곧게 서고 가지를 친다.
- 꽃 겹우산모양꽃차례가 잎과 마주나며 큰 꽃자루가 3~7개 있고, 각 꽃자루 끝에 작은 꽃자루가 5~7개 생기며 기부에 작은꽃싸개가 달린다. 꽃은 흰색이며 지름 0.2cm이다.
- **열매** 길이 0.3~0.4cm로 달걀모양이며 표면에 굽은 털이 있다.
- **식별 포인트** 전호와 달리 꽃잎 5장 크기가 같다.

지칭개

국화과
Hemistepa lyrata

- 꽃 피는 때 5~9월
- **생육 특성** 전국에 분포하며 들이나 길가에 자생하는 두해살이풀이다. 울릉도 남양과 태하에서 확인되었으며, 높이 40~90cm이다.
- **잎** 뿌리잎은 가을에 방석처럼 사방으로 펼쳐진 채로 겨울을 나고 이듬해 5월에 꽃대를 올린다. 꽃이 필 무렵 뿌리잎은 없어진다. 줄기잎은 어긋나고 거꿀버들잎모양이며 4~8쌍 깃꼴로 깊게 갈라진다. 아랫면에 흰 솜털이 많다.
- **줄기** 곧게 서고 가지가 갈라진다.
- **꽃** 줄기나 가지 끝에 홍자색 머리모양꽃이 달린다. 머리모양꽃 길이는 2~3cm이다. 큰꽃싸개는 위쪽이 좁아지고 8줄로 늘어선다. 홍자색 실모양 꽃부리는 5개로 갈라지고 수술 5개, 암술 1개다.
- **열매** 여읜열매는 긴둥근꼴이고 갓털이 있다.
- **식별 포인트** 조뱅이는 잎이 갈라지지 않는다.

조뱅이

뽀리뱅이 | 국화과
Youngia japonica

- 꽃 피는 때 5~6월
- **생육 특성** 전국 길가나 들에 자생하는 한두해살 이풀이다. 울릉도 안평전, 태하 등에 자란다. 높이 15~100cm이다.
- **잎** 뿌리잎은 방석처럼 퍼지며 거꿀버들잎모양이고 깃 꼴로 갈라진다. 줄기잎은 어긋나고 2~3장이다. 잎과 잎자루에 긴 샘털이 많다.
- **줄기** 곧게 서고 전체에 털이 많다.

- 꽃 가지마다 노란색 머리모양꽃이 1개씩 달린다. 머리 모양꽃 지름은 0.8cm 정도로 작은 편이다. 혀모양꽃 으로만 구성된다. 큰꽃싸개는 가느다란 기둥모양이고 회녹색이다.
- **열매** 여윈열매가 모여 둥근꼴로 달린다. 씨에 세로로 난 능선이 있고, 흰색 갓털이 달린다.
- **식별 포인트** 씀바귀 종류와 비교할 때 꽃도 작고 잎 같은 모양도 다르다.

방가지똥 | 국화과
Sonchus oleraceus

독도 서식

- 꽃 피는 때 5~9월
- **생육 특성** 유럽 원산으로 추정되는 귀화식물로 중국, 일본, 한국 등에도 자라는 한해살이풀이다. 전국에 분포하며 높이는 40~100cm이다.
- 잎 어긋난다. 깃꼴로 갈라진다. 끝부분 갈래조각은 2~3쌍이며 가장자리 톱니는 뾰족하다. 잎바닥은 밋밋하며 줄기를 감싼다.
- **줄기** 곧게 서며 가운데가 비었다.
- 꽃 줄기와 가지 끝에 노란색 머리모양꽃이 달린다. 머리모양꽃 지름은 2cm 정도이고 혀모양꽃으로만 구성된다. 큰꽃싸개에는 샘털이 있고 버들잎모양이다.
- **열매** 세로로 주름지는 거꿀달걀모양 여윈열매가 모여 둥글게 달린다. 씨에는 흰색 갓털이 달린다.
- **식별 포인트** 큰방가지똥에 비해 잎바닥이 밋밋하고 줄기를 감싸며 가장자리에 가시모양 톱니가 없다.

큰방가지똥

서양금혼초 | 국화과
Hypochaeris radicata

- **꽃 피는 때** 5~6월
- **생육 특성** 유럽 원산 귀화식물로 빛이 잘 드는 곳이면 장소를 가리지 않고 잘 자라는 여러해살이풀이다. 울릉도에서는 남양과 태하에서 보인다. 높이 30~50cm이다.
- **잎** 뿌리잎만 있으며 방석처럼 퍼지고 거꿀버들잎모양이다. 4~8쌍으로 얕게 갈라지며 양면에 거친 털이 빽빽하다. 잎이나 줄기를 자르면 주황색 즙이 나온다.
- **줄기** 여러 대가 뭉쳐서 나고 위쪽에서 가지를 치며 0.2~1cm인 비늘조각이 군데군데 붙는다.
- **꽃** 줄기나 가지 끝에 등황색 머리모양꽃이 1개씩 핀다. 머리모양꽃은 지름 3cm이고 큰꽃싸개는 3줄로 늘어선다. 혀모양꽃으로만 구성된다.
- **열매** 여윈열매가 모여 공모양을 이루며 씨앗 표면에 가시 모양 돌기가 빽빽하다.
- **식별 포인트** 꽃이 민들레와 많이 닮아서 '민들레아재비', '개민들래'라는 이명이 있다.

풀솜나물 | 국화과
Gnaphalium japonicum

- 꽃 피는 때 5~6월
- 생육 특성 전국 양지바른 풀밭에 자생하는 여러해살이풀이다. 울릉도 사동, 태하에 자란다. 높이 8~25cm이다.
- 잎 뿌리 쪽 잎은 주걱모양이고 윗면은 녹색이며 털이 조금 있으나 아랫면은 털이 빽빽하고 흰색이다. 줄기잎은 어긋나고 줄모양이며 잎자루가 없다. 머리모양꽃차례 밑에 잎 3~5개가 별모양으로 달린다.
- 줄기 여러 개가 한 곳에서 나오며 전체가 흰색 털로 덮여 있고 밑부분에서 옆으로 뻗는 가지가 있다.
- 꽃 줄기 끝에 녹갈색 머리모양꽃이 모여 달린다. 모두 갓털모양꽃으로만 이루어졌다. 머리모양꽃 주변에 암꽃이 늘어서고, 중앙에 암수한꽃이 있다. 큰꽃싸개는 종모양이고 3줄로 붙는다.
- 열매 여윈열매로 흰색 갓털이 달린다.
- 식별 포인트 떡쑥과 달리 녹갈색 머리모양꽃이고, 머리모양꽃이 원줄기 끝에 밀집하며, 뿌리잎이 모여난다.

노랑선씀바귀 | 국화과
Ixeris chinensis

- 꽃 **피는 때** 5~9월
- **생육 특성** 일본과 한국에 분포하는 여러해살이풀이다. 전국 길가나 풀밭 건조한 곳에 자생하며, 울릉도에서는 저동, 도동, 사동 등에서 보인다. 높이 15~40cm이다.
- **잎** 뿌리잎은 꽃이 필 때까지 남아 있으며 사방으로 퍼지고 거꿀버들잎모양이다. 길이 8~24cm, 너비 0.5~1.5cm이며 가장자리에 톱니가 있거나 깃처럼 갈라지기도 하며 잎바닥은 좁아져 잎자루가 된다. 줄기잎은 가장자리가 밋밋하고 버들잎모양이다.
- 줄기 털이 없이 매끈하고 자르면 흰색 즙이 나온다.
- **꽃** 원줄기 끝 노란색 머리모양꽃이 모여서 고른꽃차례를 이루며 지름 2~2.5cm이다. 혀모양꽃 20~30개로 이루어지며 끝에 잔톱니가 있다. 큰꽃싸개조각은 안쪽과 바깥쪽 꽃싸개조각 2줄로 붙는다. 꽃대롱과 큰꽃싸개에는 털이 없다.
- **열매** 여읜열매로 길이 0.5~0.7cm이고 능선이 10개 있으며 갓털은 흰색이다.
- **식별 포인트** 연한 홍자색 꽃이 피는 개체는 선씀바귀다. 씀바귀는 노란색 꽃잎이 5~8장 달린다.

씀바귀

서양개보리뺑이 | 국화과
Lapsana communis

- 꽃 피는 때 5~8월
- **생육 특성** 유럽 원산 귀화식물이며 경기도와 울릉도에 자생한다. 울릉도 봉래폭포와 도동, 사동 등에서 보인다. 높이 20~120cm이다.
- 잎 어긋난다. 아래쪽 잎은 달걀모양이며 깃꼴로 중간까지 갈라지고, 중간지점 잎은 물결모양 톱니가 있으며 위쪽 잎은 버들잎모양으로 가장자리가 밋밋하다.
- **줄기** 곧게 서며 가지가 많이 갈라지고 털이 있다.
- 꽃 줄기나 가지 끝에서 노란색 머리모양꽃이 고른꽃 차례로 달린다. 큰꽃싸개는 원기둥모양이고 겉꽃싸개조각은 극히 짧으며 속꽃싸개조각은 줄모양으로 6~8개다. 머리모양꽃은 지름 0.7cm이며 허모양꽃이 8~18개다.
- **열매** 회갈색 여윈열매로 가락꼴이고 갓털은 없다.
- **식별 포인트** 개보리뺑이에 비해 곧게 자라고 키가 크며, 속꽃싸개조각이 6~8개로 많다. 개보리뺑이는 키가 20cm 이내이고 가지가 처지며 속꽃싸개조각이 5개다.

난쟁이아욱 | 아욱과
Malva neglecta

- 꽃 피는 때 5~8월
- 생육 특성 유럽과 서아시아 원산이며 경북 장기에서 최초로 채집된 후 제주도와 남부지방에서 확인된 두해살이풀이다. 울릉도 학포, 현포 등에서 보이며 길이 50cm이다.
- 잎 어긋난다. 둥근꼴이며 5~9개로 얕게 갈라지고 가장자리에 얕은 톱니가 있다. 지름 2~3.5cm이고 잎바닥은 심장모양이고 잎자루가 길다.
- 줄기 땅 위를 기며 자라고 털이 흩어져 있다.
- 꽃 잎겨드랑이에서 연붉은색 꽃이 3~6개 뭉쳐나고

지름 1.5cm이다. 작은꽃싼잎은 3개이고 줄모양이다. 꽃받침은 중간까지 갈라지며 조각은 5개다. 꽃잎은 5개로 꽃받침보다 2~3배 더 길며 홍자색 줄무늬가 있고 끝부분이 약간 파인다. 수술은 10개이고 암술대는 여러 개다.
- 열매 납작한 공모양 캡슐열매이며, 12~15개 분리열매로 이루어진다.
- 식별 포인트 애기아욱에 비해 잎이 얕게 갈라지며 꽃잎이 꽃받침보다 2~3배 더 크다. 당아욱과는 꽃 색깔이 연붉은색이라 다르다.

아욱 · 아욱

당아욱

아욱과
Malva sylvestris var. *mauritiana*

- 꽃 피는 때 5~10월
- 생육 특성 유라시아 원산 귀화식물로 제주도. 전라도, 울릉도에 퍼져 자라는 두해살이풀이다. 울릉도 안평전, 학포, 태하 등에서 볼 수 있다. 높이 50~100cm이다.
- 잎 어긋난다. 둥근꼴에 가깝다. 5~7개로 얕게 갈라지고 가장자리에 불규칙한 톱니가 있다. 턱잎은 세모꼴로 가장자리에 긴 털이 있다. 잎자루는 7~10cm로 길다.
- 줄기 곧게 서며 털이 있다.

- 꽃 잎겨드랑이에서 꽃 5~15개가 뭉쳐나고 지름 3.5cm이다. 작은꽃싼잎은 3개이고 넓은 달걀모양이다. 꽃받침은 끝이 얕게 5개로 갈라지며 털이 있다. 꽃잎은 5개이고 끝부분이 오목하며 짙은 붉은색 줄무늬가 5개 정도 있다.
- 열매 캡슐열매로 편평하며, 10~14개 분리열매로 이루어진다.
- 식별 포인트 난쟁이아욱에 비해 꽃이 크고 작은꽃싼잎이 넓은 달걀모양이다.

마디풀

마디풀과
Polygonum aviculare

- 꽃 피는 때 5~9월
- **생육 특성** 전국 길가나 논밭 가장자리에 자생하는 한 해살이풀이다. 울릉도 일주도로와 태하, 나리분지 등에 자란다. 높이 10~40cm이다.
- 잎 어긋난다. 긴둥근꼴이며 양 끝이 무디고 가장자리는 밋밋하다. 길이 1.5~4cm이고 너비는 0.5~1cm이다. 잎자루는 짧다.
- 줄기 밑에서 비스듬히 나고 짧은 가지를 낸다.

- 꽃 암수한꽃으로 꽃 1~5개가 잎겨드랑이에서 핀다. 꽃받침은 녹색 바탕에 흰빛 또는 붉은빛이 돌고 5개로 깊게 갈라지며 긴둥근꼴이다. 꽃잎은 없다. 수술은 6~8개이고 암술대는 3개다.
- 열매 여윈열매로 세모꼴이며 흑갈색으로 익는다.
- **식별 포인트** 꽃이 마디마다 핀다고 해서 붙여진 이름이다. 부처꽃과에 속하는 마디꽃과는 전혀 관계가 없다.

산여뀌 | 마디풀과
Persicaria nepalensis

- 꽃 피는 때 6~8월
- 생육 특성 유럽, 북미, 중국, 일본 등에 분포하며 한국 전역에 자생하는 한해살이풀이다. 울릉도 내수전, 태하 등 계곡을 낀 낮은 산에 자란다. 높이 15~30cm이다.
- 잎 어긋난다. 세모꼴이며 끝이 뾰족하다. 위쪽으로 갈수록 잎자루가 짧아진다. 잎바닥은 갑자기 좁아지고 잎자루에는 날개가 있다. 턱잎은 칼집모양이고 막질이다.

- 줄기 아래쪽이 옆으로 기다가 끝에서 곧게 서거나 비스듬히 서며 붉은빛이 돈다. 마디에 털이 있고, 가지가 많이 갈라진다.
- 꽃 잎겨드랑이와 가지 끝에 흰색 또는 연분홍색 꽃이 머리모양꽃차례처럼 핀다. 꽃덮이는 4개로 갈라지고 수술은 6~7개이며, 암술대는 2개다.
- 열매 달걀모양 여윈열매다.
- 식별 포인트 다른 여뀌속 종과 달리 꽃이 머리모양꽃차례처럼 달리고, 잎자루에 날개가 있다.

소리쟁이 | 마디풀과
Rumex crispus

- **꽃 피는 때** 5~7월
- **생육 특성** 유럽 원산 귀화식물로 전 세계에 널리 자라는 여러해살이풀이다. 전국 길가나 습기가 있는 곳에 자생하며 울릉도 저지대 풀밭, 바닷가 근처 등에 자란다. 높이 30~80cm이다.
- **잎** 뿌리잎은 잎자루가 긴둥근꼴이며 가장자리는 물결 모양이다. 줄기잎은 어긋나고 잎자루가 짧으며 버들잎모양이다.
- **줄기** 곧게 서고 녹색 바탕에 자줏빛이 돌기도 하며 능선이 있다.

- **꽃** 암수한꽃으로 줄기와 가지 끝 고깔꽃차례에 연한 녹색 꽃이 층층이 돌아가면서 핀다. 꽃덮이조각과 수술은 각각 6개이고, 암술대는 3개이며 암술머리가 털처럼 잘게 갈라진다.
- **열매** 여윈열매이며, 속꽃덮이 3개로 둘러싸이고, 속꽃덮이 가장자리에 톱니가 없다.
- **식별 포인트** 속꽃덮이 톱니 구조에 따라 소리쟁이속 종들이 나뉜다.

참소리쟁이 | 마디풀과
Rumex japonicus

- 꽃 피는 때 5~7월
- 생육 특성 일본, 캄차카반도, 한국에 분포하는 여러해살이풀이다. 전국 길가나 풀밭에 자생하며 울릉도 저지대 풀밭, 일주도로가에 자란다. 높이 40~100cm이다.
- 잎 뿌리잎은 잎자루가 긴둥근꼴이며 가장자리는 물결 모양이다. 줄기잎은 어긋나고 잎자루가 짧으며 버들잎모양이다.
- 줄기 곧고 녹색이며 능선이 많다.

- 꽃 암수한꽃으로 윗부분 또는 가지 끝 고깔꽃차례에 많은 꽃이 돌려나며, 연한 녹색이고 군데군데 잎 같은 꽃싼잎이 있다. 꽃덮이와 수술은 각각 6개이며 암술대는 3개이고 암술머리가 털처럼 잘게 갈라진다.
- 열매 세모꼴 여윈열매이며, 속꽃덮이 3개로 둘러싸이고, 속꽃덮이 가장자리에 잔톱니가 있다. 아랫면에 길이 0.2~0.25cm인 사마귀 같은 돌기가 있다.
- 식별 포인트 속꽃덮이에 잔톱니가 있다.

돌소리쟁이 | 마디풀과
Rumex obtusifolius

- 꽃 피는 때 5~7월
- 생육 특성 구아시아대륙 원산 귀화식물로 들판이나 길가에 자생하는 여러해살이풀이다. 울릉도 일주도로와 풀밭에 자란다. 높이 60~120cm이다.
- 잎 뿌리잎은 잎자루가 긴둥근꼴이며 가장자리에 잔톱니가 있다. 줄기잎은 어긋나고 잎자루가 짧으며 버들잎모양이고 가장자리는 물결모양이다.
- 줄기 곧게 서고 가지가 갈라지며 녹색 바탕에 자줏빛이 돌기도 한다.
- 꽃 암수한꽃으로 줄기와 가지 끝 고깔꽃차례에 연한 녹색 꽃이 층층이 돌려가면서 전체적으로는 송이꽃차례로 핀다. 꽃덮이조각과 수술은 각각 6개이고 암술대는 3개이며 암술머리가 털처럼 잘게 갈라진다.
- 열매 세모꼴 여윈열매로 속꽃덮이 3개로 둘러싸이고 속꽃덮이 가장자리에 가시모양 톱니가 있다.
- 식별 포인트 돌소리쟁이는 속꽃덮이 1개에만 확실한 돌기가 있고 나머지에는 돌기가 없거나 흔적만 있다. 좀소리쟁이는 모든 속꽃덮이에 돌기가 있다. 줄기가 아래쪽에서 갈라지고, 속꽃덮이 길이는 0.4~0.5cm이며, 가시는 짧다(0.1~0.2cm). 금소리쟁이는 모든 속꽃덮이에 돌기가 있다. 줄기가 위쪽에서 갈라지고, 속꽃덮이 길이는 0.2~0.3cm이며, 가시는 길다(0.2~0.35cm).

좀소리쟁이

금소리쟁이

약모밀 | 산형과
Houttuynia cordata

- **꽃 피는 때** 5~7월
- **생육 특성** 유럽, 중국, 일본 등에 분포하며 약용식물로 재배하던 것이 야생화한 여러해살이풀이다. 울릉도 도동, 태하 등 중산간 지대 습기가 있는 곳에 자란다. 높이 20~60cm이다.
- **잎** 어긋난다. 심장모양이다. 길이 3~8cm, 너비 3~6cm로 끝이 뾰족하고 가장자리는 밋밋하다.
- **줄기** 곧게 자라고 대개 자주색을 띤다. 뿌리는 흰색이고 옆으로 길게 뻗는다.
- **꽃** 길이 2~3cm 이삭꽃차례이며 연녹색 꽃이 촘촘히 모여 핀다. 수술은 3개이고 암술보다 길다. 암술대도 3개다. 아래쪽에 크기가 다른 흰색 큰꽃싸개가 4장 있는데 꽃잎처럼 보인다. 꽃잎은 없다.
- **열매** 캡슐열매이고 연한 갈색 씨앗이 들어 있다.
- **식별 포인트** 잎을 비비면 비릿한 냄새가 난다. 어성초라는 이명도 있다.

삼백초 | 삼백초과
Saururus chinensis

- 꽃 피는 때 5~7월
- 생육 특성 중국, 일본, 한국에 분포하는 여러해살이풀이다. 제주도 습지에 자생하며 울릉도 계곡의 습한 곳에서 자란다. 높이 30~80cm이다.
- 잎 어긋난다. 달걀모양이며 끝이 뾰족하고 가장자리는 밋밋하다. 길이 5~15cm, 너비 3~8cm이며, 잎자루는 3cm 정도도 잎맥이 5~7개 있으며 아랫면은 연한 흰빛을 띤다. 꽃 필 때 위쪽 잎 1~3개가 흰색으로 변한다.

- 줄기 곧게 선다.
- 꽃 줄기 끝 잎겨드랑이에 달리는 이삭꽃차례에 흰색 꽃이 핀다. 꽃차례 길이 10~15cm이고 수술 6~7개, 암술 3~5개다.
- 열매 둥글고 각 실에 보통 씨앗이 1개 들어 있다.
- 식별 포인트 꽃, 잎, 뿌리가 흰색이어서 붙여진 이름이다.

번행초

번행초과
Tetragonia tetragonoides

독도 서식

- 꽃 피는 때 5~10월
- 생육 특성 일본, 중국, 남미, 한국 등에 분포하는 여러해살이풀이다. 남부지방 바닷가 모래땅에 자생하며 울릉도에서는 확인하지 못했고 독도에는 흔하다. 높이 10~30cm이다.
- 잎 어긋난다. 세모꼴이며 가장자리는 밋밋하고 잎이 두껍다. 길이 4~6cm, 너비 3~5cm이고, 잎자루는 2cm이다. 어린잎일수록 유리가루 같은 돌기가 많아 만지면 까칠하다.
- 줄기 눕거나 곧게 자라고 가지가 갈라지며 전체에 유리가루 같은 돌기가 많다.
- 꽃 잎겨드랑이에서 노란색 꽃이 1~2개 핀다. 꽃자루는 짧고 굵으며 꽃받침은 통모양이고 큰 돌기가 있다. 꽃잎은 4~5개로 갈라지며 바깥쪽은 녹색이고 안쪽은 노란색이다. 수술은 9~16개이고, 암술대는 4~6개다.
- 열매 딱딱한 돌기와 꽃받침이 붙어 있는 굳은껍질열매이며, 열매 속에 씨앗이 여러 개 들어 있으나 벌어지지 않는다.
- 식별 포인트 갯상추라고도 하며 먹어도 된다.

돌채송화 | 돌나물과
Sedum japonicum

- 꽃 피는 때 5~6월
- 생육 특성 일본, 한국 등에 분포하는 여러해살이풀이다. 남부지방 건조한 바위틈에 자생하며 울릉도와 독도 바닷가 절벽 바위틈에 많이 자란다. 높이 10~15cm이다.
- 잎 어긋난다. 기둥모양이다. 육질이며 길이 0.5~1.2cm이고 중간 윗부분이 가장 넓다. 전체가 붉은색으로 되는 경우도 있다.
- 줄기 밑부분이 옆으로 비스듬히 자라다가 곧게 선다.

- 꽃 줄기 끝 3~4개로 갈라진 작은모임꽃차례에 노란색 꽃이 여러 개 핀다. 꽃잎은 5개이고 버들잎모양이며 끝이 날카롭고 뾰족하다. 수술은 10개이고 두 줄로 늘어서며 암술은 5개로 곧게 서지만 열매가 익으면 비스듬히 눕는다.
- 열매 별모양 분열열매다.
- 식별 포인트 땅채송화에 비해 잎이 길고 듬성듬성 달리며, 꽃잎이 버들잎모양이다.

땅채송화(독도 자생)

돌나물

돌나물과
Sedum sarmentosum

- 꽃 피는 때 5~7월
- 생육 특성 전국 들판이나 산지 양지바른 곳에 자라는 여러해살이풀이다. 울릉도 도동, 사동 등 민가 인접한 곳에 자란다. 길이 15cm이다.
- 잎 3개씩 돌려나며, 잎자루는 없고 거꿀버들잎모양이다. 통통한 다육질이다. 길이 1.5~2cm이고 너비는 0.3~0.6cm이며 가장자리는 밋밋하다.
- 줄기 땅 위로 뻗고 밑에서 가지가 갈라지며 마디에서 뿌리가 내린다.

- 꽃 줄기 끝 작은모임꽃차례에 노란색 꽃이 모여 핀다. 꽃받침은 5개로 갈라진다. 꽃잎도 5개이고 긴둥근꼴이며 끝이 뾰족하다. 꽃잎 지름은 0.6~1cm이고 꽃받침보다 길다. 수술은 10개이고 암술은 5개다.
- 열매 별모양 분열열매다.
- 식별 포인트 잎이 3개씩 돌려나는 것이 특징이다. '돈나물'이라는 이명도 있다.

갯까치수염 | 앵초과
Lysimachia mauritiana

독도 서식

- 꽃 피는 때 5~8월
- 생육 특성 중부이남 바닷가에 자생하는 두해살이풀이다. 울릉도에서는 현포, 추산 등 바닷가 돌 틈에 자란다. 높이 10~40cm이다. 독도에도 자란다.
- 잎 어긋난다. 두꺼운 육질로 윤기가 돌며 주걱모양이고 가장자리는 밋밋하다. 길이 2~5cm, 너비 1~2cm이다.
- 줄기 흔히 밑에서 가지가 갈라지고 밑부분에 붉은빛이 돈다.
- 꽃 가지 끝 송이꽃차례에 흰색 꽃이 모여 핀다. 지름은 1~1.2cm이고 꽃자루는 1~2cm이다. 꽃받침은 5개로 깊게 갈라진다. 꽃잎도 5개로 갈라지고 갈래조각은 거꿀달걀모양이다. 수술은 5개이고 암술대는 1개다.
- 열매 캡슐열매로 둥글다. 지름 0.5cm이고 끝에 암술대가 길게 남는다.
- 식별 포인트 다른 까치수염속 종에 비해서 잎이 두껍고 주걱모양이어서 구별된다.

큰개미자리 | 석죽과
Sagina maxima

독도 서식

- 꽃 피는 때 5~8월
- 생육 특성 바닷가 양지바른 곳에 자생하는 한두해살이풀이다. 울릉도에서는 현포, 추산, 천부 등 바닷가 바위틈에 자란다. 높이 5~20cm이다.
- 잎 뿌리 쪽 잎은 방석모양으로 모여난다. 줄기잎은 마주나며 줄모양이다. 개미자리 잎보다 넓다.
- 줄기 밑에서 가지가 많이 갈라지고 위쪽에 짧은 샘털이 있다.
- 꽃 가지 끝에서 피는 꽃은 작은모임꽃차례로 달린다.

꽃받침조각은 5개이고 달걀모양이며 가장자리는 흰색이 돈다. 꽃잎은 5장으로 꽃받침과 길이가 비슷하며 넓은 달걀모양으로 끝이 둥글다. 수술은 5~10개이고 암술머리는 5개로 갈라진다.

- 열매 달걀모양 캡슐열매다. 익으면 5개로 갈라지면서 흑갈색 씨가 나온다. 씨에 잔돌기가 없다.
- 식별 포인트 개미자리에 비해 잎이 넓고 씨에 잔돌기가 없다.

달맞이장구채

석죽과
Silene latifolia ssp. *alba*

- 꽃 피는 때 5~8월
- 생육 특성 유럽 원산 귀화식물로 대관령, 서울월드컵공원, 울릉도에 자생지가 확인된 여러해살이풀이다. 울릉도 통구미에 자란다. 높이는 30~70cm이다.
- 잎 마주난다. 버들잎모양으로 길이 3~10cm, 너비 1~3cm이고 양면에 짧은 털이 있다.
- 줄기 전체에 털이 많고 위쪽에는 샘털도 있다.
- 꽃 암수딴그루로 줄기 및 가지 끝에서 흰색 꽃이 저녁에 피며 향기가 있다. 꽃받침은 통모양으로 털이 많고 끝부분이 5개로 갈라지고 갈래조각은 뾰족하다. 꽃잎은 5개로 깊게 파여 꽃잎이 10개인 것처럼 보인다. 꽃잎 안쪽에 작은 부속체가 있다. 암그루의 암술은 씨방이 있어 꽃잎 아랫부분이 통통하고 암술 5개가 꽃잎 밖으로 나온다. 수그루의 수술은 10개이고, 그중 5개는 수술대가 길어 꽃잎 밖으로 나오고 나머지 5개는 수술대가 짧다.
- 열매 캡슐열매로 둥글며, 길이가 1~1.5cm이다. 씨는 회색으로 표면이 오돌토돌하다.
- 식별 포인트 말뱅이나물은 전체에 털이 없으며, 꽃잎은 끝부분이 살짝 파인다.

암꽃

수꽃

큰물칭개나물

현삼과
Veronica anagallisaquatica

- **꽃 피는 때** 5~8월
- **생육 특성** 전 세계에 자라는 두해살이풀이다. 전국 강가에 자생하며 울릉도에서는 태하로 흘러가는 냇물 주변에 많다. 높이 40~80cm이다.
- **잎** 마주난다. 윗부분 잎은 긴둥근꼴로 끝이 뾰족하고 아랫부분이 원줄기를 감싸며 길이 4~10cm, 너비 1~3cm이다. 가장자리는 밋밋하거나 낮은 톱니가 드문드문 있다.
- **줄기** 곧게 서며 속이 비고 전체에 털이 거의 없다.
- **꽃** 잎겨드랑이에서 나오는 송이꽃차례에 연한 파란색 꽃이 줄지어 달린다. 꽃싼잎은 버들잎모양으로 꽃자루보다 조금 더 길거나 같다. 꽃받침은 4개로 갈라지고 쪽잎은 긴둥근꼴이다. 꽃부리는 0.5~0.8cm로 4개이며, 깊게 갈라지고 자주색 맥이 있다. 수술 2개, 암술 1개다.
- **열매** 캡슐열매로 둥글며 지름 0.4cm 정도다.
- **식별 포인트** 물칭개나물에 비해 식물체가 크며 꽃이 파란색에 가깝다. 울릉도에서는 큰물칭개나물인데도 꽃이 흰색에 가까운 개체가 많다.

선개불알풀

현삼과
Veronica arvensis

- 꽃 피는 때 5~6월
- 생육 특성 유럽, 서아시아, 아프리카 원산으로 한국 전역에 걸쳐 자라는 한해살이풀이다. 울릉도 나리 분지, 태하, 안평전 등 풀밭에 널리 퍼져 있다. 높이 10~30cm이다.
- 잎 아래쪽 잎은 마주나며 달걀모양이다. 위쪽 잎은 어긋나며 버들잎모양이고 끝이 뾰족하며 꽃싼잎이 된다.
- 줄기 밑에서 가지가 갈라지고 곧게 선다.
- 꽃 꽃싼잎 겨드랑이에서 짙은 청자색 꽃이 1개씩 핀

다. 꽃받침은 길이 0.4cm 정도이며 쪽잎 4개로 갈라 지고 쪽잎에는 샘털이 있다. 꽃잎은 4개로 갈라지고 지름 0.3~0.4cm로 짧고 짙은 청자색이다. 수술 2개, 암술 1개다.
- 열매 약간 납작하고 가운데가 오목한 캡슐열매이며 꽃받침에 싸이고 잔털로 덮여 있다. 씨가 20개 정도 들어 있다.
- 식별 포인트 눈개불알풀은 누워 자라며 꽃은 연한 청 자색이고, 줄기를 제외한 전체에 긴 털이 많다.

눈개불알풀

큰개불알풀

307

노루발

노루발과
Pyrola japonica

- 꽃 피는 때 5~7월
- 생육 특성 중국과 일본에도 분포한다. 전국 숲에 자생하는 늘푸른여러해살이풀이다. 울릉도 나리분지와 성인봉으로 오르는 길목에서 드물게 보인다. 높이 15~30cm이다.
- 잎 둥근꼴이고 뿌리에서 1~8개가 뭉쳐나며 두껍다. 윗면에 광택이 있다. 가장자리에 낮은 톱니가 있다. 길이 4~7cm, 너비 2~5cm이다.
- 줄기 기는 땅속줄기가 있다.
- 꽃 새로 나온 잎 사이에서 꽃줄기가 나오고 그 끝에 꽃 3~12개가 송이꽃차례를 이루며 아래를 향해 핀다. 꽃받침은 5개로 깊게 갈라지며 갈래조각은 버들잎모양이다. 꽃잎은 5개이고 지름 1~1.5cm이다. 수술은 10개이고 끝이 2개로 갈라지며, 암술은 길게 휘어져 튀어나온다.
- 열매 약간 납작한 캡슐열매이고 아래를 향해 달리며 암술대는 마른 채로 끝까지 남아 있다.
- 식별 포인트 콩팥노루발과 꽃 모양이 비슷하나, 노루발 잎은 둥근꼴이고 꽃받침은 버들잎모양이다.

매화노루발 | 노루발과
Chimaphila japonica

- 꽃 피는 때 5~6월
- 생육 특성 유럽, 북아메리카, 아시아 등에 자생하는 늘푸른여러해살이풀이다. 전국 산지 숲 속에 자생하며, 울릉도에서는 중산간 지대에 드물게 자란다. 높이 5~15cm이다.
- 잎 어긋난다. 층으로 달리기 때문에 마주나거나 돌려나는 것처럼 보인다. 넓은 버들잎모양이고 두꺼운 편이며 윗면에 광택이 있다. 가장자리에 낮은 톱니가 있다. 길이 2~3.5cm, 너비 0.6~1cm이며, 잎자루는 0.6~0.8cm이다.

- 줄기 곧게 서고 가지가 갈라지기도 한다.
- 꽃 줄기 끝에서 꽃 1~2개가 아래쪽을 향해 피며 반 정도 벌어진다. 꽃받침은 5개로 갈라지며 갈래조각 가장자리에 불규칙한 톱니가 있다. 지름은 1cm이고 꽃잎은 5개로 갈라지며 갈래조각은 둥근꼴이다. 꽃쌀잎은 1~2개이고 꽃줄기와 함께 털 같은 잔돌기가 있다.
- 열매 납작한 캡슐열매이고 위를 향한다.
- 식별 포인트 암술대가 발달하지 않아서 노루발이나 콩팥노루발과 구별된다. 줄기 아랫부분이 나무처럼 딱딱해진다.

콩팥노루발

노루발과
Pyrola renifolia

- 꽃 피는 때 5~7월
- **생육 특성** 일본, 사할린, 아무르에 자생하는 늘푸른여러해살이풀이다. 한국에서는 울릉도에만 자란다. 높이 10~20cm이다.
- **잎** 콩팥모양이고 아래쪽에서 1~3개가 어긋나며 가장자리에 낮은 톱니가 있다. 길이 1~3cm, 너비 1.5~4cm이다. 잎자루는 2~5cm이다. 두꺼운 편이고 윗면에 광택이 없다.
- **줄기** 땅속에 흰색 뿌리줄기가 길게 뻗는다.
- **꽃** 새로 나온 잎 사이에서 자란 꽃줄기 끝에 흰색 꽃 2~4개가 아래를 향해 핀다. 지름은 1~1.2cm이다. 꽃받침은 5개로 깊게 갈라지며 갈래조각은 반달모양으로 폭이 길이보다 더 길다. 꽃잎은 5개다. 수술은 10개이고 끝부분이 2개로 갈라진다. 암술대는 길게 휜다.
- **열매** 약간 납작한 캡슐열매이고 아래를 향해 달리며 익으면 5개로 갈라진다.
- **식별 포인트** 노루발과 달리 잎이 콩팥모양이고 꽃받침이 반달모양이다.

구상난풀 | 노루발과
Monotropa hypopithys

- 꽃 피는 때 5~6월
- **생육 특성** 중국, 유럽, 북미와 한국 등에 분포한다. 전국 산지 숲 속에 자생하는 여러해살이풀이다. 울릉도 중산간 지대에서 볼 수 있으며, 높이 10~25cm이다.
- 잎 어긋난다. 퇴화한 비늘모양 잎으로 위쪽 가장자리에 불규칙한 톱니가 있다. 길이 1~1.5cm, 너비 0.6cm 정도다.
- 줄기 곧게 서고 기둥모양이며 육질이다. 연한 황갈색이 돌고 잔털이 있다.
- 꽃 줄기 끝 송이꽃차례에 황백색 꽃 3~8개가 아래를 향해 핀다. 꽃받침잎은 버들잎모양이고 털이 있다. 꽃잎은 긴둥근꼴이며 보통 4개이고 꽃잎 안쪽에 털이 있다. 수술은 8~10개이고 꽃밥은 암갈색이다. 암술머

리는 깔때기모양이다.
- **열매** 캡슐열매이고 위를 향하며 끝부분 암술대는 길고 털이 많다.
- **식별 포인트** 구상난풀은 5~6월에 꽃 피며, 줄기는 연한 황갈색이고, 꽃잎 안쪽과 암술대에 털이 많으며, 암술대가 씨방보다 길다. 너도수정초는 5~6월에 꽃 피며, 줄기는 연한 황갈색이고, 전체에 털이 없으며 암술대가 씨방보다 짧다. 수정난풀은 8~10월에 꽃 피며, 암술머리를 포함한 전체가 흰색이고, 열매가 위를 향해 익는다. 나도수정초는 5~7월에 꽃 피며, 전체가 순백색이고, 암술머리가 짙은 청자색이며, 열매가 아래를 향해 익는다.

너도수정초

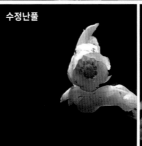

수정난풀

나도수정초

초종용 | 열당과
Orobanche coerulescens

- **꽃 피는 때** 5~7월
- **생육 특성** 중국 등 아시아 북부와 유럽에 분포한다. 한국 남부지방 바닷가에 주로 자라는 여러해살이풀이다. 높이 10~30cm이다.
- **잎** 어긋난다. 버들잎모양 또는 좁은 달걀모양이고 윗부분이 좁으며 원줄기와 더불어 흰색이고 길이 1~1.5cm이다. 긴 털이 드문드문 있다.
- **줄기** 연한 자줏빛이 돌고 원줄기는 가지가 없으며 굵고 흰색 털이 있다.
- **꽃** 원줄기 끝에 연한 자주색 꽃이 3~10cm 길이 이삭꽃차례에 달린다. 꽃이삭은 전체 길이의 1/3~1/2이고 솜 같은 긴 털이 있으며 꽃턱잎은 세모꼴이고 윗부분이 가늘다. 꽃부리는 입술모양이며 밑은 꽃대롱이고

윗부분은 휘며 겉에 털이 있다. 윗입술꽃잎은 넓고 끝이 오목하다. 아랫입술꽃잎은 달걀모양 조각 3개로 갈라지고 가장자리는 물결모양이다. 수술은 4개로 그중 2개가 길다.
- **열매** 캡슐열매는 긴둥근꼴로 익으면 두 쪽으로 갈라져 검은색 씨앗을 많이 쏟아 낸다.
- **식별 포인트** 백양더부살이와 달리 바닷가 사철쑥에 기생하며 꽃이 더 크고, 아래쪽 꽃잎 안쪽에 흰색 얼룩이 없다. 울릉도에는 흰색 털이 있는 것과 없는 것이 자라며 독도에는 흰색 털이 없는 것만 자란다(울릉도 독도 초종용에서 형태변이와 지리적 분포양상, 2016. 이웅, 박재홍 등).

쇠비름 | 쇠비름과
Portulaca oleracea

- 꽃 피는 때 5~8월
- **생육 특성** 전 세계에 자라는 한해살이풀이다. 전국 풀밭에 자생한다. 울릉도 나리분지, 관음도 등에 자란다. 길이 20~30cm이다.
- 잎 마주나거나 어긋나며 가지 끝에서는 돌려나는 것처럼 보인다. 주걱모양이며 끝이 둥글고 가장자리는 밋밋하다. 길이 2cm 안팎, 너비는 1cm 안팎이다.
- 줄기 바닥을 기면서 비스듬히 자라며 가지를 많이 친다. 털이 없고 다육질이다.

- 꽃 가지 끝 잎겨드랑이에 노란색 꽃이 핀다. 꽃받침은 2개, 꽃잎은 5개이며 거꿀달걀모양이고 끝이 오목하다. 빛이 강한 한낮에만 벌어진다. 수술은 7~12개, 암술은 5개다.
- **열매** 긴둥근꼴이고 횡단면을 따라 뚜껑이 열리면서 검은색 씨가 드러난다.
- **식별 포인트** 어린잎은 나물로 무쳐 먹기도 한다.

컴프리 | 지치과
Symphytum officinale

- 꽃 피는 때 5~8월
- **생육 특성** 유럽 원산 귀화식물로 들이나 풀밭, 도로가에 자생하는 여러해살이풀이다. 울릉도에서는 현포, 추산, 천부 등에서 볼 수 있다. 높이 40~90cm이다.
- 잎 어긋난다. 버들잎모양으로 끝이 길게 뾰족해지고, 아랫부분 잎은 잎자루가 있으나 윗부분 잎은 잎자루가 없다. 잎자루에는 날개가 있다.
- **줄기** 곧게 서고 짧은 털이 있으며 가지가 갈라지고 날개가 조금 있다. 전체에 거친 털이 빽빽하다.

- 꽃 연한 자주색이며 꽃차례 끝부분이 태엽처럼 감겨서 아래로 드리운다. 꽃이 피면서 태엽이 풀린다. 꽃받침은 짙은 녹색이며 5개로 갈라지고 꽃부리는 넓은 통모양으로 윗부분이 종처럼 조금 벌어지며 얕게 5개로 갈라진다. 수술은 5개로 꽃통 안쪽에 붙어 있고 암술은 1개이며 꽃 밖으로 나온다.
- **열매** 분리열매는 4개로 나뉘며 달걀모양이다.
- **식별 포인트** 뿌리잎은 넓고 오돌토돌하며 전체에 거친 털이 빽빽하다.

시금치 | 명아주과
Spinacia oleracea

- 꽃 피는 때 5~8월
- **생육 특성** 아시아 서부 원산 한두해살이풀이다. 전국에서 재배하며 풀밭에 자생한다. 울릉도 도동, 사동 등에서 재배한다. 높이 20~50cm이다.
- 잎 아래쪽 잎은 돌려나고 잎바닥이 깃꼴로 갈라진다. 줄기 위쪽 잎은 어긋나고 창모양이다.
- 줄기 곧게 서고 속이 비었으며 전체에 털이 없다.
- 꽃 암수딴그루로 수꽃은 잎이 없으며 이삭꽃차례에 꽃덮이와 수술이 각각 4개씩 달린다. 꽃밥은 연한 노란색이다. 암꽃은 잎겨드랑이에 3~5개씩 달리고 꽃 밑에 꽃덮이 같은 작은꽃턱잎이 있으며 암술대는 4개다.
- 열매 캡슐열매로 꽃받침 같은 작은꽃턱잎에 싸여 있고 가시가 2개 있어 마치 마름 열매와 같다.
- **식별 포인트** 창모양 잎이 달린다.

자주괴불주머니

현호색과
Corydalis incisa

- 꽃 피는 때 5~8월
- 생육 특성 일본, 중국 등에 자생하는 두해살이풀이다. 한국 남부지방 숲 속이나 들판에 자생한다. 울릉도 나리분지, 안평전에서 볼 수 있다. 높이 10~50cm이다.
- 잎 뿌리잎은 2회 3출엽이고 세모꼴이다. 줄기잎은 어긋나며 가장자리는 결각처럼 갈라지며 날카롭고 자잘한 톱니가 있다.
- 줄기 줄기가 여러 개 나와 가지가 갈라진다. 땅속에 덩이줄기가 없고 긴동근꼴 뿌리가 있다.
- 꽃 줄기 끝 송이꽃차례에 홍자색 계열 꽃이 많이 달린다. 입 부분은 짙은 홍자색이고 꼬리 부분은 꿀주머니로 옅은 홍자색이다. 꽃싼잎은 부채모양이다.
- 열매 긴 줄모양 캡슐열매다.
- 식별 포인트 다른 현호색 종류와 달리 덩이줄기가 없다.

금낭화

현호색과
Dicentra spectabilis

- 꽃 피는 때 5~6월
- 생육 특성 중국, 한국 등에 분포하는 여러해살이풀이다. 깊은 산 그늘지고 습기 있는 곳에 자생한다. 울릉도 도동, 나리분지 등 길가에서 볼 수 있다. 높이 40~80cm이다.
- 잎 어긋난다. 잎자루가 길고 2~3회 깃꼴겹잎이다. 작은잎은 길이 3~6cm이며 3~5개로 깊게 갈라진다. 쪽잎은 쐐기모양이다.
- 줄기 곧게 서고 가지가 갈라진다.

- 꽃 활처럼 휜 줄기 끝에 납작한 주머니 모양 홍자색 꽃이 송이꽃차례로 달린다. 꽃잎은 4개다. 바깥쪽 홍자색 꽃잎 2개는 위로 젖혀지고 안쪽 흰색 꽃잎 2개는 모아지며 그 안에 수술 6개와 암술 1개가 있다.
- 열매 긴둥근꼴 캡슐열매다. 씨는 검은색이며 당분체가 붙어 있다.
- 식별 포인트 제주도를 제외한 전국 깊은 산에 자생한다. 이명으로 '며느리주머니'가 있다.

쌍떡잎식물

풀

6월

넓은잎갈퀴 | 콩과
Vicia japonica

- 꽃 피는 때 6~8월
- **생육 특성** 중국, 일본, 러시아, 한국에 분포하는 덩굴성여러해살이풀이다. 울릉도 바닷가 절벽에 주로 자라며 현포, 추산, 천부 등 도로가에도 자란다. 길이 150cm 정도다.
- 잎 어긋난다. 짝수깃꼴겹잎으로 5~7쌍으로 된 작은잎이 있으며 끝에 2~3개로 갈라진 덩굴손이 있다. 작은잎은 긴둥근꼴로 길이 1~2cm, 너비 0.6~1cm이다. 윗면은 녹색이고 아랫면은 흰빛이 도는 녹색이며 흰색 털이 있다. 가장자리는 밋밋하고 옆맥은 적으며 주맥과 예각을 이룬다. 턱잎은 작고 2개로 갈라진다.
- 줄기 가늘며 능선이 있다. 잔털은 있거나 없다.
- 꽃 송이꽃차례에 나비모양 꽃 10개 안팎이 한쪽으로 치우쳐서 달린다. 나비모양 꽃은 홍자색으로 길이 1~1.4cm이고 꽃받침은 통모양이고 꽃받침조각은 5개이며 세모꼴이다.
- **열매** 꼬투리열매이고 긴둥근꼴이며 길이 3cm, 너비 0.6cm로 편평하고 털이 없다. 씨앗이 4개 정도 들어 있다.
- **식별 포인트** 잎이 넓고 옆맥은 주맥과 예각을 이룬다. 턱잎은 작고 2개로 갈라진다.

전동싸리 | 콩과
Melilotus suaveolens

- 꽃 피는 때 6~8월
- 생육 특성 중국 원산 귀화식물로 전국에 자생하는 두 해살이풀이다. 울릉도 남양, 태하 등 계곡 주변에서 흔히 보인다. 높이 50~90cm이다.
- 잎 어긋난다. 3출엽이다. 작은잎은 거꿀달걀모양이며 잎가장자리에는 미세한 톱니가 있고 길이 1.5~3cm, 너비 0.4~0.7cm이다. 턱잎은 줄모양이다.
- 줄기 곧게 서고 가지가 많이 갈라지며 능선이 있다.

- 꽃 잎겨드랑이 송이꽃차례에 나비모양 노란색 자잘한 꽃이 많이 핀다. 꽃싼잎은 줄모양이고 꽃받침은 끝이 5개로 갈라지며 갈래조각은 뾰족하다. 꽃부리는 길이 0.4cm 정도다.
- 열매 달걀모양 캡슐열매이고 털이 없으며 검은색으로 익고 씨가 1개 들어 있다.
- 식별 포인트 꽃부리 길이가 0.2cm이고 꽃이 흰색인 것을 흰전동싸리라고 한다.

흰전동싸리

뱀무 | 장미과
Geum japonicum

- 꽃 피는 때 6~8월
- 생육 특성 일본, 중국에 분포한다. 한국에서는 제주도와 남해안 섬, 울릉도에 자생하는 여러해살이풀이다. 성인봉 중산간 지대에 자라며 높이 25~100cm이다.
- 잎 뿌리잎은 잎자루가 길고 홀수깃꼴겹잎이다. 길이와 너비가 각각 3~6cm이고 양면에 짧은 털이 있다. 줄기잎은 잎자루가 짧고 달걀모양이며 3개로 얕게 갈라지기도 한다.
- 줄기 곧게 서고 가지가 갈라지며 전체에 털이 있다.

- 꽃 가지나 줄기 끝에 노란색 꽃이 1개씩 핀다. 꽃자루에 부드럽고 긴 털이 있다. 꽃받침조각은 5개이고 털이 있다. 꽃잎도 5개이고 둥근꼴에 가까우며 꽃받침잎과 길이가 비슷하다. 암술과 수술은 많다.
- 열매 여윈열매이고 모여 달린다. 열매에 암술대가 남아 있고 구부러진다.
- 식별 포인트 큰뱀무 줄기잎은 3개 또는 5개이고, 뱀무는 줄기잎이 1개이며 갈라지지 않거나 3개로 얕게 갈라진다.

짚신나물 | 장미과
Agrimonia pilosa

- 꽃 피는 때 6~8월
- 생육 특성 일본, 중국, 인도, 한국 등에 분포하며 전국 산과 들에 자생하는 여러해살이풀이다. 울릉도에서는 태하령, 안평전에 자란다. 높이 30~100cm이다.
- 잎 어긋난다. 작은잎 5~7개로 된 깃꼴겹잎이다. 작은 잎은 긴둥근꼴 또는 거꿀달걀모양이고 톱니가 있으며 끝 작은잎 3개는 크기가 비슷하다. 길이 3~6cm, 너비 1.5~3.5cm이다. 턱잎은 달걀모양이고 불규칙한 톱니가 있다.

- 줄기 곧게 서고 가지가 갈라지며 털이 있다.
- 꽃 송이꽃차례로 줄기와 가지 끝에 노란색 꽃이 촘촘히 달린다. 꽃받침은 5개로 갈라진다. 꽃잎은 5장이며 거꿀달걀모양이고 수술은 15개 안팎이다.
- 열매 여윈열매이고 꽃받침에 싸여 있으며 끝부분에 억센 털이 있어 다른 물체에 잘 달라붙는다.
- 식별 포인트 꽃이 드문드문 달리고 수술이 5~10개로 적게 달리면 산짚신나물이다.

갯기름나물 | 산형과
Peucedanum japonicum

- 꽃 피는 때 6~8월
- **생육 특성** 일본, 중국, 필리핀, 한국 등에 자생하며 중부이남 바닷가에 자라는 여러해살이풀이다. 울릉도 도동, 저동, 천부 등에 자란다. 높이 40~100cm이다.
- 잎 어긋난다. 회녹색으로 2~3회 깃꼴겹잎이다. 털이 없으며 광택이 있다. 작은잎은 거꿀달걀모양으로 두껍고 길이 3~6cm이며 가장자리에 이빨모양 톱니가 있다.

- 줄기 곧게 서고 가지가 갈라진다.
- 꽃 줄기와 가지 끝 겹우산모양꽃차례에 흰색 꽃이 모여 핀다. 우산살모양 꽃가지는 10~20개이고 그 끝에 꽃이 20~30개 달린다. 꽃잎은 5개이고 끝이 안쪽으로 말린다. 수술은 5개이고 꽃잎보다 길다.
- **열매** 긴둥근꼴 분리열매이고 능선이 있다.
- **식별 포인트** 기름나물에 비해 잎이 더 넓고 두꺼우며 톱니가 굵다.

참나물 산형과
Pimpinella brachycarpa

- **꽃 피는 때** 6~8월
- **생육 특성** 일본, 중국, 한국 등에 자생하며 전국 높은 산에 자생하는 여러해살이풀이다. 울릉도 성인봉, 형제봉 등 7~8부 능선에서 군락으로 자란다. 높이 30~80cm이다.
- **잎** 어긋난다. 3출엽이다. 작은잎은 가장자리에 겹톱니가 있으며 달걀모양이고 중간 부분 작은잎은 마름모꼴이다. 다양한 변이를 보인다.
- **줄기** 곧게 서며 가지가 갈라진다.

- **꽃** 줄기와 가지 끝 겹우산모양꽃차례에 흰색 꽃이 모여 핀다. 큰꽃싸개는 없거나 1~2개이며 줄모양이다. 우산살모양 꽃가지는 10개이고 각각 꽃이 10개 안팎 달린다. 꽃잎은 5개이며 거꿀달걀모양이고 끝이 안쪽으로 살짝 말린다. 수술은 5개이고 꽃잎보다 크다.
- **열매** 달걀모양 분리열매다.
- **식별 포인트** 대마참나물과 달리 열매 표면에 능선이 튀어나오지 않는다.

파드득나물 | 산형과
Cryptotaenia japonica

- **꽃 피는 때** 6~8월
- **생육 특성** 일본, 중국, 북미, 한국 등에 자생하며 산지 숲 속에 자생하는 여러해살이풀이다. 울릉도 천부, 태하, 나리분지 등에 자란다. 높이 30~60cm이다.
- **잎** 뿌리잎은 잎자루가 길고 줄기잎은 잎자루가 점차 짧아져서 밑부분에서는 잎집으로 되며 3출엽이다. 작은잎은 달걀모양이고 양 끝이 좁아지고 가장자리 톱니는 날카롭다. 길이 3~8cm, 너비 2~6cm이다.
- **줄기** 곧게 서고 털이 없다.
- 꽃 줄기 끝이나 위쪽 잎겨드랑이에서 엉성한 겹우산모양꽃차례로 흰색 꽃이 핀다. 꽃자루는 1~4개이고 서로 길이가 다르다. 작은꽃싸개는 1개씩 달리고 짧으며 줄모양이다. 꽃잎은 5개이고, 수술도 5개이며 암술대는 2개다.
- **열매** 긴둥근꼴 분리열매로 털이 없고 매끈하다.
- **식별 포인트** 꽃자루 길이가 서로 다르고 열매가 매끈하다.

피막이 | 산형과
Hydrocotyle sibthorpioides

- 꽃 피는 때 6~8월
- 생육 특성 일본, 중국, 한국 등에 분포하며 주로 남부 지방 길가, 개울 근처 습한 지역에서 잘 자라는 늘푸른여러해살이풀이다. 울릉도 도동에서 확인했다. 높이 5~10cm이다.
- 잎 둥근꼴이며 가장자리가 5~7개로 약간 깊게 갈라지고, 갈래는 이빨모양 톱니로 된다. 잎자루가 꽃자루보다 약간 길다. 잎 표면에 털이 없고 반들반들하다.
- 줄기 땅 위를 기며 자라고 마디에서 뿌리를 내린다.

- 꽃 우산모양꽃차례로, 잎자루보다 짧은 꽃자루가 잎겨드랑이에서 나오며 끝에 자잘한 꽃이 5~8개 달린다.
- 열매 둥글고 납작하다.
- 식별 포인트 꽃자루가 잎자루보다 짧아서 잎 위로 꽃이 잘 올라오지 않는다. 큰피막이는 꽃자루가 잎자루보다 길어 꽃이 위로 쑥 올라오며, 선피막이는 잎바닥이 V자 모양으로 파인다.

개망초 | 국화과
Erigeron annuus

- 꽃 피는 때 6~10월
- 생육 특성 북미 원산 귀화식물로 전 세계 온대지방에 널리 분포하며, 전국 들이나 낮은 산 풀밭에 자생하는 두해살이풀이다. 울릉도에서도 들이나 풀밭에 자란다. 높이 30~100cm이다.
- 잎 뿌리잎은 버들잎모양이고 가장자리에 거친 톱니가 있으며 방석처럼 퍼진다. 줄기잎은 어긋나며 버들잎모양으로 가장자리에 톱니가 몇 쌍 있다. 양면에 털이 있다.
- 줄기 곧게 서고 위쪽에서 가지가 갈라진다. 줄기 속이 차 있으며 털이 있다.
- 꽃 줄기와 가지 끝에 흰색 머리모양꽃이 모여 고른꽃차례를 이룬다. 머리모양꽃 지름은 2cm 안팎이다. 주변에 흰색 혀모양꽃이 달리고 중앙부에 노란색 갓털모양꽃이 달린다.
- 열매 여윈열매이고 갓털이 달린다.
- 식별 포인트 주걱개망초는 잎이 주걱처럼 생겼으며 가장자리에 톱니가 없다.

망초 | 국화과
Conyza canadensis

- **꽃 피는 때** 7~9월
- **생육 특성** 북미 원산 귀화식물로 전 세계에 널리 퍼져 자라며 한국 전역 양지바른 곳에 자라는 두해살이풀이다. 울릉도 안평전, 태하 등에 자란다. 높이 50~150cm이다.
- **잎** 뿌리잎은 방석처럼 퍼져 자라며 주걱모양이다. 줄기잎은 어긋나고 거꿀버들잎모양이며 가장자리에 톱니가 2~4쌍 있고 퍼진 털이 있다. 길이 7~10cm, 너비 1~2cm이고 위로 갈수록 작아져서 줄모양이 된다.
- **줄기** 곧게 서고 위쪽에서 가지가 갈라지며 전체에 퍼진 털이 있다.
- 꽃 줄기 위쪽에서 갈라진 가지마다 흰색 머리모양꽃이 모여 전체적으로는 고깔꽃차례를 이룬다. 머리모양꽃 지름은 0.3cm이고 주변에 흰색 혀모양꽃이 달리며 안쪽에 노란색 갓모양꽃이 달린다. 큰꽃싸개는 종모양이고 큰꽃싸개조각은 줄모양으로 4~5줄로 붙는다.
- **열매** 여윈열매이고 갓털이 달린다.
- **식별 포인트** 개망초에 비해 잎이 가늘고 꽃이 작다.

백일홍 | 국화과
Zinnia elegans

- 꽃 피는 때 6~8월
- 생육 특성 멕시코 원산 한해살이풀이다. 전국 화단, 공원 등에 심으며, 울릉도 도동, 나리분지 등에 심겨 있다. 높이 20~90cm이다.
- 잎 마주난다. 긴 달걀모양이다. 잎바닥이 줄기를 감싼다.
- 줄기 곧게 서고 가지를 치며 전체에 털이 있어 거친

느낌이다.
- 꽃 긴 꽃줄기 끝에 머리모양꽃이 1개씩 달리며 지름 5cm 안팎이다. 붉은색, 분홍색, 노란색 등 여러 가지 색깔 꽃이 핀다.
- 열매 씨앗으로 번식한다.
- 식별 포인트 꽃피는 기간이 길고 초록색과 하늘색을 제외한 다양한 꽃 색깔이 나타난다.

수레국화 | 국화과
Centaurea cyanus

- 꽃 피는 때 6~10월
- **생육 특성** 유럽 동남부 원산 귀화식물로 전국에 자생하는 한두해살이풀이다. 울릉도 도동, 태하, 나리분지 등에 자란다. 높이 30~90cm이다.
- **잎** 줄기 아래쪽 잎은 어긋나고 버들잎모양이며 깃꼴로 깊게 갈라진다. 줄기 위쪽 잎은 줄모양이며 가장자리가 밋밋하다.

- **줄기** 곧게 서고 가지를 치며 흰색 솜털이 빽빽하다.
- **꽃** 청자색, 붉은색, 분홍색 등 머리모양꽃이 달린다. 모두 갓모양꽃이고 꽃 모양이 수레바퀴처럼 보여서 붙여진 이름이다.
- **열매** 여윈열매이고 짧은 깃털이 많이 달린다.
- **식별 포인트** 꽃이 사방으로 옆을 보고 피어나 위에서 보면 수레바퀴처럼 보인다.

큰금계국 | 국화과
Coreopsis lanceolata

- 꽃 피는 때 6~9월
- 생육 특성 중미 원산 귀화식물로 전국에 심는 여러해살이풀이다. 울릉도 도동, 사동, 태하 등 도로 주변에 흔하게 보인다. 높이 40~80cm이다.
- 잎 뿌리잎은 깃꼴로 좁게 갈라진다. 위쪽 잎은 마주나며 긴둥근꼴 또는 줄모양이고 가장자리는 밋밋하다.
- 줄기 곧게 서고 가지가 갈라진다.
- 꽃 줄기 끝에 노란색 머리모양꽃이 1개씩 달리며 지름 4~6cm이다. 꽃자루가 20~40cm이다. 주변에는 혀모양꽃이, 중앙부에는 갓모양꽃이 달린다.
- 열매 여윈열매로 둥글고 씨는 길이 0.2~0.3cm이며 얇은 날개가 있다.
- 식별 포인트 전국 공원, 도로 주변 등에 관상용으로 흔히 심는다.

기생초 | 국화과
Coreopsis tinctoria

- 꽃 피는 때 6~10월
- **생육 특성** 북미 원산 귀화식물로 전국에 자생하는 한 두해살이풀이다. 울릉도 도동, 사동, 태하 등 도로가에서 흔히 보인다. 높이 30~90cm이다.
- 잎 마주난다. 아래쪽 잎은 잎자루가 있고 2회 깃꼴로 갈라지며, 쪽잎은 버들잎모양 또는 줄모양이다. 윗부분 잎은 잎자루가 없으며 갈라지지 않고 줄모양이다.
- 줄기 윗부분에서 가지가 갈라지며 털이 없다.

- 꽃 줄기나 가지 끝에서 머리모양꽃이 1개씩 달려 위를 향해 핀다. 혀모양꽃은 끝이 3개로 갈라지며 노란색이고 아랫부분은 짙은 붉은색이며 8개가 1줄로 늘어선다. 대롱꽃은 자갈색 또는 흑갈색이다.
- **열매** 여윈열매로 줄모양이고 안으로 굽으며 날개가 없다. 밑부분에 돌기가 있고 갓털이 없다.
- **식별 포인트** 꽃잎 안쪽에 적자색 무늬가 있다.

가시상추 | 국화과
Lactuca scariola

- 꽃 피는 때 6~9월
- **생육 특성** 유럽 원산 귀화식물로 전국에 자생하는 한 두해살이풀이다. 울릉도 사동, 남양, 태하 등에서 흔하게 보인다. 높이 30~120cm이다.
- 잎 어긋난다. 긴둥근꼴이다. 잎자루가 없고 버들잎모양이며 깃꼴로 갈라지기도 한다. 잎바닥은 귀모양으로 줄기를 감싸며 가장자리와 아랫면 맥 위에 작은 가시가 줄지어 늘어선다.
- 줄기 곧게 서고 위쪽에서 가지가 많이 갈라진다.
- 꽃 줄기와 가지 끝 고깔꽃차례에 연한 노란색 머리모양꽃이 모여 핀다. 머리모양꽃은 지름 1.2cm이고, 혀모양꽃 6~12개로만 이루어진다. 큰꽃싸개는 원기둥 모양이며 높이 0.6~0.9cm이고 큰꽃싸개조각은 3줄로 늘어선다. 겉꽃싸개조각은 속꽃싸개조각의 1/3 크기다.
- **열매** 거꿀달걀모양 여윈열매이고 돌기가 있으며 흰색 갓털이 달린다.
- **식별 포인트** 잎 아랫면 주맥에 가시가 늘어선다.

상추 | 국화과
Lactuca sativa

- 꽃 피는 때 6~8월
- **생육 특성** 유럽 원산 재배식물로 전국에 심는 한두해
  살이풀이다. 울릉도에서는 남양, 태하 등 밭에 심어
  기른다. 높이 100cm 안팎이다.
- **잎** 뿌리잎은 긴둥근꼴로 크지만, 줄기잎은 위로 올라
  갈수록 작아지며 잎바닥이 화살처럼 원줄기를 감싼
  다. 양면에 주름이 많으며 가장자리에 불규칙한 톱니
  가 있다.
- **줄기** 곧게 서고 가지를 많이 치며 털은 없다. 줄기나
  잎을 자르면 흰색 즙이 나온다.
- **꽃** 노란색 머리모양꽃이 송이꽃차례로 달린다.
- **열매** 여윈열매 끝에 긴 부리가 있고 능선이 있으며 끝
  에 흰색 갓털이 낙하산처럼 펼쳐져 있다.
- **식별 포인트** 잎가장자리와 아랫면 맥 위에 가시가 없
  어서 가시상추와 구별된다.

우엉

국화과
Arctium lappa

- 꽃 피는 때 6~8월
- 생육 특성 유럽 원산 재배식물이지만 재배지에서 벗어나 저절로 자라기도 한다. 여러해살이풀이다. 울릉도 사동, 태하 등 묵은 밭 주변에서 흔히 보인다. 높이 60~200cm이다.
- 잎 뿌리잎은 모여나고 넓은 달걀모양이며 잎자루가 길다. 길이 30~60cm, 너비 30~40cm이다. 윗면은 짙은 녹색이고 아랫면은 흰색 털이 빽빽해 흰빛이 돌고 가장자리에 이빨모양 톱니가 있다. 줄기잎은 어긋나며 뿌리잎보다 작다.

- 줄기 곧게 서고 가지가 갈라지며 거미줄 같은 털로 덮인다.
- 꽃 줄기와 가지 끝에 고른꽃차례로 달린다. 큰꽃싸개는 공모양이며 큰꽃싸개조각은 침모양이고 끝이 갈고리 모양이다. 갓모양꽃이며 꽃부리는 5개로 갈라진다.
- 열매 여윈열매이고 갈색 갓털이 있다.
- 식별 포인트 어린잎은 식용, 열매는 약용한다. 큰꽃싸개가 공모양이고 갈고리 같은 가시가 있다.

서양톱풀 | 국화과
Achillea millefolium

- 꽃 피는 때 6~9월
- 생육 특성 유럽 원산 귀화식물로 전국에 심거나 저절로 자라는 여러해살이풀이다. 울릉도 사동 등 도로가에 보인다. 높이 30~100cm이다.
- 잎 어긋난다. 2~3회 깃꼴로 깊게 갈라지며, 갈래조각은 줄모양이다. 양면에 털이 조금 있고 가장자리에 잔톱니가 있으며, 잎바닥은 줄기를 감싼다.
- 줄기 곧게 서고 연한 털이 있다.
- 꽃 흰색 또는 연붉은색이며 머리모양꽃은 모여서 고른꽃차례를 이룬다. 혀모양꽃 5개는 암꽃으로 옆으로 퍼지며 끝이 얕게 3개로 갈라지고, 갓모양꽃은 암수한꽃으로 끝이 5개로 갈라진다. 큰꽃싸개는 원통모양이고 큰꽃싸개조각은 달걀모양이며 3줄로 붙는다.
- 열매 긴둥근꼴 여윈열매다.
- 식별 포인트 톱풀과 달리 잎이 2~3회 깃꼴로 깊게 갈라진다.

코스모스 | 국화과
Cosmos bipinnatus

- 꽃 피는 때 6~10월
- **생육 특성** 멕시코 원산 귀화식물로 전국에 심거나 저절로 자라는 한해살이풀이다. 울릉도에서는 남양, 태하 등 도로가에서 흔히 보인다. 높이 50~200cm이다.
- 잎 마주난다. 2회 깃꼴로 갈라지며, 갈래조각은 줄모양으로 매우 가늘다. 전체에 독특한 향기가 난다.
- **줄기** 털이 없고 가지가 갈라진다.
- 꽃 가지와 원줄기 끝에 1개씩 달리며, 머리모양꽃은 지름 6cm 정도이고 혀모양꽃은 6~8개이며 연붉은색, 흰색, 붉은색이 달린다. 대롱꽃은 노란색이고 열매를 맺는다. 큰꽃싸개조각은 2줄로 늘어서고 겉꽃싸개조각은 밖으로 퍼지며 끝이 뾰족하다.
- **열매** 여윈열매는 털이 없고 끝이 부리처럼 길다.
- **식별 포인트** 꽃이 크고 화려해서 관상용으로 많이 심는다.

접시꽃 | 아욱과
Althaea rosea

- **꽃 피는 때** 6~8월
- **생육 특성** 중국 원산 재배식물로 두해 또는 여러해살이풀이다. 울릉도 도동, 태하 등 마을 인근에 심어 기른다. 높이 100~300cm이다.
- **잎** 어긋난다. 잎자루가 길고 둥근꼴이다. 가장자리가 5~7개로 얕게 갈라지며 톱니가 있다.
- **줄기** 원줄기는 녹색이고 털이 있으며 기둥모양이다.
- **꽃** 잎겨드랑이에서 짧은 꽃줄기가 있는 꽃이 아래쪽에서 피어 위로 올라간다. 녹색 꽃받침은 5개로 갈라지며 꽃잎도 5개다. 꽃잎 아랫부분이 나사모양으로 포개진다. 지름 10~15cm로 크다. 흰색, 붉은색, 분홍색 등으로 핀다.
- **열매** 접시모양 캡슐열매다.
- **식별 포인트** 지름 10~15cm로 꽃이 크고 흰색에서부터 붉은색까지 다양하다.

개여뀌 | 마디풀과
Persicaria longiseta

- 꽃 피는 때 6~10월
- **생육 특성** 전국 길가나 빈터에 자생하는 한해살이풀이다. 울릉도 저동, 태하 등 길가에서 흔히 보인다. 높이 10~40cm이다.
- **잎** 어긋난다. 버들잎모양이며 양 끝이 좁고 길이 4~8cm, 너비 1~2cm이다. 가장자리는 밋밋하고 아랫면 맥 위에 털이 있다. 칼집모양 턱잎은 0.5~1cm이고 이와 거의 같은 길이인 털이 가장자리에 있다.
- **줄기** 털이 없고 비스듬히 자라면서 땅에 닿으면 뿌리가 내린다. 가지가 뻗어 곧게 자라므로 때로는 뭉쳐나

는 것처럼 보이고 적자색이 돈다.
- 꽃 길이 0.3cm 정도로 적자색 또는 흰색이고 가지 끝 길이 1~5cm 이삭꽃차례에 달린다. 꽃받침은 5개로 갈라지며 붉은색이나 흰색인 것도 있다. 쪽잎은 거꿀 달걀모양이고 꽃잎은 없다. 수술이 8개이며, 암술대는 3개로 갈라진다.
- **열매** 여윈열매이며 흑갈색이다.
- **식별 포인트** 장대여뀌와 달리 줄기가 붉은색을 띠며 꽃이 빽빽하게 달린다.

장대여뀌 | 마디풀과
Persicaria posumbu var. *laxiflora*

- 꽃 피는 때 6~9월
- **생육 특성** 전국 산지 숲 가장자리에 자생하는 한해살이풀이다. 울릉도에서는 남양, 태하 등 산지 주변에서 가끔씩 보인다. 높이 20~60cm이다.
- 잎 어긋난다. 버들잎모양이다. 양 끝이 길게 좁아지고 길이 3~7cm, 너비 1~3cm이며 양면에 털이 조금 있다. 턱잎은 칼집모양이고 길이 0.3~0.8cm이며 이와 비슷한 길이인 털이 있다.
- 줄기 비스듬히 서고 아래쪽에서 가지가 많이 갈라진다.
- 꽃 줄기와 가지 끝 이삭꽃차례에 연분홍색 꽃이 드문드문 달리면서 꽃대가 길어진다. 꽃덮이는 5개로 깊게 갈라지며 수술은 8개이고 암술대는 3개로 갈라진다.
- 열매 세모꼴 여윈열매다.
- **식별 포인트** 개여뀌에 비해 꽃이 드문드문 달리며 꽃대가 길어진다.

닭의덩굴 | 마디풀과
Fallopia dumetorum

- 꽃 피는 때 6~9월
- **생육 특성** 유럽 원산 귀화식물로 전국 산과 들에 자생하는 한해살이풀이다. 울릉도 저동, 도동, 태하 등에서 볼 수 있다. 길이 200cm 정도다.
- **잎** 어긋난다. 화살모양으로 끝이 뾰족하다. 길이 5~7cm, 너비 1.5~3cm이다. 가장자리에 미세한 돌기가 있다. 잎자루는 길다.
- **줄기** 덩굴져 자라며 가지가 많이 갈라지고 세로줄과 미세한 돌기가 있다.
- **꽃** 잎겨드랑이 송이꽃차례에 백록색 꽃이 핀다. 꽃덮이조각은 3개이고 등 쪽에 날개가 발달하며 열매를 맺을 때까지 남는다.
- **열매** 달걀모양이며 여윈열매이고 능선이 3개 있다.
- **식별 포인트** 닭의덩굴은 열매에 날개가 있는 데 반해 나도닭의덩굴은 열매에 날개가 없다.

메밀 │ 마디풀과
Fagopyrum esculentum

- 꽃 피는 때 6~10월
- 생육 특성 중앙아시아 원산 귀화식물로 재배하거나 길가에 자라는 한해살이풀이다. 울릉도에도 저지대 풀밭에 자란다. 높이 50~90cm이다.
- 잎 어긋난다. 잎자루가 길며 세모꼴이다. 끝이 무디거나 약간 뾰족하며 가장자리는 밋밋하다. 양쪽 기부 잎 끝도 뾰족하며 길이 3~10cm이다.
- 줄기 곧게 서고 가지가 갈라지며 속이 비었고 연약하다.

- 꽃 잎겨드랑이와 가지 끝 송이꽃차례에 흰색 꽃이 수북이 핀다. 꽃덮이는 5개로 갈라지며 열매가 익을 때까지 떨어지지 않는다. 수술은 8개, 암술대는 3개다.
- 열매 세모꼴 여윈열매이고 검은색으로 익으며 광택이 있다.
- 식별 포인트 전분을 얻고 재배하던 것이 벗어나 자란다.

패랭이꽃

석죽과
Dianthus chinensis

- 꽃 피는 때 6~8월
- **생육 특성** 중국, 러시아, 한국 등에 분포하며 전국에 자생하는 여러해살이풀이다. 울릉도 저동, 도동, 학포 등 도로가에서 가끔씩 보인다. 높이 20~30cm이다.
- **잎** 마주난다. 줄모양이며 끝이 뾰족하고 가장자리에 자잘한 가시털이 있다.
- **줄기** 곧게 서고 가지가 갈라지며 분백색이 돈다.
- **꽃** 위쪽 가지마다 1개씩 꽃이 핀다. 꽃받침은 원기둥모양이고 끝이 5개로 갈라진다. 꽃잎은 5개이고 끝이 자잘한 톱니처럼 얕게 갈라진다. 안쪽에 흑갈색 점무늬가 있다. 수술은 10개이고 암술대는 2개다.
- **열매** 원기둥모양 캡슐열매이고 익으면 끝이 4개로 갈라진다.
- **식별 포인트** 술패랭이꽃과 달리 꽃이 얕게 갈라지고, 갯패랭이꽃과 달리 잎이 줄모양이다.

술패랭이꽃 | 석죽과
Dianthus longicalyx

독도 서식

- 꽃 피는 때 6~8월
- 생육 특성 일본, 대만, 중국, 한국에 분포하며 전국 산과 들에 자생하는 여러해살이풀이다. 울릉도 추산, 천부, 관음도 등 바닷가 절벽에서 흔히 보인다. 높이 40~80cm이다.
- 잎 마주나며 줄모양이다. 마주난 잎은 잎바닥이 합쳐져 마디를 감싼다.
- 줄기 곧게 서고 가지가 갈라진다.
- 꽃 잎가지와 줄기 끝 작은모임꽃차례에 분홍색 또는 흰색 꽃이 핀다. 꽃싼잎 2~3쌍이 달린다. 꽃받침은 원기둥모양이고 끝이 5개로 갈라지며 3~4cm이다. 꽃잎은 5개이고 가운데까지 가늘고 길게 갈라진다. 안쪽에 갈색 수염이 있다. 수술은 10개이고 암술대는 2개다.
- 열매 기다란 캡슐열매다.
- 식별 포인트 울릉도에 자생하고, 술패랭이꽃에 비해 꽃잎이 덜 갈라지는 것을 섬패랭이꽃이라 하나 구별이 모호하다.

끈끈이대나물 | 석죽과
Silene armeria

- 꽃 피는 때 6~8월
- **생육 특성** 유럽 원산 귀화식물로 전국에 자생하는 한 두해살이풀이다. 울릉도 나리분지, 태하 등에 자란다. 높이 30~50cm이다.
- 잎 마주난다. 넓은 버들잎모양이며, 잎자루는 없다.
- **줄기** 곧게 서고 가지가 갈라지며 줄기 위쪽 마디에서 끈적끈적한 점액이 분비된다. 점액은 처음에 녹색이었다가 갈색으로 변한다.

- 꽃 가지 끝에 달리는 진분홍색 꽃이 작은모임꽃차례를 이루며 핀다. 지름 1cm 정도다. 꽃받침은 곤봉모양이고 끝이 5개로 갈라진다. 꽃잎은 5개이고 수평으로 펼쳐지며 끝이 약간 갈라진다. 수술은 10개이고 암술대는 3개다.
- **열매** 캡슐열매이며 긴둥근꼴이다.
- **식별 포인트** 대나물은 흰색 꽃이 피고 줄기에 끈끈이가 없다.

까마중 | 가지과
Solanum nigrum

- **꽃 피는 때** 6~10월
- **생육 특성** 일본, 중국, 한국 등에 분포하며 전국에 자생하는 한해살이풀이다. 울릉도 사동, 태하 풀밭에서 볼 수 있다. 높이 50~90cm이다.
- **잎** 어긋난다. 달걀모양이다. 잎가장자리에 톱니가 없거나 물결모양 톱니가 약간 있다.
- **줄기** 곧게 서고 가지를 치며 간혹 짧은 털이 있기도 하다.
- **꽃** 마디와 마디 사이에서 나온 꽃줄기 끝에 흰색 꽃

3~10개가 송이꽃차례로 핀다. 지름은 0.6~0.7cm이다. 꽃받침은 5개로 갈라지고 꽃잎보다 짧다. 꽃잎은 5개로 갈라지고 암술대와 수술대에 털이 있다.
- **열매** 공모양 물열매이고 검은색으로 익는다.
- **식별 포인트** 미국까마중은 흰색 또는 연보라색 꽃이 2~4개 피며, 까마중은 흰색 또는 연보라색 꽃이 3~10개로 조금 많이 핀다.

배풍등 | 가지과
Solanum lyratum

- 꽃 피는 때 6~8월
- **생육 특성** 일본, 인도, 한국 등에 분포하며 전국 산과 들에 자생하는 여러해살이풀이다. 울릉도에서는 태하, 나리분지 등에서 보인다. 높이 80~300cm이다.
- 잎 어긋난다. 달걀모양이다. 끝이 뾰족하고 잎바닥은 심장모양이다. 길이 3~8cm, 너비 2~4cm로 아랫부분에서 1~2쌍이 쪽잎으로 갈라진다.
- **줄기** 덩굴처럼 다른 물체를 타 오르고, 샘털 같은 긴 털이 있어 끈적거린다. 줄기 아래쪽은 목질이다.

- 꽃 잎과 마주나는 꽃대에 흰색 꽃이 모여 핀다. 꽃받침은 무딘 톱니처럼 갈라진다. 꽃부리는 5개로 갈라지고 뒤로 젖혀져 셔틀콕 모양이다. 안쪽에 초록색 무늬가 있다. 꽃밥은 노란색으로 수술대보다 길다. 암술대는 1개이고 수술보다 길게 나온다.
- **열매** 공모양이고 붉은색으로 익는다.
- **식별 포인트** 배풍등은 까마중과 달리 꽃잎이 뒤로 젖혀지고 암술대가 길어서 밖으로 튀어 나온다.

감자 | 가지과
Solanum tuberosum

- 꽃 **피는 때** 6~7월
- **생육 특성** 전국에서 기르는 여러해살이풀이다. 울릉도에서는 남양, 태하, 나리분지 등에서 흔히 재배한다. 높이 40~80cm이다.
- **잎** 어긋난다. 잎자루가 길다. 깃꼴겹잎이고 작은잎은 5~9개이며, 달걀모양이다. 가장자리가 밋밋하며 작은잎 사이에 작은 잎몸이 있다. 잎은 줄기 각 마디에서 나온다.
- **줄기** 땅 위 줄기 단면은 둥글게 모가 져 있다. 땅속에

만들어진 덩이줄기가 먹는 감자다.
- **꽃** 잎겨드랑이에서 긴 꽃대가 나와 작은모임꽃차례를 이루고 5개로 얕게 갈라진 엷은 자주색 또는 흰색 꽃이 핀다. 꽃받침은 5개로 갈라진다. 수술은 5개, 암술은 1개이고 꽃밥은 노란색으로 암술대를 둘러싼다.
- **열매** 물열매로 지름 1~2cm이고 둥근꼴이다. 짙은 녹색에서 황록색으로 익는다.
- **식별 포인트** 덩이줄기를 먹는다.

토마토 | 가지과
Solanum lycopericum

- 꽃 피는 때 6~8월
- 생육 특성 전국 따뜻하고 양지바른 곳에서 기르는 한 해살이풀이다. 높이 100~200cm이다.
- 잎 어긋난다. 깃꼴겹잎이며 길이 15~45cm이다. 작은 잎은 9~19장이고 달걀모양이며 끝이 뾰족하고 큰 톱니가 있다.
- 줄기 가지가 많이 갈라지고 땅에 닿으면 어디에서나 뿌리가 내리며 부드러운 흰 털이 빽빽하다.

- 꽃 마디 사이에서 꽃자루가 나와 노란색 꽃이 달린다. 꽃받침은 여러 개로 갈라지며 꽃부리는 얕은 접시모양이다. 지름 2cm 정도이고 여러 개로 갈라지며 끝이 뾰족한 쪽잎은 젖혀진다.
- 열매 물열매이고 지름 5~10cm이며 붉은색으로 익는다.
- 식별 포인트 식용으로 재배한다.

갯메꽃 | 메꽃과
Calystegia soldanella

- 꽃 피는 때 6~8월
- **생육 특성** 아시아, 유럽 온대에서 열대에 이르는 태평양 연안과 모든 섬에 분포한다. 바닷가 모래땅, 벽면 등에 자라는 여러해살이풀이다. 독도, 울릉도 바닷가에 자생한다. 길이 30~150cm로 땅을 기거나 다른 물체에 붙어 자란다.
- **잎** 어긋난다. 콩팥모양이며 끝이 오목하거나 둥글다. 길이 2~3cm, 폭 3~5cm이다. 잎바닥은 깊게 파였고 가장자리에 물결모양 요철이 있는 것도 있다. 잎자루는 길이 2~5cm로 잎보다 길다.
- **줄기** 뿌리줄기에서 줄기가 갈라져 지상으로 뻗거나 다른 물체에 기어오른다.
- **꽃** 연붉은색에 흰색 선 5개가 뚜렷하다. 지름 4~5cm인 깔때기모양이며 잎겨드랑이 꽃자루에서 1개씩 위를 향해 달린다. 꽃턱잎은 2개이고 길이 1~1.3cm로 넓은 세모꼴이며 보통 꽃받침보다 짧고 큰꽃싸개처럼 꽃받침을 둘러싼다. 수술 5개, 암술 1개다.
- **열매** 둥근 캡슐열매로 지름 1.5cm 정도이며 꽃턱잎과 꽃받침에 싸여 있고, 속에 검고 단단한 씨앗이 있다.
- **식별 포인트** 분홍색 꽃에 흰색 줄무늬가 5개 있고, 잎이 콩팥모양이어서 다른 메꽃 종류와 구별된다.

메꽃 | 메꽃과
Calystegia sepium var. *japonicum*

- 꽃 피는 때 6~8월
- 생육 특성 일본, 중국, 한국에 분포한다. 전국 들이나 풀밭에 자생하는 여러해살이풀이다. 울릉도 안평전, 태하 등에 자란다. 높이 30~120cm이다.
- 잎 어긋난다. 잎자루가 길며 잎바닥이 귓불처럼 튀어 나왔다. 가장자리는 밋밋하다. 길이 5~10cm이고, 너비 2~7cm이다.
- 줄기 땅속줄기 군데군데 덩굴줄기가 나와 다른 물체를 왼쪽으로 감아 올라간다.
- 꽃 잎자루에 1개씩 달리며 꽃자루가 길고 그 끝에 나팔 모양 홍자색 꽃이 핀다. 꽃받침 밑에 있는 꽃턱잎 2개는 녹색이고 달걀모양이며 길이 2~2.5cm로 밑부분이 약간 심장모양으로 되고 꽃받침은 5개로 갈라진다. 지름 약 5cm이고 꽃부리는 둥그스름한 5각형이다. 수술은 5개이며, 암술머리는 2개로 갈라진다.
- 열매 둥근 캡슐열매다.
- 식별 포인트 잎 아래쪽 부분이 갯메꽃과 확연히 다르다.

둥근잎나팔꽃 | 메꽃과
Ipomoea purpurea

- 꽃 피는 때 6~8월
- 생육 특성 열대 아메리카 원산으로 한국 중남부지방에 많이 자라는 한해살이풀이다. 울릉도 학포리, 태하, 추산 등에 자란다. 높이 120~300cm이다.
- 잎 어긋난다. 잎자루는 가늘고 길이 8~12cm이다. 넓은 달걀모양이고 길이 7~8cm, 너비 6~7cm이다. 잎바닥은 깊은 심장모양이고 끝이 뾰족하며 가장자리에 톱니가 없다.
- 줄기 덩굴성이며 아래로 향하는 털이 있다.
- 꽃 꽃자루는 길이 10~13cm로 길며 꽃이 1~5개 달린다. 작은 꽃자루는 길이 2~3cm이며 밑부분에 꽃싼잎이 2개 있다. 꽃받침은 긴둥근꼴이며 길이 1~1.2cm이고, 끝이 뾰족하며, 기부 근처에 거친 털이 난다. 꽃잎은 깔때기모양이며, 파란색, 자주색, 담홍색이고, 지름 5~8cm이다. 암술머리는 3개이고 공모양이다.
- 열매 일그러진 공모양이다.
- 식별 포인트 미국나팔꽃에 비해 잎이 둥글다.

서양메꽃 | 메꽃과
Convolvulus arvensis

- 꽃 피는 때 6~8월
- 생육 특성 유럽 원산이며 군산, 인천, 난지도와 울릉도 등에 자생하는 여러해살이풀이다. 울릉도 도동, 저동, 천부 등에서 보인다. 길이 100~200cm이다.
- 잎 어긋난다. 잎자루는 가늘고 잎보다 짧다. 달걀모양이고 길이 2~7cm, 너비 1~5cm이며, 가장자리에 톱니는 없다.
- 줄기 덩굴성으로 바닥을 기면서 뻗는다.
- 꽃 꽃자루는 잎겨드랑이에서 생기며 길이 4~9cm이

다. 꽃이 1~4개 달리며 꽃자루 중간에 꽃싼잎이 2개 있다. 꽃받침은 5개로 긴둥근꼴이며 끝이 무디다. 꽃잎은 흰색이 주를 이루고 간혹 담홍색도 보이며 지름 3cm이다. 수술은 5개이고, 암술머리는 1개이며 끝부분이 2개로 깊게 갈라진다.

- 열매 캡슐열매다.
- 식별 포인트 메꽃과 달리 잎이 달걀모양이고, 꽃이 작으며 꽃자루 중간에 꽃싼잎이 2개 있다.

달맞이꽃 | 바늘꽃과
Oenothera biennis

- 꽃 **피는 때** 6~8월
- **생육 특성** 북아메리카 원산이며 개항 이전에 들여온 귀화식물이다. 전국에서 흔히 볼 수 있는 두해살이풀이다. 울릉도에도 들판 전역에서 보이며 높이 30~120cm이다.
- **잎** 뿌리잎은 방석 같이 사방으로 퍼진다. 줄기잎은 어긋나며 가느다란 버들잎모양으로 끝부분이 뾰족하다. 밑부분은 직접 원줄기에 달리며 가장자리에 얕은 톱니가 있다.
- **줄기** 긴 털이 성기게 달린다.
- **꽃** 3~5cm인 노란색 꽃이 저녁에 피었다가 빛이 강한 오전에 꽃잎을 오므린다. 꽃싼잎 잎겨드랑이에서 꽃대가 나오고 송이꽃차례를 이룬다. 꽃대롱은 가늘고 쪽잎은 줄모양이며 꽃이 필 때 뒤집힌다. 꽃잎은 4개이고 거꿀달걀모양이며 끝부분이 오목하다. 수술은 8개, 암술은 1개이며 암술머리는 4개로 갈라진다. 암술과 수술 길이가 비슷하다.
- **열매** 긴둥근꼴로 끝이 좁아지고 털이 있다. 길이 2~3cm이다.
- **식별 포인트** 큰달맞이꽃과 달리 암술과 수술 길이가 비슷하며 꽃받침이 붉지 않다.

덩굴곽향 | 꿀풀과
Teucrium viscidum var. miquelianum

- 꽃 피는 때 6~9월
- 생육 특성 중부이남과 울릉도에 자생하는 여러해살이풀이다. 울릉도 나리분지, 태하 등에 자란다. 높이 20~50cm이다.
- 잎 마주나며 달걀모양이다. 길이 4~10cm, 너비 2~4cm이고 끝이 뾰족하며 가장자리에 불규칙한 톱니가 있다. 잎자루는 길이 1~3cm이다. 잎자루 및 잎 아랫면에 밑으로 굽은 잔털이 있다.
- 줄기 곧게 서고 네모나며 전체에 털이 있다.
- 꽃 줄기 위쪽 잎겨드랑이와 가지 끝 송이꽃차례에 연한 홍자색 꽃이 핀다. 꽃싼잎은 넓은 달걀모양으로 가장자리에 샘털이 있다. 통모양 꽃받침은 끝이 5개로 갈라지고 샘털이 있다. 꽃부리는 입술모양이고 안쪽에 털이 있다. 윗입술은 깊게 2개로 갈라지고 아래 입술은 3개로 갈라진다. 수술은 2개, 암술은 1개이고 암술머리가 2개로 갈라진다.
- 열매 거꿀달걀모양이며 굳은껍질열매다.
- 식별 포인트 개곽향과 달리 통모양 꽃받침에 샘털이 있고, 꽃싼잎이 넓은 달걀모양이다.

석잠풀 | 꿀풀과
Stachys japonica

- **꽃 피는 때** 6~8월
- **생육 특성** 중국, 러시아, 한국 등에 분포하며 한국 전역에 자생하는 여러해살이풀이다. 울릉도 중산간 지대와 저지대에서 드물게 보인다. 높이 30~80cm이다.
- **잎** 마주난다. 버들잎모양으로 끝이 뾰족하고 가장자리에 톱니가 있다. 길이 4~8cm, 너비 1~2.5cm이지만 점차 작아지고 잎자루는 길이 0.5~1.5cm이다.
- **줄기** 마디 부분에 흰색 털이 있고, 무디게 네모나다.
- **꽃** 길이 1.2~1.5cm로 연붉은색이고 마디에서 돌려난

다. 꽃받침은 종모양이고 길이 0.6~0.8cm이며 밑부분에 털이 약간 있다. 쪽잎은 가시처럼 뾰족하며 꽃대롱보다 짧다. 꽃부리는 통모양이고 끝부분은 입술모양이다. 윗입술은 둥근꼴이며, 아랫입술은 3개로 갈라지고 엷은 붉은색이다. 수술은 4개이며 그중 2개는 길다.
- **열매** 여윈열매다.
- **식별 포인트** 꽃이 마디 부분에서 돌려난다.

마 | 마과
Dioscorea batatas

- **꽃 피는 때** 6~8월
- **생육 특성** 전국에 자생하는 덩굴성 여러해살이풀이다. 울릉도 숲 속 저지대, 중산간 지대에서 다른 물체를 감고 올라가며, 길이 2~3m이다.
- **잎** 마주난다. 달걀모양으로 끝이 뾰족하고 잎바닥은 귓불처럼 된다. 길이 5~9cm, 너비 2~4cm이며, 잎자루는 4~5cm로 잎겨드랑이에 살눈이 달린다.
- **줄기** 덩굴성이고 다른 물체를 감아 오른다.
- **꽃** 잎겨드랑이에 달리는 이삭꽃차례에 흰색 꽃이 암수딴포기로 핀다. 수꽃차례는 곧게 서고 꽃자루가 없으며 수술이 6개 있다. 암꽃차례는 아래로 처지고 암꽃 몇 개가 씨방과 함께 달리며 꽃덮이는 6개다. 완전히 피어도 꽃덮이는 아주 조금 열린다.
- **열매** 거꿀달걀모양 캡슐열매이고 날개가 3개 있다.
- **식별 포인트** 잎겨드랑이에 살눈이 붙고 잎이 세모꼴이며 잎바닥이 귓불모양이면 마이고, 역시 살눈이 있으나 잎바닥이 귓불모양이 아니면 참마. 살눈이 없고 잎이 어긋나면 각시마. 잎이 단풍잎처럼 갈라지고 노란색 꽃이 암수딴포기로 피면 단풍마다.

애기땅빈대 | 대극과
Euphorbia supina

- **꽃 피는 때** 6~8월
- **생육 특성** 북미 원산 귀화식물로 밭이나 길가에 자라는 한해살이풀이다. 울릉도 현포항 부근에 자생한다. 길이 5~30cm이다.
- **잎** 마주난다. 길이 0.5~1.2cm, 너비 0.2~0.6cm로 긴 둥근꼴이며 가장자리에 얕은 톱니가 있고, 좌우 비대칭이다. 가운데 자주색 얼룩이 있으나 가끔 자주색 얼룩이 없는 개체도 보인다.
- **줄기** 밑에서부터 갈라져 땅 위로 퍼져 자라며 부드러운 털이 빽빽하다.
- **꽃** 가지 끝과 잎겨드랑이에 달리는 잔모양꽃차례에 붉은색이 도는 녹색 꽃이 핀다. 꿀샘덩이는 4개다. 암술대는 3개이며 각각 2개로 갈라진다.
- **열매** 달걀모양 캡슐열매다. 능선이 3개 있고 부드러운 털이 빽빽하다.
- **식별 포인트** 땅빈대와 달리 열매에 부드러운 털이 있고 잎에 적갈색 무늬가 있다.

땅빈대 | 대극과
Euphorbia humifusa

- 꽃 피는 때 6~9월
- **생육 특성** 중국, 일본, 러시아, 한국 등에 분포하며 전라도를 제외한 전국 들이나 풀밭에 자생하는 여러해살이풀이다. 울릉도에서는 현포항에서 보인다. 길이 15~40cm이다.
- **잎** 마주난다. 긴둥근꼴이며 좌우 비대칭이고 가장자리에 잔톱니가 있다. 길이 0.7~1.5cm, 너비 0.3~0.7cm이며, 아랫면은 회백색이 돌고 잎자루는 짧다. 턱잎은 줄모양이고 8개로 갈라지며 줄기나 잎을 자르면 하얀 즙이 나온다.
- 줄기 밑에서부터 갈라져 땅 위로 퍼져 자라며 긴 털이 있다.
- 꽃 가지 끝과 잎겨드랑이 잔모양꽃차례에 연붉은색이 도는 녹색 꽃이 핀다. 암꽃 1개와 수꽃 몇 개가 핀다.
- **열매** 달걀모양 캡슐열매이고 능선이 3개 있으며 털이 없다.
- **식별 포인트** 애기땅빈대와 달리 잎 가운데에 무늬가 없으나, 아래 사진의 개체는 잎 가운데 무늬가 있다. 열매에 털이 없다.

애기땅빈대(왼쪽)와 땅빈대(오른쪽)

큰땅빈대

여우주머니

대극과
Phyllanthus ussuriensis

- 꽃 피는 때 6~7월
- 생육 특성 전국에 자생하는 한해살이풀이다. 울릉도 나리분지, 안평전 등지 양지바른 곳에 자란다. 높이 15~30cm이다.
- 잎 줄기와 가지에서 어긋나고 잎줄기가 거의 없으며 넓은 버들잎모양 또는 긴둥근꼴이다. 끝이 뾰족하고 가장자리는 밋밋하다. 길이 1~2cm, 너비 0.3~0.7cm 이며, 아랫면은 분백색을 띤다.
- 줄기 약간 비스듬히 서고 가지가 갈라진다.

- 꽃 잎겨드랑이에서 노란 빛이 도는 녹색으로 암꽃과 수꽃이 같이 핀다. 수꽃은 꽃받침이 4~6개이고 수술이 2~3개이며, 암꽃은 꽃받침이 6개이고 암술대가 3개이며 각각 2개로 갈라진다.
- 열매 납작한 공모양 캡슐열매이고 표면은 밋밋한 편이며 열매자루가 있다. 익으면 3개로 갈라진다.
- 식별 포인트 여우구슬과 달리 열매가 매끈하고 꽃과 열매가 줄기와 가지에 달리며 잎 끝이 뾰족하다.

털부처꽃 | 부처꽃과
Lythrum salicaria

- 꽃 피는 때 6~9월
- **생육 특성** 중국, 한국 등 아시아와 유럽 등에 분포하며 습지와 냇가 근처에 자생하는 여러해살이풀이다. 전국에 자생하며, 울릉도 현포, 천부 등 바닷가에 많이 자란다. 높이 50~180cm이다.
- **잎** 마주나거나 3개씩 돌려나기도 하며 어긋나기도 한다. 버들잎모양으로 끝부분이 뾰족하며 잎바닥이 줄기를 반쯤 감싼다. 가장자리는 밋밋하다. 잎자루는 거의 없다.
- **줄기** 네모나고 가지가 갈라지며 털이 많다.
- **꽃** 줄기나 가지 끝 잎겨드랑이에서 홍자색 꽃 1~3개가 작은모임꽃차례를 이루며 핀다. 꽃받침은 통모양이며 능선이 있고 털이 많으며 끝부분이 6개로 얕게 갈라진다. 꽃잎은 6개다. 수술은 12개이며 그중 6개는 길다. 암술은 1개이며 짧은 수술보다 더 짧은 단주화가 있고, 긴 수술보다 더 긴 장주화가 있다.
- **열매** 긴둥근꼴 캡슐열매다.
- **식별 포인트** 부처꽃과 달리 전체에 털이 많으며 잎 배열 방식이 다양하다. 잎이 줄기를 반쯤 감싼다.

부처꽃

파리풀 | 파리풀과
Phryma leptostachya var. *asiatica*

- 꽃 **피는 때** 6~8월
- **생육 특성** 일본, 중국, 한국 등에 분포하며 전국 숲 속 그늘진 곳에 자생하는 여러해살이풀이다. 울릉도 숲 속 중산간 지대에 무리 지어 자란다. 높이 30~70cm이다.
- **잎** 아래쪽에 모여 마주난다. 세모꼴이며 끝이 뾰족하고 가장자리에 톱니가 있다. 길이 6~9cm, 너비 3~6cm이고 잎자루가 길다. 잎 양면, 특히 맥 위에 털이 많다.
- **줄기** 곧게 서고 가지가 갈라지며 무디게 네모나고 잔털이 있다.

- **꽃** 줄기 끝 이삭꽃차례에 옅은 홍자색이 도는 흰색 꽃이 모여 핀다. 꽃받침은 통모양이고 능선이 있으며 끝이 5개로 갈라지며, 다른 물체에 잘 붙는다. 꽃부리는 입술모양이고 윗입술은 2개, 아랫입술은 3개로 갈라진다. 수술은 4개이고 그중 2개는 길며, 암술은 1개다.
- **열매** 긴둥근꼴 캡슐열매다.
- **식별 포인트** 입술모양꽃이 아주 작게 달린다. 뿌리 즙을 밥에 뿌려 파리를 잡았기 때문에 붙여진 이름이다.

좀꿩의다리 | 미나리아재비과
Thalictrum kemense var. *hypoleucum*

- **꽃 피는 때** 6~8월
- **생육 특성** 일본, 중국, 몽골, 한국 등에 분포하며 전국에 자생하는 여러해살이풀이다. 울릉도 바닷가 절벽 바위틈에 자란다. 높이 50~150cm이다.
- **잎** 어긋난다. 3회 3출엽 또는 깃꼴겹잎이다. 작은잎은 긴둥근꼴이고 끝이 2~3개로 갈라지며 아랫면은 흰빛이 돈다. 길이 2~5cm, 너비 1.5~5cm이다.
- **줄기** 곧게 서고 가지가 갈라지며 털이 없다.
- **꽃** 줄기나 가지 끝부분에 자잘한 노란색 꽃이 모여 고깔꽃차례로 핀다. 꽃받침은 3~4개이며 일찍 떨어진다. 꽃잎은 없다. 수술은 많고 암술은 3~5개이며 암술머리에 세모꼴 날개가 있다.
- **열매** 긴둥근꼴 여윈열매이고 열매자루가 없다.
- **식별 포인트** 꿩의다리에 비해 작고 꽃이 노란색으로 핀다.

자리공 | 자리공과
Phytolacca esculenta

- **꽃 피는 때** 5~6월
- **생육 특성** 울릉도 바다 인접한 중산간 지대에 자생하는 여러해살이풀로 높이 1.5m 정도까지 자란다.
- **잎** 어긋난다. 달걀모양이고 큰 것은 길이 30cm, 폭 13.5cm이다. 전체에 털이 없으며 가장자리가 밋밋하고, 잎자루는 길이 0.5~2cm이다.
- **줄기** 가지를 치며 털이 없다.
- **꽃** 윗부분에서 작은 잎과 마주나며 흰색 송이꽃차례로 달린다. 꽃차례에 돌기가 있다. 꽃받침 쪽잎은 4개이며 달걀모양이다. 수술은 8개로 엷은 붉은색 꽃밥이 달린다. 씨방은 8개가 돌려나고 각각 암술대 1개가 밖으로 젖혀진다.
- **열매** 물열매로 열매 2개가 붙어 있고, 8월에 붉게 익는다.
- **식별 포인트** Nakai는 울릉도에서 자라는 자리공은 육지 개체와 달리 꽃밥이 흰색이고 식물체가 조금 크다는 이유로 '섬자리공'이라고 분리했다. 그러나 꽃밥이 흰색인 개체는 없는 것으로 확인했다.

미국자리공 | 자리공과
Phytolacca americana

- **꽃 피는 때** 6~9월
- **생육 특성** 미국 원산 귀화식물로 길가나 빈터에 자생하는 여러해살이풀이다. 울릉도 학포 도로가에서 확인했으며, 높이 100~300cm이다.
- **잎** 어긋난다. 털이 없고 주맥이 뚜렷하다. 긴둥근꼴 또는 달걀모양이며 양 끝이 좁고 길이 10~39cm, 너비 5~16cm이다. 가장자리는 밋밋하고 잎자루는 1~4cm이다.
- **줄기** 곧게 서고 가지가 많이 갈라진다. 흔히 자줏빛이 돈다.

- **꽃** 잎겨드랑이에서 나온 긴 송이꽃차례에 연분홍색 또는 흰색 꽃이 핀다. 꽃차례 길이 10~40cm이고 처음에는 서다가 점점 아래로 처진다. 꽃받침은 5개이고 꽃잎은 퇴화해 없다. 수술은 10개이며 꽃밥은 흰색이고, 암술도 10개이며 붙어 있다.
- **열매** 검은색 물열매가 아래로 늘어져 달린다.
- **식별 포인트** 자리공과 달리 열매가 아래쪽으로 처지며 열매조각이 10개이고 서로 붙어 있다.

365

질경이 | 질경이과
Plantago asiatica

- **꽃 피는 때** 6~8월
- **생육 특성** 일본, 중국, 한국 등에 분포하며 전국에 자생하는 여러해살이풀이다. 울릉도 저지대부터 800m 정도 고지대까지 분포한다. 높이 10~50cm이다.
- **잎** 뿌리에서 모여나고 넓은 달걀모양으로 끝이 뭉툭하며, 가장자리에 물결모양 톱니가 있다. 길이 5~20cm, 너비 2~8cm이다.
- **줄기** 원줄기는 없고 많은 잎이 뿌리에서 바로 나와 비스듬히 퍼진다.
- **꽃** 잎 사이에서 나온 꽃줄기 끝에 노란빛이 도는 흰색 꽃이 자잘하게 모여 핀다. 꽃차례는 길이 4~20cm이고 꽃부리는 깔때기모양이며 끝이 4개로 갈라진다. 수술이 길게 밖으로 나오며 암술은 씨방 위에 1개 있다.
- **열매** 달걀모양 캡슐열매이고 씨앗이 6~8개 들어 있다.
- **식별 포인트** 개질경이에 비해 털이 거의 없어 매끈하고 씨앗이 6~8개로 많다.

왕질경이 | 질경이과
Plantago major var. *japonica*

- **꽃 피는 때** 6~8월
- **생육 특성** 일본, 중국, 한국 등에 분포하며 전국에 자생하는 여러해살이풀이다. 울릉도 바닷가 도로를 따라 자란다. 높이 30~60cm이다.
- **잎** 잎자루가 긴 잎이 뿌리에서 나와 비스듬히 자란다. 잎은 달걀모양이며 나란히맥이 있고, 양 끝이 좁으며 길이 10~30cm, 너비 5~10cm이다. 가장자리가 밋밋하거나 밑부분에 얕은 톱니가 있다.
- **줄기** 원줄기는 없고 많은 잎이 뿌리에서 바로 나와 비스듬히 퍼진다.
- **꽃** 꽃줄기는 50cm 정도이며 윗부분에 흰색 꽃이 많이 달린다. 꽃이삭은 꽃줄기 1/3~1/2 길이고 털이 거의 없다. 꽃받침과 꽃잎은 각각 4개로 갈라지고 수술도 4개다.
- **열매** 긴둥근꼴 캡슐열매다. 흑갈색 씨앗이 10개 정도 들어 있다.
- **식별 포인트** 질경이에 비해 전체가 크며 씨앗이 10개로 더 많다.

실유카 | 용설란과
Yucca filamentosa

- **꽃 피는 때** 6~8월
- **생육 특성** 미국 원산 늘푸른여러해살이풀이다. 중부 이남에 심어 기른다. 울릉도 남양, 학포 등에 심었다. 높이 100~200cm이다.
- **잎** 버들잎모양이고 뿌리줄기에서 40~60개가 모여 달린다. 가죽질이고 가장자리가 실처럼 떨어져 나온다. 길이 30~100cm, 너비 2~3cm이다.
- **줄기** 뿌리줄기에서 잎과 꽃대가 바로 올라오니 원줄기는 없다.
- **꽃** 고깔꽃차례에 흰색 꽃 200개 정도가 아래를 향해 반 정도 벌어져 핀다. 길이가 3.5~5cm, 너비 1~2cm이다. 꽃덮이와 수술은 각각 6개이고 암술은 1개다.
- **열매** 길이 4~6cm이고 긴둥근꼴이며, 검은색 씨앗이 많이 들어 있다.
- **식별 포인트** 잎가장자리가 실처럼 가늘게 갈라진다.

쌍떡잎식물

풀

7월

도둑놈의갈고리 | 콩과
Desmodium podocarpum var. oxyphyllum

- **꽃 피는 때** 7~8월
- **생육 특성** 전국 낮은 산에 자생하는 여러해살이풀이다. 울릉도 나리분지, 태하, 남양 등 중산간 지대에 자란다. 높이 50~120cm이다.
- **잎** 어긋난다. 잎자루가 길다. 3출 겹잎이고 작은잎은 네모꼴이며 끝이 뾰족하고 길이 4~8cm, 너비 2~4cm이며 잎바닥은 둥글다.
- **줄기** 곧게 서고 능선이 있으며 위쪽에서 가지를 치고 털이 있다.

- **꽃** 줄기나 가지 끝 송이꽃차례에 나비모양 연한 홍자색 꽃이 길이 0.3~0.4cm로 핀다. 송이꽃차례는 길이 30cm 정도이고 밑부분에서 가지가 갈라지는 경우도 있다.
- **열매** 반달모양 2개로 된 꼬투리열매이고 끝에 갈고리가 있어 다른 물체에 잘 붙는다.
- **식별 포인트** 큰도둑놈의갈고리와 달리 잎이 3개이고, 개도둑놈의갈고리와 달리 작은잎이 네모꼴이다.

큰도둑놈의갈고리 | 콩과
Desmodium oldhami

- 꽃 피는 때 7~8월
- **생육 특성** 전국 낮은 산에 자생하는 여러해살이풀이다. 울릉도 나리분지, 남양 등 중산간 지대에 자란다. 높이 100~150cm이다.
- **잎** 어긋난다. 잎자루가 길다. 작은잎은 5~7개이고 달걀모양이며 끝이 뾰족하다. 길이 8~16cm, 너비 3~6cm이고 잎바닥은 둥글다.
- **줄기** 굵은 털과 잔털이 있으며 대개 여러 대가 나와서 포기를 이룬다.
- **꽃** 원줄기 끝에 송이꽃차례가 1~5개 달리며 연붉은색 또는 흰색 꽃이 2개씩 달린다. 꽃줄기에 털이 있다.
- **열매** 반달모양 1~2개로 된 꼬투리열매이고 표면에 갈고리 같은 잔털이 있다. 열매 끝에 갈고리가 달려 있다.
- **식별 포인트** 작은잎이 5~7개다.

개도둑놈의갈고리

붉은강낭콩 | 콩과
Phaseolus multiflorus

- 꽃 피는 때 7~8월
- 생육 특성 남미에서 식용으로 들여온 한해살이풀이다. 전국에서 기르며 울릉도 저동과 사동에 심는다. 길이 200~500cm이다.
- 잎 어긋난다. 잎자루는 길며 3출엽이다. 작은잎은 네모꼴이다.
- 줄기 덩굴져 자라고 다른 물체를 감고 오르며 잔털이 있다.

- 꽃 송이꽃차례 윗부분에 꽃이 많이 달리며, 나비모양이고 붉은색이다. 꽃받침이 위아래로 깊게 갈라진다.
- 열매 꼬투리열매로 줄모양이고 짧은 털이 있거나 없으며, 씨앗에 무늬가 있다.
- 식별 포인트 흰 꽃이 피는 것을 '덩굴강낭콩'이라고 한다.

미나리 | 산형과
Oenanthe javanica

- **꽃 피는 때** 7~9월
- **생육 특성** 전국 도랑이나 습지 주변에 자라는 여러해 살이풀이다. 울릉도 태하, 추산 습지에 자란다. 높이 20~80cm이다.
- **잎** 어긋난다. 1~2회 깃꼴겹잎이다. 작은잎은 달걀모 양이고 가장자리에 톱니가 있다. 뿌리잎 잎자루는 길 고 줄기잎 잎자루는 짧다.
- **줄기** 옆으로 자라다가 곧게 서고 가지가 갈라진다. 속 이 비었으며 털이 없다.

- **꽃** 줄기 끝이나 잎과 마주나는 꽃대에 흰색 꽃이 모 여 겹우산모양꽃차례를 이룬다. 우산살모양 꽃가지는 5~15개이고 각각 흰색 꽃이 10~25개 달린다. 꽃잎은 5개이고 안쪽으로 말린다. 수술도 5개이며 꽃잎보다 길다.
- **열매** 긴둥근꼴 분리열매이고 능선이 있다.
- **식별 포인트** 연한 줄기와 잎에서 독특한 향기가 나서 나물로 먹는다. 독미나리에 비해 키가 작고 줄기 아래 쪽이 옆으로 누워 자란다.

참반디 | 산형과
Sanicula chinensis

- **꽃 피는 때** 7~8월
- **생육 특성** 전국 산지 숲 속에 자생하는 여러해살이풀이다. 울릉도 성인봉 중산간 지대, 나리분지, 태하 등에 자란다. 높이 30~80cm이다.
- **잎** 어긋난다. 아래쪽 잎자루는 길지만 위쪽으로 갈수록 짧아지며 아래쪽으로 갈수록 넓어져서 줄기를 감싼다. 3개로 깊게 갈라지며 좌우 잎은 또 2개로 깊게 갈라져 손바닥처럼 보인다. 가장자리에 겹톱니가 있다.
- **줄기** 곧게 서고 무딘 능선이 있으며 위쪽에서 가지를 치고 털이 거의 없다.

- 꽃 가지 끝에 달리는 꽃대에 녹색이 도는 흰색 꽃이 우산모양꽃차례를 이루어 핀다. 꽃차례 중간에는 암수한꽃이 달리고 가장자리에는 수꽃이 달린다. 큰꽃싸개는 3개로 깊게 갈라지며 작은꽃싸개는 8~10개로 줄모양이다. 꽃잎은 5개이며 끝이 안쪽으로 말린다.
- **열매** 공모양 분리열매로 표면에 갈고리 같은 가시가 있어 다른 물체에 잘 붙는다.
- **식별 포인트** 애기참반디는 열매 가시가 굽지 않는다. 붉은참반디는 꽃이 붉은색이다.

회향 | 산형과
Foeniculum vulgare

- 꽃 피는 때 7~9월
- **생육 특성** 유럽 원산 귀화식물로 제주도와 울릉도, 서울에 퍼져 있는 두해살이풀이다. 울릉도 사동항 주변과 남양 등에 자란다. 높이 80~200cm이다.
- 잎 어긋난다. 3~4회 깃꼴로 깊게 갈라지며 갈래조각은 줄모양이다. 줄기 아래쪽은 잎자루가 길고 위쪽은 짧아져서 잎집으로 된다.
- **줄기** 곧게 서고 가지가 많이 갈라지며, 청록색을 띠고 전체에 털이 없다.

- 꽃 줄기와 가지 끝 겹우산모양꽃차례에 노란색 꽃이 모여 핀다. 우산살모양 꽃가지는 10~25개이고 큰꽃싸개와 작은꽃싸개는 없다. 꽃잎은 5개이고 달걀모양이며 안쪽으로 말린다. 씨방 아래에 수술이 5개 있다.
- **열매** 굽은 긴둥근꼴이다.
- **식별 포인트** 개회향과 달리 노란색 꽃이 피고 키가 크다.

왕고들빼기 | 국화과
Lactuca indica

- 꽃 피는 때 7~10월
- **생육 특성** 중국, 일본, 러시아, 한국에 분포하며 전국 산과 들에 자생하는 한두해살이풀이다. 울릉도에서는 남양, 태하, 나리분지 등에 자란다. 높이 60~200cm 이다.
- 잎 어긋난다. 줄기 아래쪽 잎은 깊게 갈라져서 王자 모양이다. 위쪽으로 갈수록 갈라짐이 없고 가장자리가 밋밋하다. 뿌리잎은 꽃이 필 때 없어진다. 잎 윗면은 녹색이고 아랫면은 분백색을 띤다.

- 줄기 곧게 서고 윗부분에서 가지가 갈라지며 털이 있거나 없다.
- 꽃 줄기와 가지 끝 고깔꽃차례에 연한 노란색 머리모양꽃이 모여 핀다. 꽃차례 길이는 20~40cm이다. 큰 꽃싸개는 밑부분이 굵다.
- **열매** 여윈열매이고 양면에 1개씩 능선이 있으며, 흰색 갓털이 달린다.
- **식별 포인트** 잎이 가늘고 전혀 갈라지지 않으면 가는잎왕고들빼기다.

가는잎왕고들빼기

두메고들빼기

국화과
Lactuca triangulata

- 꽃 피는 때 7~8월
- **생육 특성** 중국, 일본, 러시아, 한국 등에 분포하고 전국 깊은 산 능선에 자생하는 두해살이풀이다. 울릉도 형제봉 등에 자란다. 높이 60~130cm이다.
- 잎 어긋난다. 세모꼴이며 가장자리가 불규칙하게 갈라진다. 아랫부분 잎은 일찍 쓰러진다. 잎자루에 날개가 있고 잎바닥은 심장모양으로 원줄기를 감싼다. 위로 올라갈수록 잎이 작아지고 원줄기를 감싸지 않는다. 길이 10~13cm, 너비 6~10cm이다.
- 줄기 곧게 서고 가지가 갈라지며 털이 거의 없다.

- 꽃 줄기나 가지 끝에 노란색 머리모양꽃이 고깔꽃차례를 이룬다. 머리모양꽃 지름은 1~2cm로 혀모양꽃이 10~15개다. 큰꽃싸개는 종모양이며 큰꽃싸개조각은 2~3줄로 붙고 바깥쪽 조각이 더 작다. 아랫면에 짧은 털이 약간 있으며 끝이 뾰족하다.
- 열매 여윈열매로 납작하고 능선이 1개 있으며, 흰색 갓털이 달린다.
- **식별 포인트** 산씀바귀와 달리 혀모양꽃이 10개 이상으로 많고, 잎자루 아랫부분이 줄기를 감싼다.

금불초 | 국화과
Inula britannica var. *japonica*

- **꽃 피는 때** 7~9월
- **생육 특성** 중국, 일본, 러시아, 한국 등에 분포하며 전국 산과 들에 자생하는 여러해살이풀이다. 울릉도에서는 추산, 천부, 나리분지 등에 자란다. 높이 30~100cm이다.
- **잎** 어긋난다. 넓은 버들잎모양이고, 잎자루는 거의 없다. 길이 5~10cm, 너비 1~3cm이고, 가장자리는 밋밋하고 양면에 털이 있다.
- **줄기** 곧게 서고 가지를 치며 뿌리 쪽 잎은 꽃이 필 무렵 없어진다.
- **꽃** 줄기나 가지 끝에 노란색 머리모양꽃이 1개씩 달린다. 머리모양꽃 지름은 2~4cm이고 가장자리에는 혀모양꽃이 달리며 가운데는 갓모양꽃이 달린다. 큰꽃싸개는 반달모양이고 5줄이다.
- **열매** 여윈열매이고 짧은 갓털이 달린다.
- **식별 포인트** 버들금불초와 달리 잎 아랫면 맥이 튀어나오지 않고, 가장자리가 밋밋하며 잎이 성기게 달린다.

단풍취

국화과
Ainsliaea acerifolia

- 꽃 피는 때 7~9월
- **생육 특성** 전국 산지에 자생하는 여러해살이풀이다. 울릉도 성인봉 중산간 지대에 자란다. 높이 20~70cm이다.
- 잎 원줄기 중간에 잎 4~7개가 돌려난 것처럼 보이지만 어긋나며, 둥근꼴이고 가장자리가 7~11개로 얕게 갈라진 다음 다시 3개로 갈라지기도 한다. 길이 6~13cm, 너비 7~19cm로 양면과 잎자루에 털이 약간 있으며 길이 5~13cm이다.
- 줄기 곧게 서고 가지가 갈라지지 않으며 전체에 연한 갈색 털이 있다.
- 꽃 줄기 끝에 지름 1~1.5cm 흰색 머리모양꽃이 달린다. 큰꽃싸개는 통모양이고 붉은빛을 띤다. 머리모양꽃은 갓모양꽃 3개로 이루어지며, 꽃부리는 다시 5개로 깊게 갈라지고 끝이 한쪽으로 휘어 바람개비처럼 보인다.
- **열매** 여윈열매이고 갈색 갓털이 달린다.
- **식별 포인트** 잎이 단풍잎처럼 생긴 취나물 종류이며 꽃은 좀딱취처럼 생겼으나 잎이 전혀 다르다.

등골나물 | 국화과
Eupatorium japonicum

- 꽃 피는 때 7~9월
- **생육 특성** 중국, 일본, 한국 등에 분포하며 전국 산과 들에 자생하는 여러해살이풀이다. 울릉도에서는 태하, 나리분지 등에 자란다. 높이 100~200cm이다.
- **잎** 마주난다. 중간 부분 잎은 긴둥근꼴 또는 달걀모양이며 끝이 뾰족하고 가장자리에 규칙적이며 뾰족한 톱니가 있다. 잎자루가 있고, 잎이 갈라지지 않는다. 길이 10~18cm, 너비 3~6cm이고, 양면에 털이 있으며 아랫면에 샘점이 있다. 잎자루는 1~2cm이다.
- **줄기** 곧게 서고 짧은 털이 빽빽하며 흔히 자줏빛 점이 있다.
- 꽃 줄기 끝 고른꽃차례에 흰색 또는 연붉은색 머리모양꽃이 촘촘하게 핀다. 머리모양꽃에는 갓모양꽃이 5개씩 달린다. 큰꽃싸개는 원기둥모양이고 큰꽃싸개조각은 2줄로 달린다.
- **열매** 원기둥모양 여읜열매이고 흰색 갓털이 달린다.
- **식별 포인트** 벌등골나물은 잎이 3개로 갈라지며 잎자루가 있다. 골등골나물은 잎자루가 없고 잎이 때로 3개로 깊게 갈라지며 잎맥이 3개다.

서덜취

국화과
Saussurea grandifolia

- **꽃 피는 때** 7~9월
- **생육 특성** 전국 깊은 산에 자생하는 여러해살이풀이다. 울릉도 형제봉 가는 능선에 군락으로 자란다. 높이 30~60cm이다.
- **잎** 뿌리잎은 꽃이 필 무렵 시든다. 어긋나고 넓은 달걀모양 또는 세모꼴이다. 잎바닥은 심장모양이고 끝부분은 뾰족하며 가장자리에 톱니가 있다. 길이 8~20cm, 너비 4~13cm이고, 잎자루는 4~10cm이다. 윗면은 녹색이고 아랫면은 흰빛이 돈다.
- **줄기** 곧게 서고 가지가 갈라지지 않는다.
- **꽃** 줄기 끝에 연한 홍자색 머리모양꽃이 여러 개 모여 송이꽃차례 비슷하게 달린다. 머리모양꽃은 지름 1~2cm이고 모두 갓모양꽃으로 이루어진다. 꽃부리는 5개로 갈라진다. 암술머리는 2개로 갈라져 양쪽으로 꼬부라지고 수술은 갈라지지 않는다. 큰꽃싸개는 종모양이고 큰꽃싸개조각은 달걀모양으로 9~10줄로 붙으며 끝부분이 밖으로 휜다.
- **열매** 여윈열매이고 털이 없으며 갈색 갓털이 2줄로 달린다.
- **식별 포인트** 각시서덜취와 달리 큰꽃싸개조각이 달걀모양이고 7~10줄로 붙는다.

해바라기 | 국화과
Helianthus annuus

- **꽃 피는 때** 7~9월
- **생육 특성** 미국 원산 한해살이풀로 전국에서 재배하며 울릉도 도동, 나리분지 등에서도 재배한다. 높이 200cm 안팎이다.
- **잎** 어긋난다. 넓은 달걀모양이며 길이 10~30cm이고 가장자리에 큰 톱니가 있다.
- **줄기** 곧게 서고 가지를 치지 않으며 전체에 굽은 털이 있다.

- **꽃** 줄기에 노란색 머리모양꽃이 옆을 향해 1개씩 달린다. 지름 8~60cm이고 가장자리에 혀모양꽃이 달리며 안쪽에는 갓모양꽃이 달린다. 암수한꽃이다.
- **열매** 여윈열매로 거꿀달걀모양이고 흰색 또는 회색이며 검은색 줄이 있다.
- **식별 포인트** 혀모양꽃만 겹겹이 달리면 '겹해바라기'라고 한다.

원추천인국 | 국화과
Rudbeckia bicolor

- 꽃 피는 때 7~9월
- 생육 특성 남미 원산 귀화식물로 한해살이풀이다. 전국 양지바른 곳에 자라며, 울릉도 사동, 나리분지에 많다. 높이 30~90cm이다.
- 잎 어긋난다. 긴둥근꼴로 주걱모양이다. 가장자리는 밋밋하고 잎자루는 없다. 길이 3~8cm이다.
- 줄기 곧게 서고 가지가 갈라지지 않는다.
- 꽃 줄기 끝에 노란색 머리모양꽃이 1개씩 달린다. 머리모양꽃 가장자리는 혀모양꽃이고 안쪽이 붉게 물든 개체도 있다. 중앙부 갓모양꽃은 검은색이고 원뿔모양이다.
- 열매 여윈열매다.
- 식별 포인트 갓모양꽃이 원뿔모양이다.

쇠서나물 | 국화과
Picris hieracioides var. *koreana*

- 꽃 피는 때 7~9월
- 생육 특성 중국, 일본, 러시아, 한국 등에 분포하며 전국 낮은 산에 자생하는 두해살이풀이다. 울릉도에서는 남양, 태하 등에 자란다. 높이 60~100cm이다.
- 잎 어긋난다. 거꿀버들잎모양이며, 잎자루는 거의 없다. 가장자리에 낮은 톱니가 있거나 없다. 길이 8~20cm, 너비 1~4cm이고 양면에 거친 털이 있다.
- 줄기 곧게 서고 가지를 친다. 세로줄이 있고 끝이 2개로 갈라진 털이 많다.

- 꽃 줄기나 가지 끝에 노란색 머리모양꽃이 여러 개 달린다. 머리모양꽃 지름은 1.5~3cm이고 혀모양꽃으로만 이루어졌다. 큰꽃싸개는 종모양이고 두 줄로 붙는다.
- 열매 물열매다.
- 식별 포인트 조밥나물과 달리 큰꽃싸개조각이 2줄이고 잎에 거친 털이 있다. 조밥나물은 큰꽃싸개조각이 3~4줄이다.

도깨비바늘 국화과
Bidens bipinnata

- 꽃 피는 때 7~9월
- 생육 특성 중국, 일본, 한국 등에 분포하며 전국 산과 들에 자생하는 한해살이풀이다. 울릉도 저지대에 자란다. 높이 30~100cm이다.
- 잎 마주나며 깃꼴겹잎이다. 작은잎은 긴둥근꼴로 끝이 뾰족하며 가장자리에 톱니가 있고 깊게 갈라지기도 한다.
- 줄기 곧게 서고 가지를 친다. 네모나고 털이 약간 있다.
- 꽃 줄기나 가지 끝에 노란색 머리모양꽃이 1개씩 달린다. 머리모양꽃 지름은 0.6~1cm이고 가장자리에 혀모양꽃이 1~5개가 달리며 가운데에는 갓모양꽃이 있다. 큰꽃싸개조각은 줄모양이고 털이 있으며, 꽃자루는 2~8.5cm이다.
- 열매 줄모양 여윈열매이고 능선이 3~4개 있다. 아래를 향한 가시털이 있고, 끝부분에 가시가 3~4개 있어서 다른 물체에 잘 달라붙는다.
- 식별 포인트 울산도깨비바늘과 달리 혀모양꽃이 1~5개 있고, 큰꽃싸개조각이 줄모양이다.

울산도깨비바늘 | 국화과
Bidens pilosa

- 꽃 피는 때 7~9월
- 생육 특성 울산에서 처음 발견되어 붙여진 이름으로 거의 전국에 자생하는 한해살이풀이다. 울릉도에서는 태하, 천부 등에 자란다. 높이 50~100cm이다.
- 잎 아래쪽은 마주나며 위쪽은 어긋나고, 작은잎은 3~5개이며 깃꼴겹잎이다. 작은잎은 달걀모양이고 끝이 뾰족하며 가장자리에 톱니가 있다.
- 줄기 곧게 서고 가지를 친다. 네모나고 털이 약간 있다.
- 꽃 줄기나 가지 끝에 노란색 머리모양꽃이 1개씩 달린다. 머리모양꽃 지름은 1cm이고 혀모양꽃은 없으며 갓모양꽃만 달린다. 큰꽃싸개조각은 주걱모양이고 털이 있다.
- 열매 줄모양 여윈열매이고 능선이 3~4개 있으며, 아래를 향한 가시털이 있다. 끝부분에 가시가 3~4개 있어서 다른 물체에 잘 달라붙는다.
- 식별 포인트 도깨비바늘과 달리 혀모양꽃이 없고, 큰꽃싸개조각이 주걱모양이다.

털도깨비바늘 | 국화과
Bidens biternata

- 꽃 피는 때 7~9월
- 생육 특성 전국 산과 들에 자생하는 한해살이풀이다. 울릉도에서는 태하, 천부 등에 자란다. 높이 30~150cm이다.
- 잎 마주난다. 중간 부분 잎은 길이 9~15cm로 양면에 털이 많다. 작은잎이 3~5개로 1~2회 깃꼴로 깊게 갈라지고 가장자리에 톱니가 있다.
- **줄기** 원줄기는 조금 네모나고 굽은 잔털이 있다.

- 꽃 줄기나 가지 끝에 노란색 머리모양꽃이 1개씩 달린다. 혀모양꽃은 0~5개이고 가운데는 갓모양꽃이 달린다. 큰꽃싸개조각은 8~10개이며 줄모양이다.
- **열매** 여윈열매이고 길이 1~1.9cm로 납작한 줄모양이며 가시 같은 털이 조금 있다. 끝부분에 가시가 3~4개 있어서 다른 물체에 잘 달라붙는다.
- **식별 포인트** 전체에 털이 많고 혀모양꽃이 0~5개다.

고마리 | 마디풀과
Persicaria thunbergii

- 꽃 피는 때 7~9월
- 생육 특성 중국, 일본, 러시아, 한국 등에 분포하며 전국 강가에 무리 지어 자라는 한해살이풀이다. 울릉도에서는 남양, 태하, 추산 등 냇가에 자란다. 높이 40~80cm이다.
- 잎 어긋난다. 화살촉모양이며 잎 가운데에 검은 무늬가 나타나기도 한다. 길이 4~7cm, 너비 3~6cm이고 잎 아랫면 맥 위에 누운 털이 있다. 잎자루에 날개가 있으며 가시 같은 털이 있다. 턱잎은 칼집모양이고 날개가 있으며 톱니가 약하게 있다.

- 줄기 아래쪽이 누워 자라고 마디에서 뿌리가 내린다. 갈고리처럼 생긴 가시가 있어 잘 달라붙는다.
- 꽃 가지 끝에 10~20개씩 뭉쳐서 달리며 꽃줄기에 짧은 털이 있다. 꽃잎은 없고 꽃받침은 5개로 갈라지며, 흰색 바탕에 분홍빛이 도는 것과 흰빛이 도는 것 등이 있다. 수술은 8개로 꽃받침보다 짧고 씨방은 달걀모양이며 암술대는 3개다.
- 열매 세모꼴 여윈열매다.
- 식별 포인트 꽃이 며느리밑씻개와 비슷하지만 줄기에 가시가 없고 잎이 화살촉모양이다.

이삭여뀌 | 마디풀과
Persicaria filiformis

- 꽃 피는 때 7~9월
- 생육 특성 중국, 일본, 한국 등에 분포하며 전국 산지 그늘진 곳에 자생하는 여러해살이풀이다. 울릉도 나리분지, 성인봉 중산간 지대에 군락을 이루어 자란다. 높이 50~80cm이다.
- 잎 어긋난다. 둥근꼴이며 양 끝이 좁다. 윗면에 검은색 얼룩이 나타나기도 한다. 길이 7~15cm, 너비 4~9cm로 끝이 뾰족하다. 밑부분은 좁으며 가장자리가 밋밋하고 양면에 털이 있다. 턱잎은 원기둥모양이며 길이 0.5~1cm로 가장자리에 수염 같은 털이 있다.
- 줄기 마디가 굵으며 전체에 거친 털이 있고 줄기는 곧게 선다.
- 꽃 원줄기 끝과 윗부분에서 길이 20~40cm로 이삭꽃차례가 나오며 붉은색 꽃이 드문드문 달린다. 꽃잎은 없고 꽃받침은 지름 0.2~0.3cm이고 4개로 갈라진다. 수술은 5개이고 씨방은 달걀모양이다.
- 열매 여윈열매로 양 끝이 좁다.
- 식별 포인트 잎에 검은 얼룩이 뚜렷하며 꽃이 이삭처럼 휘어 달린다.

명아자여뀌 | 마디풀과
Persicaria nodosa

- **꽃 피는 때** 7~9월
- **생육 특성** 북반구 온대지역, 한국 등에 분포하며 전국 풀밭, 길가 빈터에 무리 지어 자라는 한해살이풀이다. 울릉도에서는 태하, 나리분지 등에 자란다. 높이 60~100cm이다.
- **잎** 어긋난다. 버들잎모양이며 끝이 길게 뾰족하다. 길이 7~20cm, 너비 1.5~5cm로 잎맥과 가장자리에 털이 있으며, 잎 가운데에 검은색 무늬가 있기도 하다. 턱잎은 칼집모양이고 털이 없다.
- **줄기** 곧게 서고 굵으며 아래쪽에서 가지가 갈라지고 털이 없다. 보랏빛 도는 검은색 점이 있다.
- **꽃** 가지 끝 이삭꽃차례에 흰색 또는 연분홍색 꽃이 모여 핀다. 꽃차례 길이 10cm 이하이고 끝이 밑으로 처진다. 꽃덮이는 작고 4개로 깊게 갈라지며 맥이 뚜렷하다. 꽃잎은 없으며 수술은 6개, 암술은 2개이다.
- **열매** 여윈열매로 둥글납작하다.
- **식별 포인트** 큰개여뀌라는 이명도 있다. 흰여뀌에 비해 키가 매우 크고 마디가 굵으며 보랏빛 도는 검은색 점이 있다.

고추나물 | 물레나물과
Hypericum erectum

- 꽃 피는 때 7~9월
- **생육 특성** 일본, 한국 등 온대에서 난대에 걸쳐 분포하며 전국 산과 들에 자생하는 여러해살이풀이다. 울릉도 사동, 태하 등에 자란다. 높이 20~60cm이다.
- **잎** 마주난다. 버들잎모양으로 끝이 둥글거나 약간 뾰족하고 잎바닥이 줄기를 반쯤 감싼다. 길이 2~6cm, 너비 0.7~3cm로 검은색 점이 있으며 가장자리가 밋밋하다.
- **줄기** 곧게 서고 횡단면이 둥글며 전체에 털이 없고 검은 점이 있다.

- **꽃** 줄기와 가지 끝 작은모임꽃차례에 노란색 꽃이 핀다. 지름 1~2cm이다. 꽃받침조각은 5개이고 검은색 점이 있다. 꽃잎 가장자리에 결각이 있는 것도 있다. 수술은 많고 3개씩 뭉쳐나며 암술대는 3개이고 수술, 암술 모두 노란색이다.
- **열매** 달걀모양 캡슐열매다.
- **식별 포인트** 열매가 고추처럼 생겼다. 수술이 3개씩 뭉쳐나며, 술대도 3개다.

독활 | 두릅나무과
Aralia cordata var. *continentalis*

- **꽃 피는 때** 7~9월
- **생육 특성** 중국, 한국 등에 분포하며 전국 산기슭이나 들에 자생하는 여러해살이풀이다. 울릉도 안평전, 태하, 추산 등에 자란다. 높이 90~200cm이다.
- **잎** 어긋난다. 2~3회 홀수깃꼴겹잎이며 길이 50~100cm에 이른다. 작은잎은 3~9개씩 달리며 달걀모양이고, 끝이 뾰족하며, 가장자리에 톱니가 있다. 길이 5~30cm, 너비 3~20cm이다. 턱잎은 가느다란 버들잎모양이다.
- **줄기** 곧게 서고 속이 비었으며 꽃을 제외한 전체에 짧은 털이 드문드문 있고 엉성하게 가지를 친다.
- **꽃** 원줄기 끝 또는 잎겨드랑이에서 전체적으로 큰 고깔꽃차례로 자라며 거기에서 갈라진 가지 끝에 우산모양꽃차례가 달린다. 꽃은 암수딴그루로 핀다. 꽃차례는 길이 60cm 정도, 꽃자루는 0.5~1cm이다. 수꽃은 꽃잎과 수술이 각각 5개이고, 암꽃도 꽃잎과 암술이 각각 5개로 이루어졌다.
- **열매** 작은 공모양 물열매이고 검은색으로 익는다.
- **식별 포인트** 독활은 나무가 아니라 풀이다. 두릅나무는 나무이며 줄기에 침이 있다.

바늘꽃 | 바늘꽃과
Epilobium pyrricholophum

- 꽃 피는 때 7~8월
- 생육 특성 중국, 일본, 한국 등에 분포하며 전국 냇가나 습지 주변에 무리 지어 자라는 여러해살이풀이다. 울릉도 저동, 추산 등에 자란다. 높이 30~90cm이다.
- 잎 마주나거나 어긋나고, 버들잎모양이며 끝이 뾰족하고 가장자리에 불규칙한 톱니가 있다. 가운데 잎은 길이 2~10cm, 너비 0.5~3cm이고, 잎자루는 없고 잎바닥이 줄기를 조금 감싼다.
- 줄기 곧게 서고 가지가 갈라지며 밑부분에 굽은 잔털이 있고 윗부분은 털이 있다.
- 꽃 줄기 위쪽 잎겨드랑이에서 흰색 또는 홍자색 꽃이 1개씩 핀다. 꽃받침조각은 4개이며 꽃잎도 4개로 끝부분에 홈이 살짝 파인다. 수술은 8개이고 암술머리는 곤봉모양이다.
- 열매 기다란 캡슐열매이고 샘털이 있다. 익으면 4개로 갈라지면서 털이 달린 씨앗을 날린다.
- 식별 포인트 돌바늘꽃과 달리 암술머리가 곤봉모양이다.

돌바늘꽃 | 바늘꽃과
Epilobium cephalostigma

- 꽃 피는 때 7~8월
- 생육 특성 전국에 분포하며 냇가나 습지 주변에 자생하는 여러해살이풀이다. 울릉도 저동, 추산, 태하 등에 자란다. 높이 30~90cm이다.
- 잎 마주나거나 어긋나고, 버들잎모양이며 끝이 뾰족하고 가장자리에 불규칙한 톱니가 있다. 가운데 잎은 길이 1.5~9cm, 너비 0.5~3cm이고, 잎자루는 없고 잎바닥이 줄기를 조금 감싼다.
- 줄기 곧게 서고 가지가 갈라지며 털이 있거나 없다.

- 꽃 줄기 위쪽 잎겨드랑이에서 흰색 또는 홍자색 꽃이 1개씩 핀다. 꽃받침조각은 4개이며 꽃잎도 4개로 끝부분에 홈이 살짝 파인다. 수술은 8개이고 암술머리는 큰 공모양이다.
- 열매 기다란 캡슐열매이고 샘털이 있다. 익으면 4개로 갈라지면서 털이 달린 씨앗을 날린다.
- 식별 포인트 바늘꽃에 비해 암술머리가 크고 공모양이다.

큰바늘꽃 | 바늘꽃과
Epilobium hirsutum

- 꽃 피는 때 7~9월
- 생육 특성 유럽, 중국, 일본, 한국 등에 분포하며 강원도와 울릉도에 자생하는 여러해살이풀이다. 울릉도 사동에 자란다. 높이 70~200cm이다.
- 잎 마주나거나 어긋나고, 버들잎모양이며 잎바닥이 줄기를 약간 감싸고 가장자리에 불규칙하게 구부러진 톱니가 있으며 양면에 털이 많다. 길이 3~10cm, 너비 0.5~2cm이다.
- 줄기 곧게 서고 가지가 많이 갈라지며 전체에 털이 많다.

- 꽃 줄기 위쪽 잎겨드랑이에 홍자색 꽃이 1개씩 핀다. 지름은 1.5~2.5cm이다. 꽃받침은 4개로 갈라진다. 꽃잎도 4개이며 거꿀달걀모양이고 끝부분이 오목하다. 수술은 8개이고 그중 4개가 길다. 암술머리는 4개로 갈라져 꽃잎 밖으로 나온다.
- 열매 기다란 캡슐열매로 긴 털과 샘털이 있으며, 익으면 4개로 벌어지면서 털 달린 씨를 날린다.
- 식별 포인트 최근 발견된 울릉바늘꽃과 달리 암술머리가 4개로 뚜렷하게 갈라진다.

쇠털이슬 | 바늘꽃과
Circaea cordata

- **꽃 피는 때** 7~8월
- **생육 특성** 전국 산지 숲 속이나 그늘진 곳에 자생하는 여러해살이풀이다. 울릉도 도동, 나리분지, 태하 등에 자란다. 높이 40~60cm이다.
- **잎** 마주난다. 심장모양 또는 넓은 달걀모양이며 끝이 뾰족하고 가장자리에 얕은 톱니가 있다. 길이 7~12cm, 너비 5~8cm이고 잎바닥은 얕은 심장모양이다. 잎자루는 3cm 안팎이고 잔털이 있다.
- **줄기** 곧게 서고 마디 사이 밑부분이 조금 굵고 전체에 잔털이 있다.

- 꽃 줄기 끝과 잎겨드랑이에 달리는 송이꽃차례에 흰색 꽃이 아래에서부터 위를 향해 피어 올라간다. 꽃차례 길이 7~15cm이다. 꽃받침조각은 2개이고 녹색이다. 꽃잎도 2개이며 흰색이고 끝부분이 2개로 갈라진다. 수술은 2개이며, 암술머리는 2개로 갈라진다.
- **열매** 공모양이며 홈이 파이고 갈고리 같은 털로 덮여 있다. 열매 길이가 0.3cm로 열매자루 길이와 비슷하다.
- **식별 포인트** 털이슬과 달리 잎바닥이 심장모양이다.

물봉선 | 봉선화과
Impatiens textori

- 꽃 피는 때 7~9월
- 생육 특성 중국, 일본, 러시아, 한국 등에 분포하며 전국 강가나 습지에 무리 지어 자라는 한해살이풀이다. 울릉도에서는 태하, 나리분지, 추산 등에 자란다. 높이 40~70cm이다.
- 잎 어긋난다. 넓은 버들잎모양이며 양 끝이 좁고 가장자리에 날카로운 톱니가 있다. 꽃차례 쪽에 달리는 잎은 잎자루가 거의 없다.
- 줄기 곧게 서고 가지가 갈라지며 털이 없다.
- 꽃 가지 끝과 줄기 끝 잎겨드랑이에서 나온 꽃대에 송이꽃차례로 홍자색 꽃이 4~10개 핀다. 흔히 꽃대 아랫부분에 붉은 샘털이 달린다. 통모양 꽃으로 앞부분에 꽃받침잎이 3개 있고 뒷부분은 꿀주머니다. 꿀주머니 끝부분은 1회 이상 안으로 말린다. 수술은 5개이고 꽃밥이 서로 합쳐지며 암술은 1개다.
- 열매 버들잎모양 캡슐열매이고 익으면 껍질이 터지면서 씨앗이 날아간다.
- 식별 포인트 흰색으로 피는 것을 '흰물봉선'이라고 하나 색 변이로 보는 것이 바람직하다.

노랑물봉선 | 봉선화과
Impatiens nolitangere

- 꽃 피는 때 7~9월
- 생육 특성 중국, 일본, 러시아, 한국 등에 분포하며 제주도를 제외한 전국 습한 곳에 무리 지어 자라는 한해살이풀이다. 울릉도 나리분지, 태하, 추산 등에 자란다. 높이 40~80cm이다.
- 잎 어긋난다. 달걀모양으로 가장자리에 잔톱니가 있다. 길이 5~10cm, 너비 2~5cm이고, 잎자루는 2~5cm이다.
- 줄기 곧게 서고 가지가 많이 갈라지며 털이 없다.
- 꽃 잎겨드랑이에 달리는 송이꽃차례에 노란색 꽃이 1~5개 핀다. 길이 3~4cm, 너비 2.5cm이다. 꽃자루는 2~3cm이고 꽃은 잎 아래로 처진다. 꽃잎 안쪽에 갈색 얼룩이 있다. 꿀주머니는 끝이 구부러지나 말리지는 않는다.
- 열매 긴 캡슐열매로 익으면 껍질이 터지면서 씨앗이 튕겨 나간다.
- 식별 포인트 물봉선과 달리 꽃이 노란색이고 꿀주머니가 말리지 않는다. 노랑물봉선 변종인 미색물봉선도 노랑물봉선에 포함시키는 것이 바람직하다.

미색물봉선

봉선화

봉선화과
Impatiens balsamina

- 꽃 피는 때 7~8월
- 생육 특성 동남아시아 원산으로 한해살이풀이다. 울릉도에서는 남양 쪽 일주도로가에 많이 심었다. 높이 40~100cm이다.
- 잎 어긋난다. 버들잎모양이며 가장자리에 날카로운 톱니가 있다. 잎자루는 1~3cm이다.
- 줄기 곧게 서며 아래쪽 마디가 굵어지고 통통한 다육질이다.

- 꽃 잎겨드랑이에 꽃이 1~3개 달린다. 흰색, 분홍색, 붉은색 등 다양하다. 꽃 모양은 좌우 대칭이고 꽃자루는 잎 아래로 처진다. 꽃받침잎은 3장이고 가운데 것은 꽃잎 모양이며 끝부분이 뿔처럼 길게 자란다. 꽃잎은 3장이고 수술은 5개다.
- 열매 달걀모양 캡슐열매이며 흰 털로 덮여 있다. 익으면 껍질이 터져 말리면서 씨앗을 튕겨 낸다.
- 식별 포인트 봉선화과 기본종이다.

쥐손이풀 | 쥐손이풀과
Geranium sibiricum

- 꽃 피는 때 7~9월
- 생육 특성 중국, 일본, 러시아, 유럽, 북미, 한국 등에 분포하며 전국 산기슭이나 길가에 자생하는 여러해살이풀이다. 울릉도 남양, 구암, 태하 등에 자란다. 높이 30~80cm이다.
- 잎 마주난다. 손바닥모양이며 3~5개로 갈라지고 갈래 조각은 다시 갈라지거나 톱니가 있다. 턱잎은 버들잎모양으로 서로 떨어져 있다.
- 줄기 가늘며 눕거나 비스듬히 자라고 잎자루와 더불어 아래를 향한 털이 있다.
- 꽃 잎겨드랑이에서 나온 꽃대에 연분홍색 꽃이 1~2개 달린다. 지름은 1cm이고 꽃대와 꽃자루에 아래를 향한 털이 있다. 꽃받침은 5개로 갈라지고 털이 있다. 꽃잎은 5개이고 홍자색 줄무늬가 있다. 수술은 10개이고 암술대는 5개로 갈라진다.
- 열매 캡슐열매이며 5개로 갈라져서 위로 말리고 각각 1개씩 씨가 달린다.
- 식별 포인트 이질풀에 비해 꽃이 작으며 꽃자루 털이 아래로 향하며, 샘털이 없다.

세잎쥐손이 | 쥐손이풀과
Geranium wilfordii

- 꽃 피는 때 7~9월
- 생육 특성 중국, 일본, 한국 등에 분포하며 산지 숲 가장자리에 자생하는 여러해살이풀이다. 울릉도에서는 남양과 구암의 낮은 산과 길가에 자생한다. 높이 30~80cm이다.
- 잎 마주난다. 손바닥모양이다. 3개로 깊게 갈라지며 가장자리에 불규칙한 톱니가 있고 가운데 잎이 유난히 크다. 윗면과 아랫면 맥 위에 구부러진 털이 있다. 턱잎은 막질이고 서로 떨어져 있다.
- 줄기 아래쪽이 옆으로 눕고 마디가 굵으며 구부러진 털이 많다.
- 꽃 줄기 끝 잎겨드랑이에서 긴 꽃자루가 나와 끝에 1~2송이씩 달리며, 작은 꽃자루는 짧다. 꽃받침에 짧은 털이 있으며 꽃잎은 5개이고 연붉은색이며 더욱 짙은 맥이 있다. 수술은 10개이고, 암술대는 5개로 갈라진다.
- 열매 캡슐열매이고 5개로 갈라져서 위로 말리며 각각 1개씩 씨가 달린다.
- 식별 포인트 쥐손이풀과 달리 잎이 3개로 갈라지고 가운데 잎이 유난히 크다.

개비름 비름과
Amaranthus lividus

- **꽃 피는 때** 7~9월
- **생육 특성** 유럽 원산 귀화식물로 전국 밭이나 길가에 자생하는 한해살이풀이다. 울릉도 나리분지, 태하 등에 자란다. 높이 30~80cm이다.
- **잎** 어긋난다. 마름모꼴이며 끝은 오목하고 가장자리는 밋밋하다. 길이 4~8cm, 너비 2~4cm이고, 잎자루는 3~10cm이다.
- **줄기** 곧게 서고 밑부분에서 가지가 많이 갈라지며 털이 있다.

- **꽃** 줄기 끝과 잎겨드랑이에 달리는 이삭꽃차례에 녹색 꽃이 핀다. 전체는 고깔꽃차례가 된다. 꽃차례 길이는 2~8cm이다. 꽃덮이조각은 3개이고 좁은 버들 잎모양이다. 수술은 3개, 암술은 1개다.
- **열매** 긴둥근꼴 캡슐열매이고 흑갈색 씨가 1개 들어 있다.
- **식별 포인트** 털비름과 달리 캡슐열매가 벌어지지 않는다.

가는털비름 | 비름과
Amaranthus patulus

- 꽃 피는 때 7~8월
- **생육 특성** 남미 원산 귀화식물로 중국, 일본, 한국 등에 분포하며 전국에 자생하는 한해살이풀이다. 울릉도 나리분지, 태하 등에 자란다. 높이 60~200cm이다.
- **잎** 어긋난다. 마름모꼴로 가장자리에 톱니가 없고 주름이 진다. 길이 5~12cm, 너비 3~6cm이고, 잎자루는 3~7cm이다.
- **줄기** 곧게 서고 가지가 많이 갈라지며 털이 없다.
- **꽃** 잎겨드랑이와 줄기 끝에서 고깔꽃차례를 이루며, 줄기 끝 것은 길게 자라며 옆 것은 곧게 또는 비스듬히 짧은 꽃차례를 여러 개 만든다. 암수딴그루다. 꽃덮이조각은 5개로 0.1~0.2cm이고 끝이 뾰족하다.
- **열매** 꽃덮이조각보다 조금 더 긴둥근꼴이고 익으면 가로로 쪼개진다. 씨는 검은색이고 지름 0.1cm이며 광택이 있다.
- **식별 포인트** 털비름에 비해 꽃차례가 가늘고 길다.

거북꼬리 | 쐐기풀과
Boehmeria tricuspis

- 꽃 피는 때 7~9월
- 생육 특성 중부이남 산지에 분포하며 울릉도 산지 계곡 주변에 자생하는 여러해살이풀이다. 높이 50~100cm이다.
- 잎 마주난다. 달걀모양이며 아래쪽 잎은 끝이 3개로 갈라지고 가운데 갈래조각이 거북 꼬리처럼 생겼다. 가장자리에 큰 톱니가 있고, 아랫면 맥 위와 표면에 짧은 털이 있다.
- 줄기 곧게 서고 여러 대가 나오며 네모나고 흔히 붉은 빛이 돈다.
- 꽃 잎겨드랑이에 달리는 이삭꽃차례에 연한 녹색 꽃이 암수한포기로 핀다. 수꽃차례는 아래쪽, 암꽃차례는 위쪽에 달린다. 수꽃 꽃덮이와 수술은 각각 4~5개다. 암꽃은 여러 개가 모여 달리며 통모양 꽃덮이에 싸여 있다.
- 열매 여윈열매다.
- 식별 포인트 잎 끝부분이 3개로 깊게 갈라진다.

모시풀 | 쐐기풀과
Boehmeria nivea

- 꽃 피는 때 7~8월
- 생육 특성 전국 길가나 빈터에 자생하는 여러해살이풀이다. 울릉도 도동과 태하, 현포에 자란다. 높이 100~200cm이다.
- 잎 어긋난다. 달걀모양이며 가장자리에 규칙적인 톱니가 있고, 끝이 꼬리처럼 길다. 아랫면은 솜털이 빽빽하기 때문에 희게 보인다. 길이 10~15cm, 너비 6~12cm이고, 위쪽 잎자루는 잎 길이보다 짧고 아래쪽 잎자루는 잎 길이보다 길다.
- 줄기 곧게 서고 가지가 약간 갈라지기도 하며 잎자루와 더불어 잔털이 많다. 턱잎은 줄모양이다.
- 꽃 잎겨드랑이에 달리는 고깔꽃차례에 녹색 꽃이 암수한포기로 핀다. 줄기 아래쪽에 수꽃차례가, 위쪽에 암꽃차례가 달리며 길이가 5~10cm이다.
- 열매 긴둥근꼴이며 모인열매다.
- 식별 포인트 개모시풀과 달리 잎이 달걀모양이고, 가장자리 톱니가 아주 규칙적이며, 아랫면은 솜털이 빽빽해 희게 보인다.

개모시풀 | 쐐기풀과
Boehmeria platanifolia

- 꽃 피는 때 7~9월
- 생육 특성 중국, 일본, 한국 등에 분포하며 중부이남 산지나 길가에 자생하는 여러해살이풀이다. 울릉도에서는 추산, 선창 등에 자란다. 높이 80~150cm이다.
- 잎 마주난다. 넓은 달걀모양 또는 둥근꼴이다. 가장자리 톱니는 깊이 파이고 잎 끝부분으로 갈수록 깊다. 아래쪽 잎은 3개로 갈라지기도 한다. 위쪽 잎은 잎자루가 짧고 달걀모양으로 끝이 꼬리처럼 뾰족해진다. 양면에 짧고 거친 털이 있으며, 막질이다.
- 줄기 곧게 서고 무딘 능선이 있으며 짧은 털이 빽빽하다.

- 꽃 줄기 끝부분과 잎겨드랑이 이삭꽃차례에 암수한그루로 핀다. 아래쪽은 수꽃차례, 위쪽은 암꽃차례가 달린다. 수꽃은 여러 개가 모여 달리고 꽃덮이와 수술이 각각 4개다. 암꽃은 꽃덮이통에 싸여 있다.
- 열매 거꿀달걀모양이고 여윈열매다. 가장자리에 날개가 있으며 전체에 털이 있다.
- 식별 포인트 다른 모시풀속 종과 달리 잎이 넓은 달걀모양 또는 둥근꼴이다.

애기쐐기풀 | 쐐기풀과
Urtica laetevirens

- 꽃 피는 때 7~9월
- 생육 특성 중국, 일본, 러시아, 한국 등에 분포하며 전국 산지에 자생하는 여러해살이풀이다. 울릉도 나리분지, 태하, 내수전 등에 자란다. 높이 40~100cm 이다.
- 잎 마주난다. 달걀모양으로 끝이 뾰족하고 가장자리에 톱니가 있다. 길이 5~10cm, 너비 2~5cm이고 양면에 털과 샘점이 있다. 잎자루는 길다. 잎 아랫면 맥 위에 가시털이 있다.
- 줄기 곧게 서고 여러 대가 모여난다. 네모나고 잔털과 날카로운 가시털이 있다.
- 꽃 잎겨드랑이에 달리는 이삭꽃차례에 녹색 꽃이 암수한그루로 핀다. 수꽃차례는 위쪽, 암꽃차례는 아래쪽에 달린다. 꽃덮이는 4개다. 암꽃 꽃덮이 2개는 꽃이 핀 다음 커져서 열매를 둘러싼다.
- 열매 달걀모양 여윈열매다.
- 식별 포인트 줄기와 잎에 가시털이 있어 찔리면 아프다.

명아주 | 명아주과
Chenopodium album var. *centrorubrum*

- 꽃 **피는 때** 7~9월
- **생육 특성** 중국, 일본, 한국 등에 분포하며 전국 들이나 길가에 자생하는 한해살이풀이다. 울릉도 나리분지, 태하 등에 자란다. 높이 40~150cm이다.
- **잎** 어긋난다. 마름모꼴 또는 세모꼴이며 물결모양 불규칙한 톱니가 있고, 잎자루는 길다. 어린잎 잎바닥에 붉은빛 가루 있다.
- **줄기** 곧게 서고 가지가 많이 갈라지며 녹색 줄이 있고 털은 없다.

- 꽃 암수한꽃이다. 가지 끝과 잎겨드랑이에 달리는 이삭꽃차례에 황록색 꽃이 모여 피고, 전체는 고깔꽃차례를 이룬다. 꽃덮이는 5개로 갈라지고 수술은 5개이며 암술대는 2개다.
- **열매** 캡슐열매로 납작한 둥근꼴이다.
- **식별 포인트** 어린잎이 흰 가루로 덮여 있으면 흰명아주이다.

흰명아주

흰명아주

가는명아주 | 명아주과
Chenopodium album var. *stenophyllum*

- 꽃 피는 때 7~8월
- **생육 특성** 일본, 러시아, 한국 등에 분포하며 전국 바닷가에 자생하는 한해살이풀이다. 울릉도 바닷가에 자란다. 높이 20~60cm이다.
- **잎** 어긋난다. 버들잎모양으로 끝이 둔하거나 뾰족하고 두꺼운 편이다. 가장자리는 밋밋하거나 톱니가 약간 있다. 길이 1~4cm, 너비 0.5~2cm이고, 잎자루는 0.5~2.5cm이다. 어린잎은 양면에 분백색 가루로 덮인다.
- **줄기** 곧게 서며, 처음에는 윗부분과 꽃차례에 홍갈색

잔돌기가 빽빽하고 가지가 많이 갈라져서 비스듬히 퍼진다.
- **꽃** 암수한꽃으로 줄기 끝이나 잎겨드랑이 꽃차례는 원뿔모양이며 가지에 이삭모양으로 꽃이 총총히 달린다. 꽃받침잎은 5개이고 황록색이며 꽃잎은 없다. 수술 5개, 암술 2개다.
- **열매** 캡슐열매이고 검은색 씨앗이 1개 들어 있다.
- **식별 포인트** 명아주에 비해 잎이 두껍고 가장자리가 밋밋하다.

가는갯는쟁이

익모초 | 꿀풀과
Leonurus japonicus

- **꽃 피는 때** 7~9월
- **생육 특성** 중국, 일본, 한국 등에 분포하며 전국 들이나 길가에 자생하는 두해살이풀이다. 울릉도 나리분지, 태하, 관음도 등에 자란다. 높이 30~150cm이다.
- **잎** 줄기잎은 마주나고 깃꼴로 갈라지며 갈래조각은 줄모양이다. 가장자리에 톱니가 약간 있다. 뿌리잎은 넓은 달걀모양이고 5~7개로 갈라지며, 갈래조각은 다시 갈라진다. 잎자루가 길고 꽃이 필 무렵 말라 없어진다.
- **줄기** 곧게 서고 가지가 많이 갈라지며 전체에 흰 털이 있다.

- **꽃** 줄기 위쪽 잎겨드랑이에서 연한 홍자색 꽃이 몇 개 모여 피어 층을 이룬다. 꽃싼잎은 가시모양이고 짧은 털이 있다. 꽃받침은 종모양이고 5개로 갈라지며 끝이 바늘처럼 뾰족하다. 꽃부리는 아래위 2개로 갈라지며, 아래 것은 다시 3개로 갈라지고, 중앙부 것이 가장 크며 붉은색 줄이 있다. 수술은 4개로 그중 2개가 길다.
- **열매** 작은 굳은껍질열매로 넓은 달걀모양이다.
- **식별 포인트** 송장풀과 달리 잎이 깃꼴로 갈라진다.

배초향 | 꿀풀과
Agastache rugosa

- 꽃 피는 때 7~9월
- **생육 특성** 중국, 일본, 한국 등에 분포하며 전국 양지 바른 곳에 자라는 여러해살이풀이다. 울릉도 저동, 사동, 태하 등에 자란다. 높이 40~100cm이다.
- 잎 마주난다. 세모꼴이며 가장자리에 무딘 톱니가 있다. 길이 5~10cm, 너비 3~7cm로 끝이 뾰족하다. 윗면에는 털이 없고 아랫면에는 털이 조금 있으며 흰빛이 도는 것도 있다. 가장자리에 무딘 톱니가 있다. 잎자루는 길이 1~4cm이다.

- 줄기 곧게 서고 위쪽에서 가지가 많이 갈라지며 네모나고 짧은 털이 있다.
- 꽃 줄기와 가지 끝에 달리는 원기둥모양 이삭꽃차례에 보라색 꽃이 사방으로 촘촘히 모여 핀다. 꽃차례 길이 5~15cm이다. 꽃받침은 통모양이고, 꽃부리는 입술모양이며, 수술은 4개이고 그중 2개는 길어 꽃부리 밖으로 튀어나온다.
- **열매** 분리열매로 긴 거꿀달걀모양이다.
- **식별 포인트** 향유, 꽃향유와 달리 꽃이 사방으로 핀다.

향유 | 꿀풀과
Elsholtzia ciliata

- 꽃 피는 때 7~9월
- 생육 특성 중국, 일본, 유럽, 한국 등에 분포하며 전국 산이나 풀밭에 자생하는 한해살이풀이다. 울릉도 안평전, 태하 등에 자란다. 높이 30~60cm이다.
- 잎 마주난다. 긴 달걀모양이며 끝이 뾰족하다. 길이 3~10cm, 너비 1~5cm이고 양면에 털이 있으며 가장자리에 톱니가 있다. 잎자루는 0.5~2cm이다.
- 줄기 곧게 서고 가지가 갈라지며, 네모나고 전체에 부드러운 털이 있다.
- 꽃 줄기와 가지 끝에 달리는 이삭꽃차례에 연한 홍자색 꽃이 한쪽 방향을 향해 핀다. 꽃차례 길이 5~10cm이며 꽃받침은 5개로 갈라진다. 수술은 4개이고 밖으로 돌출되며, 암술대는 2개다.
- 열매 분리열매로 좁은 거꿀달걀모양이다.
- 식별 포인트 꽃향유에 비해 꽃이 작고 색이 연하다.

박주가리 | 박주가리과
Metaplexis japonica

독도 서식

- 꽃 피는 때 7~8월
- 생육 특성 중국, 일본, 한국 등에 분포하며 전국 들이나 길가에 자생하는 덩굴성 여러해살이풀이다. 울릉도 안평전, 나리분지, 태하 등에 자생한다. 길이 100~350cm이다.
- 잎 마주난다. 심장모양이며 끝이 뾰족하다. 털이 없으며 약간 두껍고 가장자리에 톱니가 없다. 맥이 분명하고 아랫면이 희다. 길이 5~10cm, 너비 3~6cm이다. 자르면 하얀 즙이 나온다.
- 줄기 덩굴져 자라고 가늘다.
- 꽃 잎겨드랑이에서 나온 5cm 정도 꽃대에 흰색 또는 연한 보라색 꽃이 송이꽃차례를 이루어 핀다. 꽃받침은 5개로 깊게 갈라진다. 꽃부리는 넓은 종모양이고 역시 5개로 깊게 갈라지며 갈래조각은 끝이 뒤로 살짝 말린다. 꽃부리 가운데에 흰색 긴 털이 많다. 수술은 5개, 암술대는 1개이며 밖으로 길게 나온다.
- 열매 분열열매로 길이가 10cm 정도다. 씨앗에 흰색 명주실 같은 것이 달려 있어 바람에 잘 날린다.
- 식별 포인트 우산모양꽃차례인 큰조롱과 달리 박주가리는 연한 보라색 송이꽃차례를 이룬다.

갈퀴꼭두서니 | 꼭두서니과
Rubia cordifolia var. *pratensis*

- 꽃 피는 때 7~8월
- **생육 특성** 중국, 러시아, 한국 등에 분포하며 전국 들이나 길가에 자생하는 덩굴성 여러해살이풀이다. 울릉도 나리분지, 태하 등에 자생한다. 길이 100~150cm이다.
- **잎** 원줄기에서는 6~10개, 가지에서는 4~6개가 돌려난다. 긴 달걀모양이고 끝이 뾰족하고 아랫면 맥 위와 가장자리에 잔가시가 있다. 길이 2~7cm, 너비 1~4cm이고, 잎자루는 1~10cm로 길다.
- **줄기** 덩굴처럼 비스듬히 자라고 가지를 치며 네모나다. 아래를 향한 잔가시가 있어서 만지면 까칠하다.
- **꽃** 줄기와 가지 끝 작은모임꽃차례에 백록색 꽃이 모여 핀다. 전체적으로는 고깔꽃차례를 이룬다. 화관은 0.3~0.4cm이고, 꽃덮이는 5개로 갈라지며, 수술은 5개이고 암술대는 2개로 갈라진다.
- **열매** 물열매로 2개씩 달리고 둥글다. 지름 0.5~0.6cm로 검은색 씨앗이 1개 들어 있다.
- **식별 포인트** 꼭두서니(잎 4개)와 달리 잎이 4~10개로 돌려나며, 큰꼭두서니와 달리 줄기에 가시가 있다.

돌외 | 박과
Gynostemma pentaphyllum

- 꽃 피는 때 7~9월
- 생육 특성 중국, 일본, 한국 등에 분포하며 충남, 전라도, 경남, 제주도와 울릉도에 자생하는 덩굴성 여러해살이풀이다. 울릉도 도동, 태하 등에 자생한다. 길이 200~400cm이다.
- 잎 어긋난다. 보통 작은잎 5개로 된 손바닥모양 겹잎이다. 작은잎은 버들잎모양이며 끝이 뾰족하고 가장자리에 톱니가 있다. 맨 끝 작은잎은 길이 4~8cm, 너비 2~4cm이다.
- 줄기 덩굴지며 마디에 흰 털이 있고 덩굴손이 다른 물체를 감아 올라간다.
- 꽃 잎겨드랑이 고깔꽃차례에 노란빛이 도는 녹색 꽃이 모여 핀다. 암수딴그루다. 꽃부리는 5개로 갈라지고 갈래조각은 버들잎모양으로 끝부분이 길게 뾰족하다. 수꽃은 수술이 5개이고 암꽃은 암술이 3개이며 끝이 2개로 갈라진다.
- 열매 지름 0.7cm 공모양 물열매이고 흑록색으로 익는다. 상반부에 가로줄이 1개 있다.
- 식별 포인트 거지덩굴과 달리 꽃이 고깔꽃차례이고 암수딴그루로 피며, 꽃덮이도 버들잎모양으로 길게 뾰족하며, 열매에 가로줄이 있다.

호박 | 박과
Cucurbita moschata

- 꽃 피는 때 7~9월
- 생육 특성 남미 원산으로 전국에 걸쳐 널리 재배하는 한해살이풀이다. 울릉도 도동, 사동, 태하 등에 재배한다. 길이 500cm 안팎이다.
- 잎 어긋난다. 심장모양 또는 콩팥모양이고 가장자리가 얕게 5개로 갈라지며, 갈래조각에 톱니가 있다.
- 줄기 단면이 5각형이고, 흰색 부드러운 털이 있으며, 덩굴손으로 감으면서 자란다. 개량종은 덩굴성이 아닌 것도 있다.

- 꽃 노란색 꽃이 잎겨드랑이에 1개씩 달린다. 수꽃은 꽃대가 길고 꽃받침통이 얕으며, 쪽잎이 꽃잎에 거의 붙어 있다. 암꽃은 꽃자루가 짧고 밑부분에 긴 씨방이 있다. 꽃받침 쪽잎이 꽃잎과 수평으로 떨어져 있으며 잎처럼 된다.
- 열매 종에 따라 모양과 색깔이 다양하다.
- 식별 포인트 박은 꽃이 흰색으로 피고 덩굴손이 잎과 마주난다.

깨풀 │ 대극과
Acalypha australis

- 꽃 피는 때 7~10월
- 생육 특성 중국, 일본, 러시아, 한국 등에 분포하며 전국 들이나 길가에 자생하는 한해살이풀이다. 울릉도 나리분지, 태하 등에 자란다. 높이 20~50cm이다.
- 잎 어긋난다. 달걀모양 또는 넓은 버들잎모양이며 끝이 뾰족하고 가장자리에 무딘 톱니가 있다. 길이 3~8cm, 너비 1~4cm이다. 잎자루는 1~4cm이다. 아랫면 주맥을 따라 털이 많다.
- 줄기 곧게 서고 가지가 갈라지며 짧은 털이 있다.
- 꽃 잎겨드랑이에서 짧은 꽃자루가 있는 꽃차례가 나오고, 수꽃은 위쪽에 이삭꽃차례로 달린다. 꽃턱잎은 갈색이고 세모꼴로 톱니가 있으며 꽃차례 기부에 달리는 암꽃을 둘러싼다. 수꽃 꽃받침은 4개로 갈라지고 수술은 8개로 밑부분이 붙어 있다. 보통 암꽃이 2개 달리고 암꽃은 꽃받침이 3개이며 깊게 갈라진다. 씨방은 둥글고 털이 있으며 암술대는 3개이고 붉다.
- 열매 공모양 캡슐열매로 울퉁불퉁하다.
- 식별 포인트 잎이 깻잎과 비슷하다.

노랑어리연꽃 | 조름나물과
Nymphoides peltata

- 꽃 피는 때 7~9월
- 생육 특성 유럽, 중국, 일본, 한국 등에 분포하며 제주도를 제외한 전국 연못이나 강가에 자생하는 여러해살이풀이다. 울릉도에서는 태하, 사동 등 인공 연못에 자란다. 높이 5~15cm이다.
- 잎 잎자루가 길고, 잎은 물 위에 뜨며 윤기가 난다. 지름 5~10cm이고 잎바닥이 2개로 갈라지지만 붙어 있는 것도 있다. 아랫면은 갈색을 띤 보라색이다.
- 줄기 원줄기는 기둥모양으로 털이 없다. 부드러우며 지름 0.3~0.4cm로 물속에서 비스듬히 자라고 수면 위에 뜬다.
- 꽃 물속 잎겨드랑이에 달리는 꽃자루가 수면 위로 나오고, 그 끝에 노란색 꽃이 1개씩 핀다. 꽃받침조각은 넓은 버들잎모양이고 끝이 무디다. 꽃은 지름 3~4cm이고, 5개로 갈라지며 가장자리에 털이 있고 끝이 파인다. 수술은 5개, 암술은 1개다.
- 열매 둥근꼴 캡슐열매다.
- 식별 포인트 어리연꽃에 비해 꽃이 크고 노란색이며 잎이 갈라진 부분이 조금 붙는다.

마편초

마편초과
Berbena officinalis

- 꽃 피는 때 7~9월
- 생육 특성 아시아, 유럽, 북아프리카 온대와 열대에 많이 분포하며 한국 남부지방 바닷가에 널리 퍼져 자라는 여러해살이풀이다. 울릉도 사동, 태하 등에 자란다. 높이 30~80cm이다.
- 잎 마주난다. 달걀모양이고 보통 3개로 갈라지며, 쪽잎은 다시 깃꼴로 갈라진다. 길이 3~10cm, 폭 2~5cm로 윗면은 잎맥을 따라 주름져 있으며 아랫면 맥이 튀어나온다. 전체에서 향기가 난다.

- 줄기 곧게 서고 가지가 갈라지며 네모나다. 전체에 잔털이 있다.
- 꽃 줄기와 가지 끝 이삭꽃차례에 연한 홍자색 꽃이 핀다. 꽃차례 길이는 30cm에 이르고 꽃받침은 통모양이며 5개로 갈라진다. 수술은 4개이며 꽃부리통에 붙어 있고, 암술은 1개다.
- 열매 약간 길고 분리열매 4개로 이루어진다.
- 식별 포인트 꽃이 이삭꽃차례를 이루어 채찍처럼 길게 달리고 열매는 4개로 이루어진 분리열매다.

환삼덩굴 | 삼과
Humulus japonicus

- 꽃 피는 때 7~9월
- 생육 특성 중국, 일본, 한국 등에 분포하며 전국 들이나 길가에 자생하는 덩굴성 한해살이풀이다. 울릉도 안평전, 태하 등에 자생한다. 길이 200~400cm이다.
- 잎 마주난다. 5~7개로 갈라진 손바닥모양이며 가장자리에 규칙적인 톱니가 있다. 길이와 너비는 각각 5~12cm이다. 잎자루에는 잔가시가 있고, 양면에 거친 털이 있다.
- 줄기 네모나고 덩굴져 자라며, 아래를 향한 거친 가시가 있어 물체에 잘 달라붙는다.

- 꽃 가지 끝과 잎겨드랑이에서 나오는 꽃대에 황록색 꽃이 암수딴그루로 핀다. 수꽃은 고깔꽃차례이고 길이 15~25cm이다. 수꽃은 꽃받침잎과 수술이 각각 5개다. 암꽃은 짧은 이삭꽃차례이며 꽃턱잎은 꽃이 핀 다음 커지고, 아랫면과 가장자리에 털이 있다.
- 열매 달걀모양 여윈열매다.
- 식별 포인트 삼속 다른 종과 달리 덩굴성이다.

참깨 | 참깨과
Sesamum indicum

- 꽃 피는 때 7~9월
- 생육 특성 인도와 이집트 원산 한해살이풀로 전국에 많이 기른다. 울릉도 도동, 저동 등 밭에 많이 재배한다. 높이 70~100cm이다.
- 잎 마주난다. 윗부분 잎은 어긋나기도 한다. 길이 10cm 정도인 긴둥근꼴 또는 버들잎모양이며 아래쪽 잎은 3개로 갈라지기도 한다.
- 줄기 곧게 서고 네모나며 전체에 털이 빽빽하다.
- 꽃 흰색 또는 연분홍색으로 피고, 줄기 윗부분 잎겨드랑이에서 1개씩 밑을 향해 달린다. 꽃받침은 5개로 깊게 갈라지고, 꽃부리는 통모양이며 끝이 5개로 얕게 갈라진다. 수술은 4개이며 그중 2개는 길다. 암술은 1개이며 암술머리는 2개로 갈라진다.
- 열매 캡슐열매로 길이 2~3cm인 기둥모양이며 씨앗이 약 80개 들어 있다.
- 식별 포인트 들깨와 달리 줄기 윗부분 잎겨드랑이에서 통모양 꽃이 1개씩 핀다.

마타리 | 마타리과
Patrinia scabiosifolia

- **꽃 피는 때** 7~9월
- **생육 특성** 일본, 중국, 러시아, 한국 등에 분포하며 전국 낮은 산 양지바른 곳에 자라는 여러해살이풀이다. 울릉도 사동, 태하 등에 자란다. 높이 50~150cm이다.
- **잎** 마주난다. 깃꼴로 깊게 갈라지며 양면에 털이 있다. 아래쪽 것은 잎자루가 있고 위로 갈수록 없어진다. 뿌리잎은 달걀모양 또는 긴둥근꼴로 꽃 필 때 없어진다.
- **줄기** 곧게 자라며 줄기 윗부분에서 갈라지고 위쪽에는 털이 없으나 아래쪽에는 털이 있다.

- **꽃** 가지 끝과 원줄기 끝 고른꽃차례에 노란색 꽃이 핀다. 꽃부리는 종모양이고 지름 0.3~0.4cm이며, 5개로 갈라진다. 수술 4개, 암술 1개다.
- **열매** 긴둥근꼴 굳은껍질열매이고 미약한 날개가 있다.
- **식별 포인트** 금마타리는 뿌리잎이 5~7개로 갈라지는 손바닥모양이고, 돌마타리는 열매에 날개가 있다. 뚝갈은 흰색 꽃이 피고 잎이 갈라지지 않으며, 뚝마타리(뚝갈과 마타리의 교잡종)는 흰색과 노란색 꽃이 동시에 핀다.

8월

갯사상자 | 산형과
Cnidium japonicum

- **꽃 피는 때** 8~10월
- **생육 특성** 일본과 한국 등에 분포하며 바닷가에 자생하는 두해살이풀이다. 울릉도 바닷가와 독도 바닷가에 자란다. 높이 10~30cm이다.
- **잎** 뿌리잎, 줄기잎 모두 작은잎 5~7개로 이루어진 깃꼴겹잎이다. 작은잎은 어긋나고 세모꼴이며 다시 깃꼴로 갈라진다. 표면에 광택이 있고 끝이 무디다.
- **줄기** 아래쪽에서 가지가 많이 갈라져 비스듬히 자라고 세로줄이 있다.
- **꽃** 가지 끝 겹우산모양꽃차례에 흰색 꽃이 모여 핀다. 우산살모양 꽃가지는 10개 정도이고 각각에 꽃이 10~16개 핀다. 큰꽃싸개와 작은꽃싸개가 여러 개 있고 줄모양이다. 꽃잎은 5개이며 안쪽으로 굽고, 수술도 5개이며 꽃밥은 연한 자주색이다.
- **열매** 긴둥근꼴 분리열매이고 능선이 있다.
- **식별 포인트** 줄기가 비스듬히 자라고 잎이 깃꼴겹잎이며 열매에 능선이 있다.

산쑥 | 국화과
Artemisia montana

- 꽃 피는 때 8~10월
- 생육 특성 일본, 사할린 섬, 한국에 분포하며 울릉도에서는 조금 흔하게 자라는 여러해살이풀이다. 높이 100~200cm이다.
- 잎 어긋난다. 뿌리잎과 줄기잎 아래쪽은 꽃이 필 때 쓰러진다. 가운데 잎은 길이 15~19cm, 너비 6~12cm이고 밑으로 흘러 날개가 있는 잎자루가 되며 1회 깃꼴로 갈라진다. 쪽잎은 긴 버들잎모양으로 끝이 뾰족하다. 아랫면은 흰색 털로 덮여 있다.

- 줄기 곧게 서고 홈이 파이며 가지를 많이 치고 털이 없다.
- 꽃 원줄기와 가지 끝에 머리모양꽃이 여러 개 달려 전체적으로 고깔꽃차례를 이룬다. 큰꽃싸개는 지름 0.25~0.3cm이며, 표면에 거미줄 같은 털이 있고, 큰꽃싸개조각은 3줄로 늘어선다.
- 열매 긴둥근꼴 여윈열매다.
- 식별 포인트 울릉도에 흔하게 자라며 전체가 크고 잎 아랫면이 흰색이며 1회 깃꼴로 갈라진다.

갯제비쑥 국화과
Artemisia japonica ssp. *littoricola*

독도 서식

- **꽃 피는 때** 8~10월
- **생육 특성** 일본과 울릉도와 독도에서만 자라는 여러해살이풀이다. 바닷가와 산지 절벽에 자란다. 높이 50~150cm이다.
- **잎** 뿌리잎은 로제트모양으로 나며 구절초처럼 갈래조각이 조금 넓은 편이다. 줄기잎은 어긋나고 2회 깃꼴로 갈라지며, 갈래조각은 줄모양이고 끝이 뾰족하며 잎바닥이 잎자루로 흘러서 날개가 된다. 길이 2~8cm이고 양면에 털이 없어 매끈하며 위로 갈수록 짧아진다.

- **줄기** 곧게 서거나 옆으로 누워서 자라고 가지를 많이 치며 전체에 털이 없다.
- **꽃** 가지와 줄기 끝에 연한 노란색 꽃이 이삭꽃차례를 이루고 전체적으로는 고깔꽃차례를 만든다. 머리모양꽃으로 긴둥근꼴이며 광택이 나고 지름 0.1~0.2cm로 쑥 종류 중에 작은 편이다. 큰꽃싸개조각은 4배열한다.
- **열매** 긴둥근꼴 여읜열매다.
- **식별 포인트** 울릉도와 독도 바닷가에만 자생하고 제비쑥과 달리 줄기잎이 2회 깃꼴로 갈라진다.

이고들빼기 │ 국화과
Crepidiastrum denticulatum

- 꽃 피는 때 8~10월
- **생육 특성** 일본, 인도, 한국 등에 분포하며 전국 건조한 길가 양지바른 곳에 자라는 두해살이풀이다. 울릉도에서는 태하, 나리분지, 관음도 등에 자란다. 높이 30~120cm이다.
- **잎** 뿌리잎은 꽃이 필 때 시들고, 줄기잎은 어긋나며 주걱모양이고 끝이 무디다. 길이 6~11cm, 너비 3~7cm로 털이 없다. 줄기잎 가장자리에 불규칙한 톱니가 있다.
- **줄기** 곧게 서고 가지가 많이 갈라진다.

- 꽃 줄기와 가지 끝에 노란색 머리모양꽃이 모여 고른꽃차례를 이룬다. 머리모양꽃은 지름 1.5cm이고 모두 혀모양꽃으로만 이루어졌다. 꽃싸개잎는 2~3개이고, 큰 꽃싸개는 좁은 통모양이며 암갈색 또는 짙은 녹색이다. 낱꽃은 11~15개다.
- **열매** 흑갈색 여윈열매이고 갓털이 달린다.
- **식별 포인트** 고들빼기와 달리 잎이 줄기를 감싸지 않으며(간혹 감싸는 경우도 있음), 잎 끝이 뾰족하지 않다.

사데풀 | 국화과
Sonchus brachyotus

- 꽃 피는 때 8~10월
- 생육 특성 중국, 일본, 러시아, 한국에 분포하며 주로 바닷가 인근 양지바른 곳에 자라는 여러해살이풀이다. 울릉도에서는 현포, 추산, 천부 바닷가 도로 옆에 자란다. 높이 40~80cm이다.
- 잎 어긋난다. 잎자루는 없다. 뿌리잎은 꽃이 필 때 없어진다. 줄기잎은 잎 사이가 짧고 긴둥근꼴이며 끝이 무디다. 길이 12~18cm, 너비 1~3cm로 잎바닥은 좁아져 줄기를 감싼다. 가장자리는 밋밋하거나 불규칙한 톱니가 있기도 하다. 윗면은 녹색, 아랫면은 분백색이다.
- 줄기 곧게 서고 가지가 갈라지며, 속이 비었다.
- 꽃 줄기 끝에 노란색 머리모양꽃이 우산모양꽃차례처럼 달린다. 꽃대는 1~8cm이고 머리모양꽃은 지름 2~4cm이며 혀모양꽃으로만 이루어졌다. 큰꽃싸개는 넓은 통모양이고 큰꽃싸개조각은 4줄로 늘어서며 꽃잎 끝부분이 5개로 갈라진다.
- 열매 여윈열매이고 능선이 5개 있으며 흰색 갓털이 달린다.
- 식별 포인트 방가지똥에 비해 머리모양꽃이 더 크고 잎 결각이 얕거나 없다.

울릉미역취

국화과
Solidago virgaurea ssp. *gigantea*

* 꽃 피는 때 8~10월
* 생육 특성 일본과 울릉도에서만 자라는 여러해살이풀이다. 울릉도 중산간 지대에서 보인다. 높이 30~80cm이다.
* 잎 어긋난다. 긴둥근꼴이며 길이 4~10cm, 너비 2~4cm로 잎바닥이 흘러 잎자루 날개가 되고 양면에 잔털이 있는 것도 있다. 가장자리에 뾰족한 톱니가 있고, 위로 가면서 점차 작아진다.

* 줄기 곧게 서고 위쪽에서 가지가 갈라진다.
* 꽃 노란색 머리모양꽃은 지름 1.2~1.5cm이며 고깔꽃차례로 달리고, 꽃턱잎은 없거나 작고 큰꽃싸개조각은 3줄로 늘어선다. 암술대가 2개로 갈라져 길게 뻗고, 꽃밥이 암술대 둘레에 모여 있다.
* 열매 원기둥모양 여윈열매이며 세로줄이 있다. 연한 갈색 갓털이 있다.
* 식별 포인트 미역취의 지역 변이로 본다.

만수국아재비 | 국화과
Tagetes minuta

- **꽃 피는 때** 8~11월
- **생육 특성** 남미 원산 귀화식물로 남부지방과 중부 지방 바닷가 길가나 빈터에 자생하는 한해살이풀 이다. 울릉도 도동, 저동, 태하 등에 자란다. 높이 30~120cm이다.
- **잎** 마주난다. 깃꼴겹잎이며 작은잎 5~15장으로 이루 어진다. 작은잎은 가느다란 버들잎모양으로 끝이 뾰 족하거나 무디다. 가장자리에 규칙적인 톱니가 있고, 반투명한 샘점이 있어 진한 향기가 난다.
- **줄기** 곧게 서고 가지가 많이 갈라진다.

- **꽃** 머리모양꽃차례는 가지 끝에 모여 붙고, 큰꽃 싸개는 황록색 통모양으로 길이 0.8~1.4cm, 너비 0.2~0.3cm이며 갈색 점선이 산재한다. 큰꽃싸개 끝 은 얕게 5개로 갈라진다. 혀꽃은 흰색으로 2~3개이고 끝부분에 얕은 홈이 있다. 대롱꽃은 3~5개로 노란색 이다.
- **열매** 줄모양 캡슐열매다.
- **식별 포인트** 향기와 잎 같은 모양이 만수국과 비슷하 고 전국에서 빠르게 번지고 있다.

물엉겅퀴

국화과
Cirsium nipponicum

- 꽃 피는 때 8~10월
- 생육 특성 일본과 울릉도에서만 자라는 여러해살이풀이다. 울릉도 바닷가 저지대부터 성인봉 800m까지 자란다. 높이 100~200cm이다.
- 잎 줄기잎은 긴둥근꼴이고 끝이 뾰족하며, 잎바닥이 잎자루로 흘러서 날개가 된다. 길이 20~30cm이고 양면에 털이 조금 있다. 잎가장자리는 모양이 다양하다. 줄기 아래쪽 잎은 이빨모양이거나 톱니가 있으며, 줄기 위쪽 잎은 잎가장자리에 침 같은 돌기가 나오기도 한다.
- 줄기 곧게 서고 골이 파인 줄이 있으며 가지가 많이 갈라진다.

- 꽃 줄기와 가지 끝에 연한 홍자색 꽃이 옆을 향해 핀다. 머리모양꽃은 지름 2~3cm이고 모두 갓모양꽃으로 이루어진다. 큰꽃싸개는 종모양이고 큰꽃싸개조각은 7열로 늘어서며 끝이 가시로 된다. 수술은 5개, 암술은 1개다.
- 열매 여윈열매이고 갓털이 달린다.
- 식별 포인트 엉겅퀴와 달리 머리모양꽃이 옆을 향해 피며, 잎도 깊게 갈라지지 않는다. 큰엉겅퀴는 꽃이 아래를 향해 달리며 잎이 깊게 갈라진다.

담배풀 | 국화과
Carpesium abrotanoides

- 꽃 피는 때 8~9월
- 생육 특성 일본, 중국, 인도, 한국에 분포하며 전국 산지에 자생하는 두해살이풀이다. 울릉도에서는 남양, 태하 등에 자란다. 높이 50~100cm이다.
- 잎 뿌리잎은 긴 잎자루가 있고 꽃이 피면 시든다. 줄기잎은 어긋나며 아랫부분 것은 긴둥근꼴이고 끝이 무디며 가장자리에 불규칙한 톱니가 있다. 잎바닥이 잎자루로 흘러 날개가 되고 길이 20~28cm, 너비 8~15cm이며 양면에 털이 있다. 위로 가면서 잎이 작아지고 잎자루도 없어지며 긴둥근꼴이 된다.
- 줄기 중간지점까지 곧게 서다가 중간지점부터 가지가 전부 옆으로 퍼져 비스듬히 자란다.
- 꽃 잎겨드랑이에 황록색 머리모양꽃이 달리며 전체적으로 이삭꽃차례가 된다. 머리모양꽃은 지름 0.6~0.8cm이고 갓모양꽃 여러 개로 이루어지며 자루가 없어 줄기에 바로 붙는다.
- 열매 끝이 부리모양인 여윈열매이고 샘털이 있어 잘 달라붙는다.
- 식별 포인트 다른 담배풀속 종과 달리 가지가 중간에서 옆으로 뻗고, 꽃자루가 없어 줄기에 머리모양꽃이 바로 붙는다.

긴담배풀

국화과
Carpesium divaricatum

- 꽃 피는 때 8~10월
- 생육 특성 대만, 중국, 한국에 분포하며 전국 낮은 산에 자생하는 여러해살이풀이다. 울릉도에서는 남양, 태하 등에 자란다. 높이 25~150cm이다.
- 잎 뿌리잎은 꽃이 필 때 말라 없어진다. 줄기잎은 어긋나고 가장자리에 불규칙한 톱니가 있다. 아랫부분 잎은 잎자루가 길며 날개가 없고 달걀모양이다. 길이 6~23cm, 너비 3~15cm이며 양면에 부드러운 털이 있고 아랫면에 샘점이 있다. 윗부분 잎은 작으며 긴둥근 꼴로 양 끝이 좁고 잎자루가 없다.
- 줄기 전체에 가는 털이 빽빽하며 곧게 서고, 가지 몇 개가 옆으로 퍼진다.
- 꽃 줄기와 가지 끝에 황록색 머리모양꽃이 송이꽃차례를 이루어 아래를 향해 달린다. 머리모양꽃은 전부 갓모양꽃이고 지름은 1~1.8cm이다. 꽃싼잎은 2~4개이며 버들잎모양이고 머리모양꽃보다 아주 길다. 큰꽃싸개는 달걀모양이며 큰꽃싸개조각은 4줄로 붙는다.
- 열매 여윈열매다.
- 식별 포인트 담배풀과 달리 가지 끝에 꽃이 1개씩 피며 머리모양꽃 지름도 배 이상 더 크다.

멸가치 | 국화과
Adenocaulon himalaicum

- **꽃 피는 때** 8~10월
- **생육 특성** 중국, 일본, 러시아, 한국 등에 분포하며 전국 숲 가장자리에 자생하는 여러해살이풀이다. 울릉도 나리분지, 태하 등에서 큰 군락으로 자란다. 높이 50~100cm이다.
- **잎** 뿌리잎은 꽃이 핀 뒤까지 남는다. 줄기잎은 어긋나고 콩팥모양이며 길이 7~13cm, 너비 11~22cm이다. 윗면은 녹색이고 아랫면은 흰색 거미줄 같은 털이 빽빽해 흰색으로 보인다. 가장자리에 톱니가 있고, 잎자루는 길이 10~20cm로 날개가 있다.
- **줄기** 곧게 서고 위쪽에서 가지가 갈라지며, 거미줄 같

은 털이 있다.
- **꽃** 줄기와 가지 끝에 흰색 머리모양꽃이 달린다. 머리모양꽃은 갓모양꽃으로만 이루어지고 주변에 암꽃이 7~11개 있으며, 중앙부에 암수한꽃이 7~18개 있다. 중앙부 암수한꽃은 열매를 맺지 못하고 주변에 있는 암꽃만 열매를 맺는다.
- **열매** 거꿀달걀모양 여읜열매다. 샘털이 많고 방사상으로 늘어선다.
- **식별 포인트** 머리모양꽃이 갓모양꽃으로만 이루어지고 암꽃에서만 열매를 맺으며 열매에 샘털이 달린다.

돼지풀

국화과
Ambrosia artemisiifolia

- 꽃 피는 때 8~9월
- 생육 특성 북아메리카 원산 귀화식물로 아시아, 유럽 전역에 퍼져 자라는 한해살이풀이다. 울릉도에서는 남양, 태하 등에 자란다. 높이 30~180cm이다.
- 잎 줄기 아래쪽에서는 마주나며 2~3회 깃꼴로 깊게 갈라진다. 줄기 위쪽 잎은 어긋나고 깃꼴로 깊게 갈라지며 길이 3~11cm이다. 윗면은 짙은 녹색이고 털이 있으며 아랫면은 잿빛이 돌고 부드러운 털이 빽빽하다.
- 줄기 곧게 서고 가지가 많이 갈라지며 전체에 부드러운 털이 많다.
- 꽃 줄기와 가지 끝에 연한 녹황색 머리모양꽃이 모여 송이꽃차례를 이루며 암수한그루로 핀다. 수꽃은 갓모양꽃 10~15개로 이루어지고 수술이 5개 있다. 큰꽃싸개는 반달모양이고 무딘 톱니가 있다. 암꽃은 2~3개로 녹색이고 수꽃 밑에 달리며 암술대는 2개다.
- 열매 여윈열매이고 딱딱한 큰꽃싸개에 싸여 있다.
- 식별 포인트 생태계교란식물로 지정되었으며 단풍잎돼지풀과 달리 잎이 깃꼴로 깊게 갈라진다.

진득찰 | 국화과
Sigesbeckia glabrescens

- 꽃 피는 때 8~10월
- 생육 특성 일본, 중국, 한국 등에 분포하며 전국 길가나 들에 자생하는 한해살이풀이다. 울릉도 전역 양지에 자란다. 높이 40~200cm이다.
- 잎 마주난다. 중앙부 잎은 잎자루가 길고 길이 5~13cm, 너비 3.5~11cm로 세모꼴이다. 가장자리에 불규칙한 톱니가 있고 잎바닥이 잎자루로 흘러서 날개처럼 된다. 양면에 짧은 털이 있고 아랫면에 샘점이 있다. 위쪽 잎은 짧아지면서 잎자루도 없어진다.
- 줄기 곧게 서고 가지가 마주나게 갈라지며 짧은 털로 덮인다.

- 꽃 줄기와 가지 끝에 노란색 또는 홍자색 머리모양꽃이 고른꽃차례로 달린다. 꽃자루는 길이 1~3cm이고 짧은 털이 있다. 큰꽃싸개조각은 5개이고 주걱모양이다. 머리모양꽃 가장자리에 혀모양꽃이 달리고 끝이 3개로 갈라지며, 중앙부에 갓모양꽃이 달리고 끝이 5개로 갈라진다.
- 열매 거꿀달걀모양 여윈열매이며 능선이 4개 있다.
- 식별 포인트 털진득찰과 달리 꽃자루에 잔털만 있고 샘털이 없다.

털진득찰 | 국화과
Ambrosia artemisiifolia

- 꽃 피는 때 8~9월
- 생육 특성 일본, 중국, 한국 등에 분포하며 전국 길가에 자생하는 한해살이풀이다. 울릉도 저지대 양지바른 곳에 자란다. 높이 60~120cm이다.
- 잎 마주난다. 가운데 잎은 세모꼴이고 끝이 뾰족하며 가장자리에 불규칙한 톱니가 있다. 길이 8~19cm, 너비 7~18cm이고, 잎자루는 길이 6~12cm로 아랫부분이 잎자루로 흘러 날개처럼 된다.
- 줄기 곧게 서고 가지가 마주나게 갈라지며 흔히 자줏빛이 돌고 긴 흰 털로 덮인다.

- 꽃 줄기와 가지 끝에 노란색 머리모양꽃이 고른꽃차례로 달린다. 꽃자루는 길이 1.5~3.5cm이고 샘털이 많다. 큰꽃싸개조각은 5개이고 주걱모양이다. 머리모양꽃 가장자리에 혀모양꽃이 달리고 끝이 3개로 갈라지며, 중앙부에 갓모양꽃이 달리고 끝이 5개로 갈라진다.
- 열매 거꿀달걀모양 여윈열매이며 능선이 4개 있다.
- 식별 포인트 진득찰과 달리 줄기에 흰색 긴 털이 많고 꽃자루에 샘털이 많다.

쇠무릎

비름과
Achyranthes japonica

- 꽃 **피는 때** 8~9월
- **생육 특성** 일본과 한국에 분포하며 그늘진 곳에 자생하는 여러해살이풀이다. 울릉도 도동, 태하, 천부 등에 자란다. 높이 50~100cm이다.
- **잎** 마주난다. 긴둥근꼴이며 양 끝이 좁고 털이 조금 있다. 길이 10~20cm, 너비 4~10cm이며 잎자루가 있다.
- **줄기** 곧게 서고 가지가 많이 갈라지며 네모나고, 마디가 굵어지기도 한다. 줄기가 녹색이다.
- **꽃** 지름 0.3cm 정도인 녹색 꽃이 원줄기 끝부분과 잎

겨드랑이에서 이삭꽃차례로 자란다. 암수한꽃이고 밑에서부터 피어 올라가며 꽃이 진 다음 밑으로 굽어서 꽃자루에 붙는다. 꽃턱잎은 송곳모양이다. 꽃받침조각은 5개로 크기가 서로 다르고, 수술은 5개, 암술대는 1개다.

- **열매** 긴둥근꼴로 꽃받침에 싸여 있고 다른 물체에 잘 붙는다.
- **식별 포인트** 털쇠무릎에 비해 그늘진 곳에서 자라고 털이 적으며 줄기가 적갈색을 띠지 않는다.

털쇠무릎 | 비름과
Achyranthes fauriei

독도 서식

- **꽃 피는 때** 8~9월
- **생육 특성** 경남을 제외한 전국에 자생하며 길가 빈터 양지바른 곳에 자라는 여러해살이풀이다. 울릉도에서는 태하, 추산 등에 자란다. 높이 50~120cm이다.
- **잎** 마주난다. 긴둥근꼴 또는 거꿀달걀모양이다. 양 끝이 좁고 털이 많으며 잎이 두껍다. 잎자루가 있다.
- **줄기** 곧게 서고 가지가 많이 갈라지며 네모나고, 마디가 굵어지기도 한다. 주로 줄기가 적갈색이다.
- **꽃** 지름 0.3cm 정도인 녹색 꽃이 원줄기 끝부분과 잎겨드랑이에서 이삭꽃차례로 자란다. 암수한꽃이고 밑에서부터 피어 올라가며 꽃이 진 다음 밑으로 굽어서 꽃자루에 붙는다. 꽃턱잎은 송곳모양이다. 꽃받침조각은 5개로 크기가 서로 다르고, 수술은 5개, 암술대는 1개다.
- **열매** 긴둥근꼴로 꽃받침에 싸여 있고 다른 물체에 잘 붙는다.
- **식별 포인트** 쇠무릎에 비해 전체적으로 털이 많고 잎이 두꺼우며 줄기가 적갈색을 띤다.

맨드라미 | 비름과
Celosia cristata

- 꽃 피는 때 8~9월
- 생육 특성 열대 아시아와 인도 원산 귀화식물로 저절로 자라거나 심는 한해살이풀이다. 울릉도 저동 등에 심어 기른다. 높이 50~90cm이다.
- 잎 어긋난다. 달걀모양 또는 버들잎모양이며 끝이 뾰족하고 가장자리는 밋밋하다. 잎자루는 길다.
- 줄기 굵고 곧게 서며 가지가 갈라진다.
- 꽃 닭의 볏을 닮아 계관화(鷄冠花)라고도 하며 촛대모양을 닮은 꽃도 있다. 홍자색, 흰색, 노란색 등으로 핀다. 꽃받침이 5개로 갈라지며 쪽잎은 길이 0.5cm로 넓은 버들잎모양이고 끝이 날카롭다. 수술은 5개이고 꽃받침보다 길어 밖으로 나오며 암술은 1개다.
- 열매 달걀모양 캡슐열매이며 뚜껑이 열리면서 씨앗이 3~5개 나온다. 씨앗은 검은색이고 광택이 있다.
- 식별 포인트 꽃이 닭의 볏을 닮았고, 촛대모양을 닮은 것도 있다.

도라지 | 초롱꽃과
Platycodon grandiflorum

- 꽃 피는 때 8~9월
- 생육 특성 중국, 일본, 한국에 분포하며 전국 산지에 자생하거나 심는 여러해살이풀이다. 울릉도 사동, 태하 등에 심어 기른다. 높이 40~100cm이다.
- 잎 어긋나거나, 마주나거나, 돌려나는 등 다양하고 넓은 버들잎모양으로 가장자리에 톱니가 있다. 길이 4~7cm, 너비 2~4cm이며, 잎자루는 없다.
- 줄기 곧게 선다. 땅속 굵은 뿌리를 먹는다.

- 꽃 원줄기 끝에 보라색 또는 흰색 꽃 1개 또는 여러 개가 위를 향해 피었다가 시간이 지나면 옆을 향한다. 꽃봉오리는 공처럼 부푼다. 꽃받침은 5개로 갈라지고 갈래조각은 세모꼴이다. 수술은 5개이고 암술보다 먼저 익는다. 암술머리는 5개로 갈라진다.
- 열매 달걀모양 캡슐열매이고 익으면 끝이 5개로 갈라진다.
- 식별 포인트 흰색과 보라색 꽃이 핀다.

441

더덕 | 초롱꽃과
Codonopsis lanceolata

- **꽃 피는 때** 8~9월
- **생육 특성** 중국, 일본, 한국에 분포한다. 전국에서 재배하거나 낮은 산에 자생하는 여러해살이풀이다. 울릉도 도동, 태하, 나리분지 등에서 자라거나 재배한다. 길이 200~300cm이다.
- **잎** 어긋나지만 가지 끝에서는 4개가 돌려나는 것처럼 보이며 긴둥근꼴이다. 가장자리는 밋밋하다. 길이 4~10cm, 너비 1~4cm이다. 윗면은 녹색이고 아랫면은 흰빛을 띤다. 줄기나 잎을 자르면 독특한 향기가 난다.
- **줄기** 덩굴성으로 털이 없고 자르면 흰 액이 나온다.

- **꽃** 짧은 가지 끝에 밑을 향해 달린다. 꽃받침은 5개로 갈라지고, 꽃받침조각은 달걀모양이며 길이 2cm, 너비 0.6~1cm로 끝이 뾰족하고 연한 녹색이다. 통꽃은 길이 2.7~3.5cm로 끝이 5개로 갈라져 뒤로 약간 말리며, 겉은 연한 녹색이고 안쪽에 자주색 얼룩이 넓게 퍼져 있다. 암술머리는 3~5개로 갈라진다.
- **열매** 납작한 오각형 캡슐열매로 원뿔모양이고, 꽃받침이 떨어지지 않고 남아 있다.
- **식별 포인트** 소경불알에 비해 꽃과 잎이 더 크고 꽃잎 안쪽에 자줏빛 얼룩이 넓게 흩어져 있다.

덩굴용담 | 용담과
Tripterospermum japonicum

- **꽃 피는 때** 8~9월
- **생육 특성** 일본, 중국, 대만, 한국에 분포하며 한국에서는 제주도와 울릉도 깊은 산에 자생하는 덩굴성 여러해살이풀이다. 울릉도 성인봉 7~8부 능선에서 보인다. 길이 40~120cm이다.
- **잎** 마주난다. 버들잎모양으로 끝이 길게 뾰족하고 잎바닥은 심장모양이다. 길이 4~8cm, 너비 1.2~3.5cm이고 3맥이 뚜렷하다. 윗면은 짙은 녹색이며 아랫면은 연한 녹색이고 흔히 자줏빛이 돈다. 가장자리는 밋밋하다. 잎자루 길이는 0.5~1.5cm이다.
- **줄기** 덩굴성으로 땅 위를 기거나 물체를 감고 올라간다.

- **꽃** 줄기 위쪽 잎겨드랑이에서 흰색 또는 자줏빛 도는 흰색 꽃이 핀다. 꽃받침통은 길이 0.6~0.8cm이고 좁은 날개가 5개 있으며, 꽃받침조각은 줄모양이다. 꽃부리는 통모양이고 길이가 3cm 정도이며 끝이 5개로 얕게 갈라진다. 갈래조각 사이에 덧꽃부리가 있다. 수술은 5개이며 판통에 붙어 있고 씨방은 대가 있어서 꽃이 진 다음 길게 자란다.
- **열매** 긴둥근꼴 물열매이고 붉은색으로 익으며, 끝에 암술대가 남는다.
- **식별 포인트** 좁은잎덩굴용담에 비해 잎이 넓다. 꽃부리가 5개로 갈라지고 덧꽃부리가 있으며 물열매이고 붉은색으로 익는다.

독말풀 | 가지과
Datura stramonium var. *chalybaea*

- 꽃 피는 때 7~9월
- 생육 특성 열대 아메리카 원산 귀화식물로 전국 들판 또는 길가에 자생하는 한해살이풀이다. 울릉도에서는 태하에 자란다. 높이 50~150cm이다.
- 잎 어긋나지만 마주난 것처럼 보인다. 넓은 달걀모양으로 가장자리에 깊은 톱니가 있다. 잎자루는 길고 짙은 자주색이며, 길이 8~15cm, 너비 5~10cm이다.
- 줄기 곧추서며, 굵은 가지가 많이 갈라진다.
- 꽃 잎겨드랑이에 1개씩 달리며, 연한 자주색이다. 꽃

받침은 긴 통모양으로 길이 2~3cm이며, 끝이 5개로 얕게 갈라진다. 꽃부리는 깔때기모양으로 길이 7~12cm이며, 5개로 얕게 갈라지고, 갈래 끝이 길게 뾰족하다. 수술은 5개이고, 암술은 1개다.
- 열매 둥근 캡슐열매이며, 길이 3cm 정도이고, 겉에 가시 모양 돌기가 많다. 익으면 4개로 갈라진다.
- 식별 포인트 털독말풀과 달리 잎에 깊은 톱니가 있고, 꽃부리가 5개로 얕게 갈라진다.

털독말풀 | 가지과
Datura meteloides

- 꽃 피는 때 8~9월
- 생육 특성 북아메리카 원산 귀화식물로 서울, 충북 등에서 확인되는 여러해살이풀이다. 울릉도에서는 관상용으로 심어 기른다. 높이 60~120cm이다.
- 잎 어긋난다. 넓은 달걀모양이며 길이 8~18cm, 너비 5~10cm이고, 끝이 뾰족하며 가장자리에 톱니가 없다. 잎자루는 길이 2~8cm이고 양면에 털이 많다.
- 줄기 가지를 많이 치며 엷은 녹색이나 약간 자색을 띠기도 한다. 미세한 털이 빽빽하다.

- 꽃 잎겨드랑이에서 1개씩 핀다. 꽃받침은 긴 통모양이며 길이 8~10cm이고 끝이 5개로 갈라지며 맥이 10개 있다. 꽃부리는 깔때기모양이며 길이 20cm, 지름 10cm로 저녁에 피어서 아침에 꽃잎을 닫는다.
- 열매 지름 3~4cm 공모양이고 아래쪽으로 늘어지며 가시가 빽빽하다.
- 식별 포인트 독말풀과 달리 꽃부리가 갈라지지 않으며 전체에 털이 많고 밤에 핀다.

나도송이풀 | 현삼과
Phtheirospermum japonicum

- **꽃 피는 때** 8~9월
- **생육 특성** 중국, 일본, 러시아, 한국에 분포하며 전국 산과 들에 자생하는 한해살이풀이다. 울릉도에서는 태하와 나리분지에 자란다. 높이 20~70cm이다.
- **잎** 마주난다. 세모꼴이며 깃꼴로 깊게 갈라지고 불규칙한 톱니가 있다. 위쪽으로 갈수록 모양이 다양하다. 길이 2~4cm, 너비 1~2cm이며, 잎자루는 0.5~1cm이다.
- **줄기** 곧게 서고 가지가 갈라지며 전체에 샘털이 많다.
- **꽃** 줄기 윗부분 잎겨드랑이에서 연한 홍자색 꽃이 송이꽃차례를 이루면서 핀다. 꽃받침은 종모양이고 쪽

잎은 5개로 갈라지며, 갈래조각에 톱니가 있다. 꽃부리는 통모양이고 끝은 입술모양이며 표면에 털이 있다. 윗입술은 2개로 갈라지고 가장자리가 뒤로 젖혀진다. 아랫입술은 3개로 갈라지고 가운데 밥풀 같은 모양 2개가 도드라진다. 수술은 4개이고 그중 2개는 길다.
- **열매** 캡슐열매이고 샘털이 빽빽하며 끝이 한쪽으로 휜다.
- **식별 포인트** 송이풀과 달리 꽃부리 윗입술이 뒤로 젖혀지고 잎이 더 깊게 갈라진다.

상사화 | 수선화과
Lycoris squamigera

- 꽃 피는 때 8~9월
- 생육 특성 일본 원산 관상식물로 중부이남에서 기르는 여러해살이풀이다. 울릉도 길가 빈터에 자란다. 높이 50~70cm이다.
- 잎 봄철에 나오고 넓은 줄모양이며 길이 20~30cm, 너비 1.8~2.5cm로 연한 녹색이다. 6~7월에 잎이 마른다.

- 줄기 땅속에 4~5cm인 비늘줄기가 있다.
- 꽃 꽃대가 나와 길이 60cm 정도 자라며 끝에 홍자색 꽃이 4~8개 달린다. 꽃덮이조각은 6개이며 너비가 1.5cm로 비스듬히 퍼지고, 수술은 6개이며 꽃 밖으로 나오지 않는다.
- 열매 맺지 않는다.
- 식별 포인트 잎이 마른 뒤에 꽃이 나온다.

큰꿩의비름 | 돌나물과
Hylotelephium spectabile

- 꽃 피는 때 8~9월
- **생육 특성** 만주, 경기이북에 분포하며 경기이남에서는 관상용으로 기르는 여러해살이풀이다. 울릉도 저동, 도동에서 재배한다. 높이 20~70cm이다.
- 잎 마주나거나 돌려나며 육질이고, 달걀모양 또는 주걱모양으로 길이 4~10cm, 너비 2~5cm이다. 잎자루가 없고 가장자리는 밋밋하거나 약간 물결모양인 톱니가 있다.
- **줄기** 백록색이고 굵은 뿌리에서 줄기가 몇 개 나온다.
- 꽃 줄기 끝 고른꽃차례에 홍자색 꽃이 빽빽하게 달린다. 꽃받침조각은 5개로 가느다란 버들잎모양이다. 꽃잎은 5개로 넓은 버들잎모양이며 꽃받침보다 길다. 수술은 10개이며 꽃밥은 자주색이 돌고, 암술은 5개다.
- **열매** 분열열매이고 곧게 서며 끝이 뾰족하다.
- **식별 포인트** 꿩의비름에 비해 꽃 색이 진하고 수술이 꽃잎보다 길게 나온다.

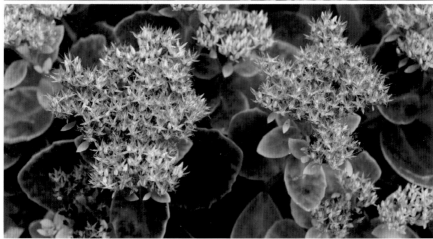

왕호장근 | 마디풀과
Fallopia sachalinensis

- 꽃 피는 때 8~9월
- 생육 특성 일본, 중국, 러시아, 유럽 등에 분포하며 한국에서는 울릉도에서만 자라는 여러해살이풀이다. 높이 200~400cm이다.
- 잎 어긋난다. 달걀모양이고 잎 끝은 무디며 잎바닥은 심장모양이다. 가장자리에 톱니가 없다. 길이 19~34cm, 너비 10~20cm이고, 잎자루는 3~8cm이다. 아랫면은 흰빛이 돌고 턱잎은 막질이다.
- 줄기 곧게 자라고 기둥모양으로 속이 비었다. 녹색

이지만 빛이 닿으면 붉어지고 새순은 죽순 같다.
- 꽃 암수딴그루로 줄기 끝이나 잎겨드랑이 송이꽃차례에 흰색 꽃이 빽빽이 달린다. 꽃덮이는 5개로 깊게 갈라진다. 수꽃에는 수술이 8개 있다. 암꽃에는 암술대가 3개 있고 헛수술이 8개 있으며, 겉꽃덮이가 3개가 자라서 날개가 된다.
- 열매 세모꼴 여윈열매다. 아래로 늘어져 달린다.
- 식별 포인트 호장근에 비해 전체적으로 크며, 잎 아랫면이 흰빛을 띤다.

호자덩굴 | 꼭두서니과
Mitchella undulata

- 꽃 피는 때 8~9월
- 생육 특성 일본, 중국, 한국에 분포하며 한국에서는 제주도, 전라도, 울릉도에 자생하는 늘푸른여러해살이풀이다. 높이 5~30cm이다.
- 잎 마주난다. 세모꼴로 두껍다. 길이 1~1.5cm, 너비 0.7~1.2cm로 끝이 뾰족하거나 무디며 잎바닥이 둥글고 가장자리는 약간 물결모양이다. 양면에 털이 없고 잎자루는 짧다.
- 줄기 가지가 갈라지고 땅을 기며 마디에서 뿌리가 내

린다. 털이 없다.
- 꽃 가지 끝에 암수딴포기로 흰색 또는 연분홍색 꽃이 2개씩 달리고 꽃자루는 없다. 꽃부리 지름은 0.8cm, 길이 1.5cm이며, 끝이 4개로 갈라지고 안쪽에 털이 많다. 수술은 4개, 암술대는 1개이며 끝이 4개로 갈라진다.
- 열매 둥근 물열매이고 붉은색으로 익는다.
- 식별 포인트 상록성으로 줄기가 땅을 기며 자라며, 꽃은 줄기 끝에 2개씩 달린다.

9·10월

양명아주 | 명아주과
Chenopodium ambrosioides

- 꽃 피는 때 9~10월
- 생육 특성 남아메리카 원산 귀화식물로 전 세계에 분포하며 한국에서는 바닷가에 주로 자라는 한해살이풀이다. 울릉도 학포 바닷가에서 확인했다. 높이 30~80cm이다.
- 잎 어긋난다. 버들잎모양이고 가장자리에 크기가 다른 톱니가 있으며, 잎 아랫면에 샘점이 있어서 독특한 향이 난다. 중간부 잎은 길이 6~8cm, 너비 2~3cm이고 잎자루가 짧다. 위쪽 잎은 톱니가 없고 줄모양이다.

- 줄기 가지를 많이 치며, 위쪽에 성긴 털이 있다.
- 꽃 줄기 끝과 잎겨드랑이에 달리는 이삭꽃차례에 황록색 꽃이 피며 전체적으로는 고깔꽃차례를 이룬다. 꽃덮이조각은 5개이고 달걀모양이며 샘점이 있다. 암수한꽃은 크고 수술은 5개다. 암꽃은 작고 수술은 퇴화했으며 암술머리가 3개다.
- 열매 달걀모양이다.
- 식별 포인트 명아주와 달리 잎이 긴 버들잎모양이며 샘점이 많아 향이 난다.

털머위 │ 국화과
Farfugium japonicum

- 꽃 피는 때 10~11월
- 생육 특성 일본, 중국, 한국에 분포하며 남부지방 바닷가와 울릉도에 자생하는 여러해살이풀이다. 울릉도 행남등대 털머위 군락이 유명하다. 도동, 사동 바닷가에 많다. 높이 40~70cm이다.
- 잎 잎자루가 긴 잎이 뿌리에서 모여난다. 콩팥모양이며 길이 4~15cm, 너비 6~30cm로 두껍고 윤기가 있으며, 가장자리에 톱니가 약간 있거나 밋밋하다.
- 줄기 전체에 연한 갈색 솜털이 빽빽하다.

- 꽃 꽃줄기 끝에 노란색 머리모양꽃이 고른꽃차례처럼 달린다. 머리모양꽃 지름은 4~6cm이다. 주변에 혀모양꽃이, 가운데 갓모양꽃이 달린다. 큰꽃싸개는 넓은 통모양이고 큰꽃싸개조각은 1줄로 늘어서며 연한 녹색이다.
- 열매 여윈열매이고 털이 많으며 긴 갓털이 달린다.
- 식별 포인트 머위에 비해 잎이 윤기가 나며 꽃이 노란색으로 크다.

왕해국 | 국화과
Aster oharai

- **꽃 피는 때** 9~11월
- **생육 특성** 일본과 울릉도에 자생하는 여러해살이풀이다. 울릉도 바닷가 전역에 자생하며 특히 천부 쪽이 유명하다. 높이 20~60cm이다.
- 잎 아래쪽 잎은 꽃이 필 때 시든다. 거꿀달걀모양 또는 주걱모양이며 가장자리에 톱니가 있거나 밋밋하다. 길이 6~20cm, 너비 2~6cm이다. 해국에 비해 샘털이 적어 덜 끈적거린다.
- 줄기 비스듬히 자라고 밑에서 가지가 갈라지며 전체에 부드러운 털이 많다. 아래쪽은 목질화한다.

- 꽃 줄기와 가지 끝에 연한 보라색 또는 흰색 머리모양꽃이 1개씩 핀다. 머리모양꽃은 지름 4cm 안팎으로 해국보다 크다. 주변부는 허모양꽃이고 중앙부는 노란색 갓모양꽃이다. 큰꽃싸개는 반달모양이고 큰꽃싸개조각은 3줄로 붙는다.
- **열매** 여윈열매이고 갈색 갓털이 있다.
- **식별 포인트** 해국에 비해 잎이 더 넓고, 샘털이 적어 덜 끈적거리며, 큰꽃싸개가 더 길고 크다.

해국

455

미국가막사리 | 국화과
Bidens frondoss

- 꽃 피는 때 7~10월
- 생육 특성 북미 원산 귀화식물로 습기 있는 곳에 자생하는 한해살이풀이다. 울릉도에서는 남양, 태하 등 수로를 끼고 있는 곳에 흔히 자란다. 높이 50~150cm이다.
- 잎 마주난다. 작은잎 3~5개로 된 깃꼴겹잎이며 가장자리에 톱니가 있다. 잎자루는 길고 날개가 없다.
- 줄기 곧게 서고 가지가 많이 갈라지며 흔히 자줏빛을 띤다. 꽃자루와 잎자루에 짧은 털이 드문드문 있다.
- 꽃 줄기와 가지 끝에 주황색 머리모양꽃이 달린다.

머리모양꽃 지름은 2~3cm이고, 혀모양꽃은 없거나 흔적만 남아 있으며, 주로 갓모양꽃으로 이루어졌다. 큰꽃싸개는 종모양이다. 바깥 큰꽃싸개조각은 거꿀버들잎모양으로 6~12개이며, 잎 같은 모양으로 길고 가장자리에 짧은 털이 있다.
- 열매 거꿀버들잎모양 여윈열매다. 씨에 갓털이 변한 가시가 2개 있어서 다른 물체에 잘 붙는다.
- 식별 포인트 가막사리와 달리 잎자루에 날개가 없고 바깥 큰꽃싸개조각이 길다.

붉은서나물 | 국화과
Erechtites hieracifolia

- 꽃 피는 때 9~10월
- 생육 특성 북미 원산 귀화식물로 전국 들이나 길가에 자라는 한해살이풀이다. 울릉도에서는 태하에서 보인다. 높이 30~150cm이다.
- 잎 어긋난다. 버들잎모양으로 가장자리에 깊은 톱니가 있다. 길이 5~40cm, 너비 2~7cm이며 잎바닥은 줄기를 감싼다.
- 줄기 곧게 서고 가지가 갈라지며, 세로줄이 있고 자줏빛을 띤다.
- 꽃 줄기나 가지 끝에 녹황색 머리모양꽃이 모여 고른 꽃차례를 이룬다. 머리모양꽃은 원기둥모양이며 길이 1.5cm, 너비 0.5cm이고 모두 갓모양꽃이다. 꽃싼잎은 줄모양이고 매우 짧다. 큰꽃싸개는 1줄로 늘어서고 꽃이 진 뒤에 더 커진다.
- 열매 긴둥근꼴 여읜열매이고 능선이 10개 정도 있으며, 흰색 갓털이 달린다.
- 식별 포인트 주홍서나물과 달리 잎바닥이 줄기를 감싸며, 갓모양꽃 끝부분이 황록색이다. 꽃이 하늘을 향한다.

뚱딴지 | 십자화과
Helianthus tuberosus

- 꽃 피는 때 9~10월
- **생육 특성** 북미 원산 귀화식물로 재배하거나 들에 자생하는 여러해살이풀이다. 울릉도 도동 풀밭, 학포 도랑가에서 보인다. 높이 150~300cm이다.
- **잎** 줄기 아래쪽에서는 마주나고 위쪽에서는 어긋난다. 긴둥근꼴로 기부에서 3맥이 발달하고 가장자리에 톱니가 있으며, 잎자루에 날개가 있다.
- **줄기** 거친 털이 있어 만지면 까칠까칠하다. 뿌리에 돼지감자라고 일컫는 덩이줄기가 있다.
- **꽃** 윗부분에서 가지가 많이 갈라지고 그 끝에 머리모양꽃이 달린다. 머리모양꽃은 지름 8cm로 가장자리에 혀모양꽃이 10개 안팎 달린다. 큰꽃싸개는 컵모양이며 큰꽃싸개조각은 2~3줄로 늘어선다.
- **열매** 여윈열매이고 비늘조각 같은 돌기가 있다.
- **식별 포인트** 재배하던 것이 벗어나 자란다.

모시물통이 | 쐐기풀과
Pilea mongolica

- **꽃 피는 때** 9~10월
- **생육 특성** 중국, 일본, 러시아, 한국에 분포하며 전국 산지 습기 있는 그늘에 자생하는 한해살이풀이다. 울릉도에서는 산과 인접한 계곡 주변에서 흔히 보인다. 높이 30~50cm이다.
- **잎** 마주난다. 달걀모양으로 끝이 뾰족하고 가장자리에 톱니가 있다. 길이 2~10cm, 너비 1~5cm이고, 잎자루는 1~3cm이다.
- **줄기** 곧게 서고 연한 녹색이다.

- **꽃** 잎겨드랑이에서 연한 녹색 꽃이 뭉쳐서 암수한포기로 핀다. 수꽃은 꽃덮이조각과 수술이 각각 2개 있다. 암꽃에는 크기가 다른 꽃덮이조각이 3개 있으며, 가장 큰 꽃덮이조각은 자라서 열매를 감싼다. 헛수술도 3개 있다.
- **열매** 납작한 달걀모양 여윈열매이며, 도드라진 갈색 얼룩이 있다.
- **식별 포인트** 산물통이와 달리 암꽃 꽃덮이조각이 3개이고, 각각 크기가 다르다.

연화바위솔 | 돌나물과
Orostachys iwarenge

- **꽃 피는 때** 10~11월
- **생육 특성** 울릉도 일주도로를 따라 바위틈에 자라는 여러해살이풀이다. 높이 5~20cm이다.
- **잎** 촘촘히 어긋나고 주걱모양 또는 버들잎모양으로 끝이 둥글거나 뾰족한 편이다.
- **줄기** 흰빛이 도는 녹색을 띤다.
- **꽃** 송이꽃차례에 흰색 꽃이 아래에서 위로 피어 올라

간다. 꽃싼잎은 2개이고 달걀모양이며 끝이 뾰족하다. 꽃잎은 5개이고 거꿀버들잎모양이며, 수술은 10개이고 꽃잎보다 약간 길다. 꽃밥은 노란색이다.
- **열매** 긴둥근꼴 분열열매다.
- **식별 포인트** 궁근바위솔에 비해 잎이 넓고 길다. 울릉도 개체를 '울릉연화바위솔'로 구분하기도 한다.

보춘화

난초과
Cymbidium goeringii

- 꽃 피는 때 3~4월
- **생육 특성** 중국, 인도, 일본, 한국에 분포하며 산지 숲 또는 계곡 비탈면 등에 자생하는 늘푸른여러해살이풀이다. 이듬해 봄에 새순이 돋으면서 꽃이 핀다. 울릉도 안평전 계곡과 태하 낮은 산 계곡 등에 자란다. 높이 10~25cm이다.
- 잎 밑에서 모여나고 줄모양이며 길이 30cm, 너비 1cm이다. 가장자리에 톱니가 있어 까칠까칠하다.
- 줄기 없다. 뿌리는 땅속에서 옆으로 길게 뻗는다.
- 꽃 꽃줄기 끝에 1개씩 옆을 향해 피며 꽃 색깔은 다양하나 녹색이 많다. 등꽃받침은 위를 향하며 곁꽃받침은 긴둥근꼴이고 끝부분이 녹색이다. 입술꽃잎은 흰색이고 자주색 얼룩이 있다. 지름 3~4cm이다.
- **열매** 긴둥근꼴 캡슐열매이고 곧게 선다.
- **식별 포인트** 맥문동과 달리 잎가장자리가 까칠까칠하다.

김의난초 | 난초과
Cephalanthera longifolia

- 꽃 피는 때 4~5월
- **생육 특성** 북아프리카, 유럽, 중국, 한국 등에 분포하며 양지바른 풀밭에 자생하는 여러해살이풀로 지생란이다. 울릉도 안평전, 태하에 자란다. 높이 30~70cm이다.
- 잎 4~7개가 어긋나며 버들잎모양이다. 길이 8~15 cm, 너비 2~4cm로 끝이 뾰족하고 맥이 뚜렷하다.
- **줄기** 곧게 선다.
- 꽃 줄기 끝 송이꽃차례에 흰색 꽃이 여러 개 핀다. 첫 번째 꽃턱잎은 잎 같은 모양이며 길이 2~4cm, 너비 1cm이다. 반쯤 피며, 꽃받침은 긴둥근꼴이고 길이 1~1.5cm이다. 곁꽃잎은 달걀모양이고 길이 0.7~1.1cm이다. 입술꽃잎은 긴둥근꼴로 안쪽에 노란색 무늬가 있다. 꿀주머니는 매우 짧아 밖으로 드러나지 않는다.
- **열매** 긴둥근꼴 캡슐열매다.
- **식별 포인트** 수정되면 아래쪽 꽃잎부터 회색으로 변한다.

꼬마은난초 | 난초과
Cephalanthera subaphylla

- 꽃 피는 때 4~5월
- 생육 특성 일본, 한국에 분포하며 제주도, 울릉도를 포함해 몇 곳에서 보이는 지생란으로 여러해살이풀이다. 높이 5~15cm이다.
- 잎 1~2장으로 줄기를 감싸며 막질이다.
- 줄기 곧게 서며 밑부분에 잎싸개가 있다.
- 꽃 줄기 끝에 꽃 2~6개가 이삭꽃차례로 달린다. 꽃턱잎은 버들잎모양으로 길이 1.2~2cm이다. 꽃받침은 넓은 버들잎모양으로 길이 0.6~1.2cm이며 끝이 오목하다. 곁꽃잎은 꽃받침과 비슷하거나 약간 짧다. 입술꽃잎은 3개로 갈라지며 밑부분이 주머니모양이다. 꿀주머니가 밖으로 드러난다.
- 열매 캡슐열매이고 곧게 선다.
- 식별 포인트 은난초와 달리 잎이 1~2개만 달리고 꽃잎이 활짝 벌어진다.

은난초

난초과
Cephalanthera erecta

- 꽃 피는 때 5~6월
- 생육 특성 중국, 일본, 한국에 분포하며 전국 낮은 산지에 자생하는 지생란으로 여러해살이풀이다. 울릉도에서도 숲 속에 자란다. 높이 10~50cm이다.
- 잎 줄기 윗부분에서 어긋나며 3~6개이고 버들잎모양이다. 잎바닥이 좁아져 줄기를 감싼다.
- 줄기 곧게 서며 능선이 있고 밑부분에 잎싸개가 2~3장 있다.
- 꽃 줄기 끝에 흰색 꽃 3~10개가 이삭꽃차례로 핀다. 꽃턱잎은 좁은 세모꼴이거나 버들잎모양이고 맨 아래

쪽 꽃턱잎은 잎 같은 모양이다. 꽃받침은 긴둥근꼴로 끝이 뾰족하거나 뭉뚝하고 5맥이 있다. 곁꽃잎은 넓은 버들잎모양으로 꽃받침보다 짧고 끝이 무디다. 입술꽃잎은 3개로 갈라지며 가운데 갈래는 긴둥근꼴이다. 꿀주머니는 꽃부리 밖으로 나오며 끝이 약간 날카롭다.
- 열매 캡슐열매이고 좁거나 넓은 원기둥모양이다.
- 식별 포인트 은대난초와 달리 잎이 줄기 중간 이상에 붙는다. 꼬마은난초와 달리 잎이 3개 이상 달리고 꽃잎이 많이 벌어지지 않는다.

민은난초

난초과
Cephalanthera erecta var. *oblanceolata*

- **꽃 피는 때** 5~6월
- **생육 특성** 부탄, 한국에 분포하며 전국 낮은 산지 숲 속에 자생하는 지생란으로 여러해살이풀이다. 울릉도에서도 숲 속에 자란다. 높이 10~50cm이다.
- **잎** 줄기 윗부분에서 어긋나며 3~6개이고 버들잎모양이다. 잎바닥이 좁아져 줄기를 감싼다.
- **줄기** 곧게 서며 능선이 있고 밑부분에잎싸개가 2~3장 있다.
- **꽃** 줄기 끝에 흰색 꽃 3~10개가 이삭꽃차례로 핀다.

꽃턱잎은 좁은 세모꼴이거나 버들잎모양이고 맨 아래쪽 꽃턱잎은 잎 같은 모양이다. 꽃받침은 긴둥근꼴로 끝이 뾰족하거나 뭉뚝하고 5맥이 있다. 곁꽃잎은 넓은 버들잎모양으로 꽃받침보다 짧고 끝이 무디다. 입술꽃잎은 3개로 갈라지며 가운데 갈래는 긴둥근꼴이다. 꿀주머니가 꽃부리 밖으로 나오지 않는다.
- **열매** 캡슐열매이고 좁거나 넓은 원기둥모양이다.
- **식별 포인트** 은난초와 달리 꿀주머니가 밖으로 드러나지 않는다.

은대난초 | 난초과
Cephalanthera longibracteata

- 꽃 피는 때 5~6월
- **생육 특성** 중국, 일본, 한국에 분포하며 전국 낮은 산지 숲 속에 자생하는 지생란으로 여러해살이풀이다. 울릉도에서도 산지 숲 속에 자란다. 높이 30~60cm 이다.
- **잎** 3~8개가 어긋나고 긴 버들잎모양이다. 대나무 잎처럼 끝이 뾰족하고 잎바닥은 줄기를 감싸며, 가장자리에 털 같은 흰 돌기가 있다.
- **줄기** 곧게 서고 잎이 있는 부분에서 약간 꺾인다.
- **꽃** 줄기 끝에서 이삭꽃차례를 이룬다. 꽃이 은난초보다 더 길다. 꽃턱잎은 줄모양이고 아랫부분 1~4개는 긴 버들잎모양으로 5~11cm이며, 꽃줄기보다 약간 짧거나 더 길다. 꽃은 흰색, 미색, 회색이 있고, 반쯤 벌어진다. 등꽃받침과 곁꽃받침은 버들잎모양으로 길이 0.7~1.2cm이고, 곁꽃잎은 0.9cm로 꽃받침보다 약간 짧다. 입술꽃잎은 3개로 갈라지며 가운데 갈래는 긴 둥근꼴이다. 꿀주머니는 약간 튀어나온다.
- **열매** 긴둥근꼴 캡슐열매이고 곧게 선다.
- **식별 포인트** 은난초와 달리 첫 번째 꽃턱잎이 꽃줄기보다 길다.

금새우난초 | 난초과
Calanthe sieboldii

- 꽃 피는 때 4~6월
- 생육 특성 일본, 한국에 분포하며 전남, 제주도, 울릉도에 자생하는 지생란으로 늘푸른여러해살이풀이다. 울릉도 숲 속에서 드물게 보인다. 높이 20~50cm이다.
- 잎 2~3개로 긴둥근꼴이며, 잎맥을 따라 주름져 있고, 가장자리는 물결모양이다.
- 줄기 곧게 선다. 땅속 헛비늘줄기가 새우 등 모양이다.
- 꽃 헛비늘줄기에서 나온 꽃줄기 끝 송이꽃차례에 노란색 꽃이 5~20개 핀다. 꽃싼잎은 버들잎모양이다. 등꽃받침은 달걀모양으로 길이 2~3cm이다. 곁꽃받침은 버들잎모양이고 길이 2~3cm이다. 곁꽃잎은 긴둥근꼴이고 2~3cm이며 끝이 뾰족하다. 입술꽃잎은 깊게 3개로 갈라지고 능선이 3개 있다.
- 열매 캡슐열매이고 달걀모양이다.
- 식별 포인트 새우난초, 한라새우난초와 달리 꽃이 노란색이고, 잎이 긴둥근꼴이다.

주름제비란

난초과
Gymnadenia camtschatica

- 꽃 피는 때 5~6월
- 생육 특성 러시아, 일본, 한국에 분포하며 산지 숲 속에 자생하는 지생란으로 여러해살이풀이다. 울릉도 중산간 지대부터 성인봉 8부까지 분포한다. 높이 20~60cm이다.
- 잎 4~10개가 어긋나며 거의 수평으로 퍼진다. 긴 달걀모양이고 끝이 뾰족하다. 잎바닥은 줄기를 감싸고 가장자리는 주름진다.
- 줄기 굵고 곧게 서며 밑부분에 잎싸개가 2~3개 있다.

- 꽃 이삭꽃차례 같은 송이꽃차례로 꽃줄기 길이 5~20cm이며, 흰색 또는 연분홍색 꽃이 촘촘하게 돌려난다. 꽃턱잎은 녹색이고 버들잎모양이며 길이 1~4cm이다. 등꽃받침과 곁꽃잎이 꽃술대를 보호하듯 감싼다. 입술꽃잎은 3개로 갈라지고 가운데 갈래가 곁갈래보다 짧다. 꿀주머니는 굽으며 끝이 뭉뚝하다.
- 열매 긴둥근꼴 캡슐열매다.
- 식별 포인트 북방계 난초로 잎가장자리가 주름져 있고, 꽃이 촘촘하게 많이 핀다.

청닭의난초 | 난초과
Epipactis papillosa

- 꽃 피는 때 6~8월
- 생육 특성 중국, 러시아, 일본, 한국에 분포하며 산지 숲 속 또는 바닷가 숲에 자생하는 지생란으로 여러해살이풀이다. 울릉도 낮은 산에도 자란다. 높이 20~70cm이다.
- 잎 5~7개가 어긋나며 버들잎모양이다. 길이 5~12cm, 너비 2~4cm이고 끝이 뾰족하며 밑은 줄기를 감싼다. 가장자리와 맥에 유리 같은 돌기가 있다.
- 줄기 갈색 짧은 털이 있고, 밑부분에 잎싸개가 2~4개 있다.
- 꽃 꽃줄기 끝에 녹색 또는 녹황색 꽃 5~25개가 송이꽃차례로 한쪽을 향해 핀다. 꽃턱잎은 버들잎모양으로 길이가 0.5~7cm이다. 등꽃받침은 달걀모양 또는 버들잎모양이며 곁꽃받침과 길이가 비슷하다. 곁꽃잎은 달걀모양으로 끝이 뾰족하다. 입술꽃잎 밑부분은 반달모양, 끝부분은 역삼각형이다.
- 열매 긴둥근꼴 캡슐열매다.
- 식별 포인트 닭의난초에 비해 꽃이 작고 녹색 계열이며, 잎가장자리와 맥에 유리 같은 돌기가 있다.

타래난초 | 난초과
Spiranthes sinensis

- 꽃 피는 때 7~8월
- **생육 특성** 호주, 중국, 인도, 한국 등에 분포하며 산과 들 풀밭에 자생하는 지생란으로 여러해살이풀이다. 울릉도 나리분지, 안평전 등에 자란다. 높이 20~40cm이다.
- **잎** 2~5개로 아래쪽에 모여나며 버들잎모양 또는 줄모양이고, 잎바닥은 짧은 잎싸개가 되고 1맥이 있다. 길이 5~20cm, 너비 0.3~1cm이다.
- **줄기** 비늘 같은 잎이 위쪽에 2~3개 있다.

- 꽃 줄기 끝 송이꽃차례에 분홍색 또는 흰색 꽃이 나사모양으로 꼬여 핀다. 꽃줄기와 꽃은 직각을 이룬다. 꽃턱잎은 버들잎모양이다. 등꽃받침은 덮개를 이루고 긴둥근꼴이다. 곁꽃받침은 긴둥근꼴로 등꽃받침보다 약간 짧다. 곁꽃잎은 곧으며 줄모양이고, 입술꽃잎은 흰색이며 긴둥근꼴이고 가장자리는 물결모양이다.
- **열매** 긴둥근꼴 캡슐열매다.
- **식별 포인트** 꽃이 꽃줄기를 중심으로 타래처럼 꼬여서 달린다.

사철란 난초과
Goodyera schlechtendaliana

- 꽃 피는 때 7~9월
- 생육 특성 일본, 중국, 한국 등에 분포하며 산지 그늘 진 숲 속에 자생하는 늘푸른여러해살이풀이다. 울릉도 중산간 지대에 드물게 자란다. 높이 10~25cm이다.
- 잎 아래쪽에 잎 4~6개가 촘촘하게 어긋난다. 짙은 녹색으로 잎맥을 따라 흰색 얼룩이 있으며 좁은 달걀모양이다. 길이 2~4cm, 너비 1~2.5cm이다.
- 줄기 흰빛이 도는 녹색으로 털이 많다.
- 꽃 줄기 끝 송이꽃차례에 분홍빛이 도는 흰색 꽃 5~15개가 한쪽을 향해 핀다. 꽃턱잎은 곧게 서고 넓은 버들잎모양이며 털이 있다. 등꽃받침은 곁꽃잎과 함께 덮개를 이루며 좁은 버들잎모양이고 아랫면에 털이 있다. 곁꽃받침은 옆으로 퍼지며 버들잎모양이다. 곁꽃잎은 거꿀버들잎모양이며 끝이 뭉뚝하고 1맥이다. 입술꽃잎은 달걀모양이고 밑부분은 주머니모양이며 안쪽에 털이 있다.
- 열매 캡슐열매다.
- 식별 포인트 청사철란과 달리 잎맥을 따라 흰색 줄무늬가 나타난다.

청사철란 | 난초과
Goodyera schlechtendaliana for. *similis*

- 꽃 피는 때 7~9월
- 생육 특성 울릉도 일부 지역에 자생하는 지생란이며 늘푸른여러해살이풀이다. 높이 10~25cm이다.
- 잎 아래쪽에 4~6개가 촘촘하게 어긋난다. 짙은 녹색이며, 잎맥을 따라 흰색 얼룩이 없다. 좁은 달걀모양이다. 길이 2~4cm, 너비 1~2.5cm이다.
- 줄기 흰빛이 도는 녹색으로 털이 많다.
- 꽃 줄기 끝 송이꽃차례에 분홍빛 도는 흰색 꽃 5~15개가 한쪽을 향해 핀다. 꽃턱잎은 곧게 서고 넓은 버들잎모양이며 털이 있다. 등꽃받침은 곁꽃잎과 함께 덮개를 이루며 좁은 버들잎모양이고 아랫면에 털이 있다. 곁꽃받침은 옆으로 퍼지며 버들잎모양이다. 곁꽃잎은 거꿀버들잎모양이며 끝이 뭉뚝하고 1맥이다. 입술꽃잎은 달걀모양이고 밑부분은 주머니모양이며 안쪽에 털이 있다.
- 열매 캡슐열매다.
- 식별 포인트 사철란과 달리 잎맥을 따라 흰색 줄무늬가 없다.

섬사철란 | 난초과
Goodyera maximowicziana

- **꽃 피는 때** 9~10월
- **생육 특성** 울릉도 일부 지역에 자생하는 지생란이며 늘푸른여러해살이풀이다. 높이 5~10cm이다.
- **잎** 긴둥근꼴 또는 달걀모양이다. 길이 2~6cm, 너비 1~3cm이다. 가장자리는 주름지며 맥은 3~5개로 뚜렷하다.
- **줄기** 옆으로 길게 뻗으며 줄기에서 뿌리가 난다.

- **꽃** 줄기 끝 이삭모양꽃차례에 연분홍 및 흰색 꽃 3~7개가 한쪽을 향해 피며, 털이 없거나 돌기 같은 털이 가끔 있다. 반만 열린다. 밑부분이 주머니처럼 부풀며 안쪽에 털이 있고 끝이 무디다.
- **열매** 캡슐열매다.
- **식별 포인트** 사철란과 달리 잎맥 3~5개가 나란하다.

큰연영초 | 백합과
Trillium tschonoskii

- 꽃 피는 때 4~5월
- **생육 특성** 일본, 중국, 한국 등에 분포하며 울릉도 중산간 지대에 자생하는 여러해살이풀이다. 높이 30cm 안팎이다.
- 잎 원줄기 끝에 잎자루 없는 잎 3개가 돌려난다. 잎은 달걀모양이고 길이와 너비가 각각 7~17cm이며, 3~5맥과 그물맥이 있고 끝이 뾰족하다.
- 줄기 곧게 서고 끝에 잎 3개가 돌려난다.
- 꽃 돌려난 잎 가운데에서 꽃자루가 1개 나오고 거기에 서 꽃 1개가 옆을 향해 핀다. 꽃받침은 3개로 갈라지고 갈래조각은 넓은 버들잎모양이며, 끝이 뾰족하고 꽃잎과 길이가 비슷하다. 꽃잎도 3개이고 달걀모양이다. 수술은 6개이며, 암술은 3개로 갈라지고 씨방은 보랏빛 도는 검은색이다.
- **열매** 달걀모양 물열매이고 보랏빛 도는 검은색이며 능선이 6개 있다.
- **식별 포인트** 연영초는 씨방이 황백색이고 큰연영초는 씨방이 보랏빛 도는 검은색이다.

연영초

큰두루미꽃 | 백합과
Maianthemum dilatatum

- 꽃 피는 때 5~6월
- 생육 특성 일본, 중국, 러시아, 한국 등에 분포하며 울릉도 중산간 지대에 널리 자라는 여러해살이풀이다. 높이 10~25cm이다.
- 잎 밑부분 것은 비늘 같으며, 잎 2~3개가 어긋나며 심장모양이다. 길이 3~10cm, 너비 2.5~8cm이다.
- 줄기 곧게 서고 잎이 달리는 부분에서 지그재그로 꺾인다.
- 꽃 흰색 꽃 10~45개가 송이꽃차례에 달린다. 꽃자루는 길이 0.3~0.7cm이고 꽃덮이조각은 긴둥근꼴로 뒤로 젖혀진다. 수술은 4개이고 꽃덮이보다 짧으며, 암술대는 끝이 얕게 3개로 갈라지며 간혹 2개로 갈라지기도 한다.
- 열매 공모양 물열매이고 붉게 익는다.
- 식별 포인트 두루미꽃에 비해 전체적으로 크고 꽃이 많이 달리는 점 외에는 딱히 다른 점이 없다. 울릉도 사람들은 잎이 닭똥집을 닮았다고 해서 '닭똥집풀'이라고 부른다.

두루미꽃

윤판나물아재비 | 백합과
Disporum sessile

- 꽃 피는 때 5~6월
- 생육 특성 일본, 한국에 분포하고 제주도, 남해안 섬과 울릉도에 자생하는 여러해살이풀이다. 울릉도 중산간 지대에 군락을 이루어 자란다. 높이 30~60cm이다.
- 잎 어긋난다. 긴둥근꼴이며 끝이 뾰족하고 가장자리에 톱니가 없다. 길이 5~15cm, 너비 1.5~4cm이고, 잎자루는 거의 없다.
- 줄기 곧게 서고 위쪽에서 가지가 갈라지며 녹색 또는 연한 흑갈색을 띤다. 위쪽에 미약한 능선이 있다.
- 꽃 녹색을 띠는 황백색 꽃 1~3개가 아래를 향해 달린다. 주걱모양 꽃덮이가 6개 모여 통모양을 이룬다. 수술 6개, 암술 1개이고, 암술머리는 3개로 갈라진다.
- 열매 둥근꼴 물열매이며 검은색으로 익는다.
- 식별 포인트 윤판나물과 달리 줄기가 흑갈색이 아니며, 꽃이 녹색을 띠는 황백색이다.

왕둥굴레

백합과
Poiygonatum robustum

- **꽃 피는 때** 5~6월
- **생육 특성** 러시아, 한국에 분포하며 울릉도 중산간 지대와 고지대에 드물게 자라는 여러해살이풀이다. 높이 30~60cm이다.
- **잎** 어긋난다. 한쪽으로 치우쳐서 퍼진다. 긴둥근꼴로 길이 5~10cm, 너비 2~5cm이며, 잎자루가 없다. 잎 아랫면에 털이 있다.
- **줄기** 위쪽에서 비스듬히 휘며 줄기 위쪽에 미약한 능선이 나타난다.
- **꽃** 잎겨드랑이에서 나온 1~2cm 꽃대에 백록색 꽃 1~4개가 아래를 향해 핀다. 꽃부리는 통모양이고 길이 1.5~2cm이다. 꽃부리 윗부분은 녹색이고 6개로 갈라지며 아랫부분은 흰색이다. 수술은 6개이며 판통 윗부분에 붙고, 암술은 수술보다 조금 더 길다.
- **열매** 공모양 물열매이고 검은색으로 익는다.
- **식별 포인트** 둥글레에 비해 전체가 크고, 꽃이 1~4개 달린다.

울릉산마늘

백합과
Allium ochotense

- 꽃 피는 때 5~7월
- 생육 특성 일본, 한국 등에 분포하며 울릉도 중산간 지대부터 고지대까지 널리 자라는 여러해살이풀이다. 울릉도에서 많이 기르며, 높이 40~70cm이다.
- 잎 2~3개가 밑에서 붙고 흰빛이 도는 녹색이며 가장 자리는 밋밋하다. 긴둥근꼴로 길이 10~30cm, 너비 3~10cm이고, 잎자루는 4~15cm로 잎바닥이 좁아지면서 줄기를 감싼다.
- 줄기 꽃줄기가 길다.
- 꽃 길게 자란 꽃줄기 끝 우산모양꽃차례에 흰색 꽃이 핀다. 꽃싼잎은 달걀모양이며 2개로 갈라진다. 꽃자루는 길이 1.5~3cm이다. 꽃덮이는 6개이고 흰색이며 긴둥근꼴이다. 수술은 6개이고, 암술은 1개로 꽃덮이보다 길며 꽃밥은 노란색이다.
- 열매 세모꼴 캡슐열매이고 씨앗은 검은색으로 익는다.
- 식별 포인트 산마늘에 비해 잎이 크다. 구황작물로 목숨을 이어 줬다고 해 '명(命)이나물'로 통한다.

산달래 백합과
Allium macrostemon

독도 서식

- **꽃 피는 때** 5~6월
- **생육 특성** 일본, 중국, 몽골, 한국 등에 분포하며 울릉도 숲 속과 들에 흔히 자라는 여러해살이풀이다. 높이 40~60cm이다.
- **잎** 어긋난다. 2~9개로 줄모양이며, 잎바닥은 줄기를 감싼다. 횡단면은 세모꼴이고 표면에 홈이 파이며 늦가을에 나와 겨울을 난다.

- **줄기** 땅속뿌리에 지름 1~2cm 되는 넓은 달걀모양 또는 둥근꼴 비늘줄기가 있다.
- **꽃** 줄기 끝 우산모양꽃차례에 연분홍색 또는 흰색 꽃이 둥글게 모여 핀다. 꽃자루는 1.5cm이다. 꽃덮이는 6개로 깊게 갈라지고 수술은 꽃덮이 밖으로 나온다.
- **열매** 달걀모양 캡슐열매다.
- **식별 포인트** 봄에 잎과 비늘줄기를 먹는다.

노간주비짜루

백합과
Asparagus rigidulus

- 꽃 피는 때 5~6월
- 생육 특성 일본, 한국 등에 분포하며 독도, 포항을 비롯한 남부지방 바닷가, 제주도에 자생하는 여러해살이풀이다. 길이 100~200cm이다. 울릉도에는 자생하지 않는다.
- 잎 어긋난다. 줄모양이다. 작은 가지에서는 마주나기도 한다. 작은잎은 활처럼 약간 휜다.
- 줄기 비스듬히 누워 자란다.
- 꽃 암수딴그루다. 암꽃과 수꽃 꽃덮이는 젖히지 않고 곧다. 암꽃 암술대는 끝이 3개로 갈라지고, 수꽃은 수술이 6개이며 꽃밥이 주황색이다. 꽃자루 길이 0.16cm로 비짜루보다 2배 정도 길다.
- 열매 긴둥근꼴 물열매이고 붉게 익는다.
- 식별 포인트 비짜루는 줄기가 곧게 서면서 가지를 치고 꽃자루가 거의 없는 것처럼 보인다. 노간주비짜루는 바닷가에 자생하며 옆으로 누워 자라고 꽃자루가 0.16cm로 길다.

섬말나리 | 백합과
Lilium hansonii

- 꽃 피는 때 6~7월
- 생육 특성 일본, 중국, 한국에 분포하며 울릉도 중산간 지대에 널리 자라는 여러해살이풀이다. 높이 70~150cm이다.
- 잎 2~4층으로 달리며 각 층마다 긴둥근꼴 잎 6~10개가 돌려난다. 위쪽 잎은 어긋나며 버들잎모양이다. 길이 10~18cm, 너비 2~4cm이고 잎맥이 3~7개 있다.
- 줄기 곧게 선다. 땅속에 공모양 비늘줄기가 있다.
- 꽃 줄기 끝에 노란색 꽃 4~12개가 약간 아래를 향해 핀다. 지름은 7~9cm이다. 꽃덮이는 6개이고 뒤로 약간 젖히며 안쪽에 검붉은 얼룩이 있다. 수술은 6개이고 꽃덮이보다 짧다. 꽃밥은 노란색이다.
- 열매 거꿀달걀모양 캡슐열매이고 짧은 날개가 있다.
- 식별 포인트 말나리와 달리 보통 잎이 2층 이상으로 돌려나고, 꽃이 노란색이다.

참나리

백합과
Lilium lancifolium

독도 서식

- 꽃 피는 때 7~8월
- **생육 특성** 일본, 중국, 한국 등에 분포하며 전국 산과 들에 자생하는 여러해살이풀이다. 울릉도 일주도로를 따라 많이 자란다. 높이 100~200cm이다.
- 잎 촘촘히 어긋나고, 버들잎모양이며 끝이 뾰족하고 가장자리는 밋밋하다. 길이 5~20cm, 너비 0.5~1.5cm이고, 잎자루는 없다. 위쪽 줄기 잎겨드랑이에 붙는 갈색 살눈이 떨어져 번식한다.

- 줄기 곧게 서고 굵으며 적갈색을 띤다.
- 꽃 줄기 끝에 황적색 꽃 4~20개가 약간 아래를 향해 핀다. 꽃덮이는 6개이고 뒤로 활짝 젖혀지며 안쪽에 검붉은 얼룩이 많다. 수술은 6개이고 꽃덮이보다 길게 나오며 꽃밥은 보랏빛 도는 검은색이다. 암술대는 곧게 선다.
- **열매** 긴 달걀모양 캡슐열매이고 매끈하다.
- **식별 포인트** 다른 나리 종류와 달리 살눈이 생긴다.

두메부추 | 백합과
Allium senescens

- 꽃 피는 때 8~10월
- **생육 특성** 중국, 러시아, 유럽, 한국 등에 분포하는 여러해살이풀이다. 울릉도 바닷가 절벽에 자라며 밭에 재배하기도 한다. 높이 20~50cm이다.
- 잎 줄모양이고 5~9장이 뿌리에서 나며 길이 15~40cm, 너비 0.6~1.3cm이다. 잎 단면은 반타원형이고 속이 차 있다. 전체에서 부추 향기가 난다.
- 줄기 곧게 선다.
- 꽃 꽃자루는 높이 50cm까지 자란다. 연분홍색 꽃 여러 개가 우산모양꽃차례를 이룬다. 꽃줄기 위쪽은 납작하고 단면 양쪽이 볼록하며 양 끝에 좁은 날개가 있다. 꽃차례는 지름 3cm이고, 꽃자루는 길이 1cm로 분백색이며 세로로 날개가 있다. 꽃덮이조각은 6개이며 버들잎모양이다. 수술도 6개이고 꽃덮이보다 길게 나오며, 암술은 1개다.
- 열매 세모꼴 캡슐열매다.
- **식별 포인트** 산부추와 달리 꽃이 연분홍색이고, 잎 횡단면이 반타원형이다.

부추

맥문동 | 백합과
Liriope platyphylla

- 꽃 피는 때 7~9월
- 생육 특성 일본, 중국, 한국 등에 분포하며 전국 산지에 자생하는 늘푸른여러해살이풀이다. 울릉도 산지에 드문드문 자란다. 높이 30~50cm이다.
- 잎 뿌리에서 모여나고, 납작한 줄모양이며, 가장자리는 밋밋하고 끝부분이 아래로 처진다. 길이 30cm 안팎, 너비 0.8~1.2cm이다. 잎맥이 11~15개 있다.
- 줄기 꽃줄기가 있다.

- 꽃 꽃줄기 끝 송이꽃차례에 자주색 꽃이 아래에서부터 위로 피어 올라간다. 꽃대는 30~50cm이고 마디마다 꽃 3~5개가 촘촘히 달리며, 꽃차례 길이는 8~12cm이다. 꽃자루는 0.2~0.5cm이고 꽃 밑부분에 관절이 있으며, 꽃덮이조각 6개, 수술 6개, 암술대 1개다.
- 열매 공모양 물열매이고 검게 익는다.
- 식별 포인트 개맥문동과 달리 잎맥이 11개 이상으로 많고, 꽃이 촘촘히 달린다.

붓꽃 | 붓꽃과
Iris sanguinea

- **꽃 피는 때** 5~6월
- **생육 특성** 만주, 몽골, 한국 등에 분포하며 전국 산과 들 풀밭에 자생하는 여러해살이풀이다. 울릉도 나리분지에 자란다. 높이 30~60cm이다.
- **잎** 2줄로 붙고 버들잎모양이며 꼿꼿이 선다. 길이 30~50cm, 너비 0.5~1cm이다.
- **줄기** 곧게 서고 여러 대가 모여난다.
- **꽃** 길게 자란 꽃줄기 끝에 보라색 꽃이 2~3개씩 하늘을 향해 핀다. 겉꽃덮이는 3개이고 뒤로 젖혀지며, 안쪽 흰색과 노란색 바탕에 보라색 그물무늬가 있다. 속꽃덮이도 3개로 곧게 서고 버들잎모양이며 암술대보다 높게 솟는다. 암술대는 겉꽃덮이를 따라 3개로 갈라진다. 수술은 암술대 뒤에 숨겨져 있다.
- **열매** 캡슐열매다.
- **식별 포인트** 부채붓꽃에 비해 속꽃덮이가 크고 암술대보다 높이 솟는다.

몬트부레치아 | 붓꽃과
Tritonia × crocosmiiflora

- 꽃 피는 때 5~6월
- **생육 특성** 남아프리카 원산 귀화식물로 제주도, 남해안 섬, 울릉도 도동과 저동 사이에 널리 자라는 여러해살이풀이다. 높이 50~80cm이다.
- **잎** 2줄로 어긋나고 넓은 줄모양이며 끝이 뾰족하고 중맥이 뚜렷하다. 길이 30~60cm, 너비 2~4cm이다.
- **줄기** 곧게 서고 여러 개가 뭉쳐난다.

- **꽃** 줄기 끝 갈라진 가지마다 달리는 송이꽃차례에 황적색 꽃이 아래를 향해 핀다. 지름은 2.5~3cm이다. 꽃싼잎은 막질이고 끝이 뾰족하다. 꽃덮이는 6개, 수술은 3개이며, 암술은 1개이고 끝이 3개로 갈라진다.
- **열매** 달걀모양 캡슐열매다.
- **식별 포인트** 관상용으로 심어 기르던 것이 야생에서 자란다. 범부채에 비해 꽃이 작고 꽃잎에 무늬가 없다.

글라디올러스

붓꽃과
Gladiolus grandavensis

- 꽃 피는 때 5~6월
- 생육 특성 남아메리카 원산 원예식물로 집에 심는 여러해살이풀이다. 울릉도 도동에 자란다. 높이 70~100cm이다.
- 잎 땅속 알뿌리에서 잎이 나오고 청록색이다. 칼 또는 줄처럼 생겼으며 2줄로 곧게 선다.
- 줄기 잎 사이에서 녹색 꽃줄기가 나온다.
- 꽃 이삭꽃차례로 피며 꽃줄기 위쪽에서 한쪽으로 길게 치우쳐 달린다. 밑에서 위로 피어 올라가며 붉은색, 흰색, 노란색, 자주색 등 다양하다. 꽃 밑부분은 작은 버들잎모양 턱잎으로 싸여 있다. 꽃덮이는 6개로 갈라지며 수술은 3개, 암술은 1개다. 암술머리는 3개로 갈라지고 수술보다 길고 밖으로 나온다.
- 열매 길이 0.1cm 정도인 엷은 노란색 여윈열매다.
- 식별 포인트 알뿌리 화초로 관상용이나 꽃꽂이용으로 재배한다.

닭의장풀 | 닭의장풀과
Commelina communis

독도 서식

- 꽃 피는 때 6~9월
- 생육 특성 일본, 우수리 강 유역, 중국, 한국 등에 분포하며 전국 산과 들 풀밭에 자생하는 한해살이풀이다. 울릉도 저지대 전역에 자생하며 독도에서도 자란다. 높이 15~50cm이다.
- 잎 어긋난다. 버들잎모양이며 잎바닥이 막질 잎집으로 이루어진다. 길이 5~7cm, 너비 1~3cm이다.
- 줄기 아래쪽에서 비스듬히 자라고 밑에서 가지가 갈라진다.
- 꽃 잎겨드랑이에서 나온 꽃대 끝에서 꽃턱잎으로 싸여 하늘색 꽃이 핀다. 꽃턱잎은 넓은 심장모양이며 안으로 접히고 끝이 갑자기 뾰족해지며, 길이 2cm로 겉에 털이 없다. 꽃받침조각은 3개이며 흰색이고 긴둥근꼴이다. 꽃덮이는 3개이며 위쪽 2개는 둥글고 파란색이다. 아래쪽 꽃잎 1개는 흰색이며 작다. 암술은 1개로 길게 나오며, 수술은 6개로 그중 2개가 길게 나온다.
- 열매 긴둥근꼴 캡슐열매로 꽃싼잎에 싸인다.
- 식별 포인트 꽃싼잎에 털이 있는 것은 좀닭의장풀이라고 한다.

나도생강 | 닭의장풀과
Pollia japonica

- **꽃 피는 때** 6~8월
- **생육 특성** 일본, 중국, 한국 등에 분포하며 제주도, 전남 섬과 울릉도에 자생하는 여러해살이풀이다. 높이 50~100cm이다.
- **잎** 어긋난다. 10개 안팎이며 긴둥근꼴이고 양 끝이 뾰족하다. 표면은 거친 편이다. 길이 15~30cm, 너비 2.5~7cm이며, 잎바닥이 줄기를 감싼다.
- **줄기** 곧게 서고 아래쪽에 칼집모양으로 퇴화한 잎이 있다.

- **꽃** 꽃차례는 원줄기 끝에서 5~6층으로 돌려난다. 길이 10~30cm로 뒤로 젖혀진 흰색 털이 있고, 각 층에는 꽃턱잎이 5~6개 있으며, 가지가 수평으로 퍼진다. 꽃은 흰색이며 단성화로 암꽃과 수꽃에 각각 작은 생식기가 남아 있다. 꽃잎과 꽃받침조각은 각각 3개이고 수술은 6개다.
- **열매** 공모양 캡슐열매다.
- **식별 포인트** 꽃이 원뿔모양 작은모임꽃차례에 달리고 열매가 익어도 벌어지지 않는다.

질경이택사 | 택사과
Alisma orientale

- **꽃 피는 때** 5~6월
- **생육 특성** 일본, 만주, 몽골, 한국 등에 분포하며 지리산, 강원도, 울릉도 늪이나 얕은 물가에 자생하는 여러해살이풀이다. 울릉도 현포 얕은 웅덩이에 자란다. 높이 60~90cm이다.
- **잎** 뿌리에서 모여나고 길이 30cm 안팎 잎자루가 있으며 달걀모양이다. 길이 4~10cm, 너비 2~6cm이고, 5~7맥이 있다. 양면에 털이 없다.
- **줄기** 꽃줄기는 뿌리에서 바로 나오고 많은 가지가 돌려난다.

- **꽃** 송이꽃차례로 돌려난다. 꽃대는 잎 사이에서 나오고 가지가 돌려나며, 꽃자루는 1~1.5cm로 가지에서 돌려난다. 꽃은 흰색이며, 꽃받침과 꽃잎은 각각 3개다. 수술은 6개이고 꽃밥은 황록색이다.
- **열매** 원반모양 여윈열매다.
- **식별 포인트** 택사는 잎이 긴둥근꼴이다. 둥근잎택사는 잎이 콩팥모양으로 잎바닥이 오목하고 공모양 여윈열매가 모여 달린다.

애기부들

부들과
Typha angustifolia

- **꽃 피는 때** 6~8월
- **생육 특성** 극지를 제외한 전 세계에 분포하며 전국 습지와 강가에 자생하는 여러해살이풀이다. 울릉도 태하와 추산에 자란다. 높이 120~200cm이다.
- **잎** 길이 90~130cm, 너비 0.6~1.2cm이다.
- **줄기** 원줄기는 기둥모양으로 곧게 선다.
- **꽃** 기둥모양 살이삭꽃차례에 핀다. 암꽃이삭은 아래쪽에 피고, 수꽃이삭은 2~8cm 떨어져 위쪽에 달린다. 꽃덮이가 없고 아래쪽에 흰 털이 있다.
- **열매** 긴 기둥모양이며 불그스름한 갈색으로 익는다.
- **식별 포인트** 부들과 달리 암꽃이삭과 수꽃이삭이 떨어져 있다.

섬조릿대 | 벼과
Sasa kurilensis

- 꽃 피는 때 4~5월
- 생육 특성 울릉도 성인봉 중산간 지대부터 고지대까지 자란다. 높이 100~300cm이다.
- 잎 꽃싼잎조각은 젖혀지고 위로 갈수록 커진다. 잎은 2~7개씩 달리며 긴둥근꼴이고 길이 7~20cm, 폭 1.5~5cm이다. 윗면은 털이 없고 진한 녹색이며 아랫면은 중맥 기부에 털이 있고 흰빛을 띤다.
- 줄기 지름 0.4~0.6cm로 꽃턱잎과 함께 털이 없다.
- 꽃 5~6년마다 줄기 옆에 자라는 겹총상꽃차례에 달린다. 작은이삭은 꽃 3~5개로 이루어진다. 밑동에는 작은꽃턱잎이 2개 달려 있다. 꽃줄기는 잎집 안에 들어 있다. 수술은 6개이고 암술은 1개다.
- 열매 거의 볼 수 없다.
- 식별 포인트 이대에 비해 잎이 넓고 키는 작은 편이다.

이대 | 벼과
Pseudosasa japonica

- 꽃 피는 때 7~8월
- **생육 특성** 일본, 대만, 중국, 한국 등에 자생하며 전국 산과 들에 자란다. 울릉도 저지대 산지 초입에 자란다. 높이 200~500cm이다.
- **잎** 잎은 좁은 버들잎모양이고 털이 없다. 길이 10~30cm, 너비 1~4cm로 끝이 꼬리처럼 길며, 가늘고 부드러운 털이 있다.
- **줄기** 지름 0.5~1.5cm이고 중앙 윗부분에서 가지가 5~6개 나온다. 원줄기가 곧고 윗부분과 아랫부분 굵기가 거의 일정하며 마디 사이가 길고, 마디 두께가 얇다. 칼집잎 밖에 굽은 털이 있다. 죽순은 5월에 나오고 처음 나오는 칼집잎에는 누운 털이 빽빽하다.
- **꽃** 작은이삭 5~10개가 모여 고깔꽃차례를 이루고 잔털이 있으며 자줏빛이 돈다.
- **열매** 거의 볼 수 없다.
- **식별 포인트** 섬조릿대에 비해 키가 크며, 잎이 좁고 긴 편이다.

띠 | 벼과
Imperata cylindrica var. *koenigii*

- 꽃 피는 때 5~7월
- 생육 특성 아프리카, 북미, 한국을 비롯한 아시아에 분포하며, 전국 양지바른 도로가에 자생하는 여러해 살이풀이다. 울릉도 풀밭에 자란다. 높이 30~80cm 이다.
- 잎 길이 20~50cm, 너비 0.7~1.2cm이다.

- 줄기 비늘조각에 싸인 긴 뿌리줄기가 있으며 마디가 1~4개 있다.
- 꽃 꽃차례 길이 10~20cm이고 전체가 기둥모양이며 은백색 긴 털로 덮인다.
- 열매 겨깍지열매다.
- 식별 포인트 양지바른 풀밭에 무리 지어 자란다.

털빕새귀리 | 벼과
Bromus tectorum

- **꽃 피는 때** 6~7월
- **생육 특성** 유럽 원산 귀화식물로 전국에 자생한다. 울릉도 일주도로를 따라 자라며 전체에 부드러운 털이 빽빽한 한두해살이풀이다. 높이 30~60cm이다.
- **잎** 잎집은 원기둥모양으로 밑을 향한 털이 빽빽하며, 잎몸은 길이 5~12cm로 양면에 털이 있다.
- **줄기** 단생하거나 한 포기에서 줄기가 여러 개 나오기도 하며 마디가 2~5개 있다.

- **꽃** 고깔꽃차례이고 길이 10~15cm로 끝이 늘어진다. 작은이삭은 길이 1.2~2cm로 긴둥근꼴이고 작은 꽃 5~8개로 이루어진다. 까락이 있고 길이 1.2~1.5cm이다.
- **열매** 겨깍지열매다.
- **식별 포인트** 무리 지어 자란다.

새포아풀 | 벼과
Poa annua

- 꽃 피는 때 5~8월
- 생육 특성 전 세계에 분포하며, 울릉도 도로가나 풀밭에 잘 자라는 한해살이풀이다. 높이 10~25cm이다.
- 잎 길이 2~15cm, 너비 0.1~0.3cm이다.
- 줄기 한 포기에서 줄기를 여러 개 내며 곧추서거나 비스듬히 자란다. 높이 5~35cm이고, 마디는 3~4개다.

- 꽃 고깔꽃차례이며, 꽃차례 길이 5~17cm이고 매끈하다. 한 마디에서 가지가 2개 나오고, 길이 1.1~8cm이다.
- 열매 겨깍지열매다.
- 식별 포인트 포아풀, 왕포아풀에 비해 작다.

잔디 | 벼과
Zoysia japonica

- **꽃 피는 때** 5~7월
- **생육 특성** 일본, 대만, 중국, 한국 등에 자생하며 전국 양지바른 들에 자라는 여러해살이풀이다. 울릉도 양지바른 곳에 자란다. 높이 10~15cm이다.
- **잎** 잎자루 길이 2.5~6cm, 너비 0.2~0.5cm이다.
- **줄기** 뿌리줄기는 길게 뻗으며 마디에서 잎과 꽃줄기가 나온다. 높이 5~15cm이고 마디가 3~6개 있다.
- **꽃** 꽃줄기 높이는 10~15cm이고, 그 끝에 3~5cm인 꽃차례가 달린다.
- **열매** 겨깍지열매다.
- **식별 포인트** 씨앗을 받아서 이듬해 봄에 뿌리면 새로운 개체가 자란다.

오리새 | 벼과
Dactylis glomerata

- 꽃 피는 때 7~8월
- **생육 특성** 미국, 일본, 중국, 한국 등에 분포하며 전국 산과 들에 자라는 여러해살이풀이다. 울릉도 나리분지, 태하 등에 자란다. 높이 50~120cm이다.
- 잎 길이 10~40cm, 너비 0.5~1.4cm이고, 편평한 줄모양이며 분녹색이다. 잎혀는 막질이며 높이 0.7~1.2cm이다.

- 줄기 마디가 3~5개 있다.
- 꽃 10~30cm 고깔꽃차례를 이루고 듬성듬성 갈라진다.
- **열매** 딱딱하게 된 겉받침겨와 속받침겨에 싸여 있다.
- **식별 포인트** 바깥잎겨가 2개 있고, 겉받침겨에 용골이 발달하며 까락이 있다.

호밀 | 벼과
Secale cereale

- 꽃 피는 때 5~6월
- 생육 특성 서남아시아 원산으로 북부지방에서 흔히 기르는 한해살이풀이다. 울릉도 사동 비탈면에 자란다. 높이 100~200cm이다.
- 잎 길이 30cm 안팎, 폭 0.6~1.5cm이고, 윗면은 거칠며 아랫면은 밋밋하다. 잎몸 밑에 귀 같이 튀어나온 부분이 있다.
- 줄기 원줄기는 흰빛이 도는 녹색으로 뭉쳐나며 밑부분이 약간 굽었다가 곧추 자란다.
- 꽃 이삭꽃차례이며 길이 10~15cm로 조금 편평하고, 중축 양쪽에 흰색 털이 있으며 작은이삭이 2줄로 늘어선다.
- 열매 꽃마다 열매를 만들며 밀보다 가늘고 길다.
- 식별 포인트 북극권에서도 재배가 가능할 만큼 내한성이 강하다. 중남부지방에서도 재배하며, 양조 원료로 쓰거나 먹기도 한다.

바랭이 | 벼과
Digitaria ciliaris

독도 서식

- 꽃 피는 때 7~8월
- 생육 특성 전 세계 온대와 열대에 분포하며 전국에 자생하는 한해살이풀이다. 울릉도 저지대 전역에 자란다. 길이 40~70cm이다.
- 잎 가느다란 버들잎모양이고 길이 8~20cm, 너비 0.5~1.2cm로 연한 녹색이며, 양면에 털이 있거나 없다. 잎집에 털이 있다.
- 줄기 밑부분이 기면서 마디에서 뿌리가 나고, 윗부분은 곧게 자란다.
- 꽃 가지가 3~7개 있고, 그 가지에 이삭꽃차례로 달리는 작은이삭은 대가 있는 것과 없는 것이 있다. 연한 녹색에 자줏빛이 돈다.
- 열매 겨깍지열매다.
- 식별 포인트 좀바랭이와 달리 꽃차례가 3~7개이고, 잎이 길다.

왕바랭이 | 벼과
Eleusine indica

- **꽃 피는 때** 7~8월
- **생육 특성** 전국 밭과 길가 양지바른 곳에 자라는 한해 살이풀이다. 울릉도 저지대 풀밭이나 길가에 자란다. 높이 25~50cm이다.
- **잎** 편평하고 줄모양이며 아래쪽에 긴 털이 있다. 잎혀 는 길이 0.1cm 정도로 흰색이고 톱니가 있다.
- **줄기** 모여날 때는 곧추서지만 홀로 날 때는 옆으로 비 스듬히 자란다.

- **꽃** 원줄기 끝에 우산모양 큰 이삭이 달리고 가지 한 쪽에 작은 꽃이 2줄로 붙는다. 이삭꽃차례를 이루며, 꽃차례 길이 7~15cm이다.
- **열매** 달걀모양 겨깍지열매이며 무딘 능선이 3개 있다.
- **식별 포인트** 바랭이와 달리 꽃이 2줄로 빽빽이 달 린다.

솔새 | 벼과
Themeda triandra var. *japonica*

- 꽃 피는 때 7~9월
- **생육 특성** 일본, 중국, 한국 등에 분포하며 전국 산과 들에 자생하는 여러해살이풀이다. 울릉도에서는 일주 도로를 따라 보인다. 높이 70~100cm이다.
- **잎** 줄모양으로 길이 30~50cm이고 가장자리가 뒤로 말린다. 백록색으로 까칠까칠하고 아래쪽에 잎집과 함께 긴 흰색 털이 드문드문 나며, 잎혀에도 털이 있다.

- **줄기** 모여나고 곧게 자라며 끝부분이 약간 휜다.
- **꽃** 줄기 끝과 위쪽 잎겨드랑이에서 이삭꽃차례가 연속해서 원뿔꽃차례로 피며, 꽃이삭에 덮개가 있다. 까락에 털이 있다.
- **열매** 겨깍지열매다.
- **식별 포인트** 개솔새와 달리 잎이 30cm 이상으로 길고, 잎혀와 까락에 털이 있다.

돌피 | 벼과
Echinochloa crusgalli

- **꽃 피는 때** 7~8월
- **생육 특성** 전 세계 온대와 열대에 분포하며 전국 빈터나 논, 도랑에 자생하는 한해살이풀이다. 울릉도 사동과 태하에서 보인다. 높이 80~150cm이다.
- **잎** 편평하고 줄모양이며 길이 30~50cm이다. 가장자리에 톱니가 있어 깔끄럽다. 잎집에는 잎혀가 없다.
- **줄기** 모여나고 곧게 자라며 마디가 5~6개 있다.

- **꽃** 고깔꽃차례에 성글게 달리고 자줏빛을 띠며 길이 10~25cm이다. 꽃대축이 굵고 기부에 가시털이 있다. 겉받침겨 끝부분에 길이 2~4cm인 까락이 있거나 없다.
- **열매** 긴둥근꼴 겨깍지열매로 길이 0.3cm이다.
- **식별 포인트** 물피와 달리 겉받침겨에 까락이 있거나 없다.

물피 | 벼과
Echinochloa crusgalli var. *oryzicola*

독도 서식

- 꽃 피는 때 7~8월
- 생육 특성 전 세계 온대와 열대에 분포하며 전국 빈터나 논, 도랑에 자생하는 한해살이풀이다. 울릉도에는 없고, 독도 동도에서 확인했다. 높이 80~150cm이다.
- 잎 편평하고 줄모양이며 길이 30~50cm이다. 가장자리에 톱니가 있어 깔끄럽다. 잎집에 잎혀가 없다.
- 줄기 모여나고 곧게 자라며 마디가 5~6개 있다.
- 꽃 고깔꽃차례에 성글게 달리고 자줏빛을 띠며 길이 10~25cm이다. 꽃대축은 굵고 기부에 가시털이 있다. 겉받침겨 끝부분에 길이 2~4cm 까락이 있다.
- 열매 긴둥근꼴 겨깍지열매로 길이 0.3cm이다.
- 식별 포인트 돌피와 달리 모든 겉받침겨에 까락이 있다.

조개풀 | 벼과
Arthraxon hispidus

- **꽃 피는 때** 8~9월
- **생육 특성** 일본, 중국, 한국 등에 분포하며 전국 산과 들에 자생하는 한해살이풀이다. 울릉도 풀밭에서 보인다. 높이 20~50cm이다.
- **잎** 길이 2~6cm이고 창끝모양이며 줄기를 감싼다. 가장자리에 털이 있다. 잎집에 짧은 털이 있다.
- **줄기** 가늘며 마디에 털이 있고, 가지가 갈라지며 밑부분이 비스듬히 자란다.
- **꽃** 꽃줄기 윗부분이 곧추서며 꽃차례는 길이 2~5cm이다. 속받침겨 아랫면 기부에서 2cm 정도인 까락이 자란다.
- **열매** 겨깍지열매.
- **식별 포인트** 주름조개풀과 달리 잎이 창끝모양이고 가장자리에 주름이 지지 않는다.

주름조개풀 | 벼과
Oplismenus undulatifolius

- 꽃 피는 때 8~9월
- **생육 특성** 중앙아시아, 인도, 한국 등에 분포하며 전국 저지대 숲 속 그늘진 곳에 자생하는 한해살이풀이다. 울릉도 낮은 산 길가에 자란다. 높이 20~30cm이다.
- **잎** 길이 3~7cm, 너비 0.8~1.5cm인 버들잎모양이다. 양면에 짧은 털이 있고 가장자리가 주름진다.
- **줄기** 기면서 마디에서 뿌리를 내리고, 윗부분은 곧게 자라며 털이 많다.
- **꽃** 꽃차례 길이 6~12cm이며, 길이 0.6~1.5cm인 가지가 3~10개로 갈라진다. 작은이삭은 촘촘히 붙고 까락이 있다. 꽃차례 잎줄기에 털이 많다.
- **열매** 겨깍지열매다.
- **식별 포인트** 줄기와 꽃차례 잎줄기에 털이 없으면 민주름조개풀이다.

민주름조개풀 | 벼과
Oplismenus undulatifolius var. *japonicus*

- 꽃 피는 때 8~9월
- 생육 특성 전국에 자생하며, 울릉도 산지 그늘진 숲속에 자란다. 높이 20~30cm이다.
- 잎 버들잎모양으로 길이 3~7cm, 너비 0.8~1.5cm이고, 가장자리가 주름진다.
- 줄기 기면서 마디에서 뿌리를 내리고, 윗부분은 곧게 자라며 털이 없다.
- 꽃 꽃차례 길이는 6~12cm이며, 길이 0.6~1.5cm인 가지가 3~10개로 갈라진다. 작은이삭은 촘촘히 붙고 까락이 있다. 꽃차례 잎줄기에 털이 없어 매끈하다.
- 열매 겨깍지열매다.
- 식별 포인트 줄기와 꽃차례 잎줄기에 털이 있으면 주름조개풀이다.

개기장 | 벼과
Panicum bisulcatum

- 꽃 피는 때 8~9월
- 생육 특성 전국 들판, 길가에 자생하는 한해살이풀이다. 울릉도 천부, 나리분지 등에도 자란다. 높이 50~120cm이다.
- 잎 길이 5~20cm, 너비 0.4~1cm로 털이 없으며, 잎집 가장자리에 털이 있다. 잎혀는 길이 0.05cm로 끝이 편평하고 털이 없다.
- 줄기 가늘고 곧게 서며, 기부에서 많은 가지가 갈라지거나 밑부분이 굽는다.

- 꽃 고깔꽃차례는 길이와 너비가 각각 12~30cm로 곧게 서며, 가지가 다시 몇 번씩 갈라져서 비스듬히 퍼진다. 작은이삭은 느슨하게 달려 밑으로 처진다. 작은꽃이삭자루는 대가 있고 긴둥근꼴이며, 길이 0.18~0.2cm이다.
- 열매 겨깍지열매다.
- 식별 포인트 미국개기장은 작은꽃이삭자루 길이가 0.25cm 정도이고 잎 너비가 0.8~1.5cm이다.

큰듬성이삭새 | 벼과
Microstegium vimineum var. *imberbe*

- 꽃 피는 때 7~9월
- 생육 특성 전국 산지 숲 속에 자생하는 한해살이풀이다. 울릉도 묵밭에 자란다. 높이 40~70cm이다.
- 잎 길이 4~10cm, 너비 0.5~1.2cm이고, 잎혀는 높이 0.05cm이다.
- 줄기 밑부분은 기며 마디에서 뿌리를 내고 가지를 친다.
- 꽃 꽃차례는 길이 5~7cm이며 가지가 1~3개 나온다. 작은꽃이삭자루는 길이 0.3~0.6cm이고 녹색이다. 까락은 길이 1.5cm 안팎이다.
- 열매 겨깍지열매다.
- 식별 포인트 꽃차례는 길이 5~7cm이며, 가지가 1~3개 나온다.

강아지풀 | 벼과
Setaria viridis

- 꽃 피는 때 7~9월
- **생육 특성** 전 세계 온대와 열대에 분포하며, 전국 산과 들에 자생하는 한해살이풀이다. 울릉도 풀밭, 길가에 자란다. 높이 20~70cm이다.
- **잎** 줄모양으로 길이 5~25cm, 너비 0.5~2cm이다. 끝이 뾰족하고 밑은 잎집으로 되어 줄기를 감싼다. 잎집 가장자리에 털이 줄지어 난다.
- **줄기** 곧게 자라며 밑에서 가지가 갈라지고 털이 없다.
- **꽃** 줄기 끝에서 기둥모양 고깔꽃차례에 피며 녹색이 도는 노란색이다. 꽃차례는 곧추서거나 약간 구부러지며, 길이 2~10cm이다.
- **열매** 긴둥근꼴 겨깍지열매다.
- **식별 포인트** 금강아지풀은 꽃이 황금색이고, 잎집 가장자리에 털이 없다.

511

금강아지풀 | 벼과
Microstegium vimineum var. *imberbe*

- 꽃 피는 때 7~9월
- 생육 특성 전국 들에 자생하는 한해살이풀이다. 울릉도에도 들과 길에서 강아지풀과 어울려 자란다. 높이 20~50cm이다.
- 잎 줄모양으로 길이 10~25cm, 너비 1cm이고, 잎집 가장자리에 털이 없다.

- 줄기 밑부분에서 가지가 갈라진다.
- 꽃 원기둥모양 꽃차례가 곧게 서며 금색을 띤다.
- 열매 긴둥근꼴 겨깍지열매다.
- 식별 포인트 강아지풀과 달리 꽃이 금색을 띠고, 잎집 가장자리에 털이 없다.

가을강아지풀 | 벼과
Setaria faberii

- **꽃 피는 때** 7~9월
- **생육 특성** 전국 들에 자생하는 한해살이풀이다. 울릉도 사동, 태하 등에 자란다. 높이 70~100cm이다.
- **잎** 가느다란 버들잎모양으로 길이 30cm, 너비 1.5cm이다. 연한 털이 있거나 없다.
- **줄기** 곧게 서고 끝부분이 약간 휜다.

- **꽃** 꽃차례는 원기둥모양이고 길이 10~15cm, 너비 2cm이며, 이삭이 휜다.
- **열매** 겨깍지열매.
- **식별 포인트** 이삭이 길어서 휜다.

갯강아지풀 | 벼과
Setaria viridis var. *pachystachys*

- 꽃 피는 때 7~9월
- 생육 특성 바닷가에 자생하는 한해살이풀이다. 울릉도 바닷가에 드물게 자란다. 높이 10~50cm이다.
- 잎 어긋난다. 길이 5~20cm, 너비 0.5~2cm이다.
- 줄기 모여나고 곧게 자라며 끝부분이 약간 휜다.
- 꽃 기둥모양 이삭꽃차례는 길이 2~5cm로 연한 녹색이고, 까락이 조금 길며 꽃차례 중간이 약간 볼록하다.
- 열매 거꾸지열매다.
- 식별 포인트 강아지풀에 비해 꽃차례가 짧고, 꽃차례 중간이 약간 볼록하다.

그령 | 벼과
Eragrostis ferruginea

- 꽃 피는 때 8~9월
- 생육 특성 전국에 분포하며 산지나 길가에 자생하는 여러해살이풀이다. 울릉도에서는 태하, 나리분지 등에서 보인다. 높이 30~80cm이다.
- 잎 줄모양으로 길이 30~40cm, 너비 0.2~0.6cm이다.

- 줄기 원줄기는 갈라지지 않으나 여러 대가 한군데서 나와 큰 포기로 된다. 곧게 서며 털이 없다. 줄기가 억세다.
- 꽃 줄기 끝에서 녹황색 꽃이 고깔꽃차례로 핀다.
- 열매 겨깍지열매다.
- **식별 포인트** 수크령과 달리 고깔꽃차례다.

수크령 | 벼과
Pennisetum alopecuroides

- **꽃 피는 때** 8~9월
- **생육 특성** 전국 양지바른 곳에 자라는 여러해살이풀 이다. 울릉도 도동, 태하, 안평전 등 길가 양지에 자란 다. 높이 30~80cm이다.
- **잎** 줄모양으로 길이 30~60cm, 너비 0.5~0.8cm 이다.
- **줄기** 뭉쳐나며 곧게 자라고, 마디가 4~6개 있다.
- **꽃** 줄기 끝에 피는 이삭꽃차례에 기둥모양으로 피며 색깔이 여러 가지다.
- **열매** 겨깍지열매다.
- **식별 포인트** 그령과 달리 꽃차례가 기둥모양이다.

갈대 | 벼과
Phragmites communis

- **꽃 피는 때** 8~10월
- **생육 특성** 전국에 분포하며 습지나 냇가에 자생하는 여러해살이풀이다. 울릉도 사동, 남양, 태하 등에서 보인다. 높이 100~300cm이다.
- **잎** 어긋난다. 긴 버들잎모양이다. 길이 20~50cm, 너비 2~4cm이다.
- **줄기** 원줄기는 속이 비었고 곧게 선다. 뿌리줄기가 땅 속으로 뻗는다.
- **꽃** 자줏빛 도는 꽃이 고깔꽃차례로 피며, 단단하고 모여난다.
- **열매** 겨깍지열매.
- **식별 포인트** 달뿌리풀과 달리 뿌리줄기가 땅속으로 뻗는다.

달뿌리풀 | 벼과
Phragmites japonica

- 꽃 피는 때 8~10월
- 생육 특성 전국에 분포하며 냇가나 습지의 척박한 땅에 자생하는 여러해살이풀이다. 울릉도 천부 쪽 물가에 자란다. 높이 100~200cm이다.
- 잎 어긋난다. 긴 버들잎모양이다. 길이 20~50cm, 너비 2~3cm이다.

- 줄기 곧게 선다. 뿌리줄기가 지상으로 길게 뻗으며 마디에서 뿌리가 내린다.
- 꽃 자줏빛 도는 꽃이 고깔꽃차례로 피며, 단단하고 모여난다.
- 열매 겨깍지열매다.
- 식별 포인트 갈대와 달리 뿌리줄기가 땅 위로 뻗는다.

큰김의털 | 벼과
Festuca arundinacea

- 꽃 피는 때 6~8월
- 생육 특성 유럽 원산 귀화식물로 전국에 널리 분포하는 여러해살이풀이다. 울릉도 일주도로를 따라 자란다. 높이 40~180cm이다.
- 잎 길이 10~60cm이고, 잎집이 기부까지 갈라진다.
- 줄기 곧게 선다.

- 꽃 고깔꽃차례로 피며 길이 20~50cm이다. 한 마디에 가지가 2개 있으며, 하나는 길고 하나는 짧다.
- 열매 겨깍지열매다.
- 식별 포인트 김의털에 비해 크고, 꽃차례 마디마다 가지가 2개씩 있으며 하나는 짧고 하나는 길다.

억새 | 벼과
Miscanthus sinensis var. *purpurascens*

- **꽃 피는 때** 9~10월
- **생육 특성** 전국 저지대에서 고지대까지 자라는 여러해살이풀이다. 울릉도 전역에 고루 자란다. 높이 100~200cm이다.
- **잎** 잎바닥이 원줄기를 완전히 둘러싸고 길이 40~70cm, 너비 1~2cm이다. 줄모양으로 끝으로 갈수록 뾰족해지며, 가장자리는 까칠까칠한 톱날 같다.

- **줄기** 빽빽하고 곧게 선다.
- **꽃** 자줏빛 띤 노란 꽃이 줄기 끝에서 부채꼴이나 고른꽃차례로 피며 마디마다 작은이삭이 2개씩 촘촘히 달린다. 꽃차례 길이는 10~30cm이다.
- **열매** 겨깍지열매다.
- **식별 포인트** 갈대나 달뿌리풀에 비해 건조한 지역에서 잘 자란다.

왕밀사초 | 사초과
Carex matsumurae

- 꽃 피는 때 3~4월
- 생육 특성 울릉도와 거문도 바닷가 풀밭에 자라는 여러해살이풀이다. 높이 30~50cm이다.
- 잎 진한 녹색으로 두껍고 매끈하다. 너비 0.8~1.5cm로 표면에 줄이 2개 있고 잎바닥 잎집에 갈색 줄이 있으나 흑갈색 섬유처럼 갈라져서 밑부분을 덮는다.
- 줄기 매끈하다.
- 꽃 꽃줄기 끝부분에는 수꽃차례가 달리고 긴둥근꼴이며 길이 3~6cm이다. 그 아래쪽에 암꽃차례가 3~4개 달리며 기둥모양이다. 암꽃차례는 길이 2~4cm이고 때로는 끝에 수꽃이 붙기도 한다.
- 열매 여윈열매로 촘촘하게 붙으며 열매주머니에 들어 있다.
- 식별 포인트 밀사초에 비해 잎이 넓고, 꽃이삭이 통통하다.

개찌버리사초

사초과
Carex japonica

- **꽃 피는 때** 5~6월
- **생육 특성** 전국에 분포하며 그늘진 숲 속에서 무리 지어 자라는 여러해살이풀이다. 울릉도 성인봉 7부 능선에 자란다. 높이 20~40cm이다.
- **잎** 납작하고, 3~4개가 달린다.
- **줄기** 성글게 모여난다. 위쪽은 깔깔하며 조금 가늘고, 단면은 능선이 3개 있다.
- **꽃** 원줄기 끝에 수꽃이삭이 달리고 그 아래에 암꽃이삭이 3개 정도 달린다.
- **열매** 여윈열매로 능선이 3개 있고 넓은 달걀모양이다. 느슨하게 열매주머니에 싸인다.
- **식별 포인트** 줄기가 모여나고 가늘며, 단면에 능선이 3개 있다.

금방동사니 | 사초과
Cyperus microiria

- 꽃 피는 때 8~9월
- **생육 특성** 전국에 분포하며 빈터, 습지 등에 자생하는 한해살이풀이다. 울릉도 태하, 현포 등에서 보인다. 높이 20~50cm이다.
- **잎** 줄기보다 길이가 짧거나 거의 같고, 단면은 편평하다. 꽃싼잎은 3~4개이고 잎모양이며, 2~3개가 꽃차례보다 길다.

- **줄기** 원줄기는 속이 비었고 곧게 선다.
- **꽃** 꽃차례는 겹쳐나고 가지 끝에 작은꽃이삭 5~10개가 성글게 달리며 황갈색이다.
- **열매** 긴둥근꼴 여윈열매다.
- **식별 포인트** 방동사니나 참방동사니와 달리 꽃이삭이 황갈색이다.

꿩의밥 | 골풀과
Luzula capitata

- 꽃 피는 때 4~5월
- 생육 특성 전국에 분포하며 양지 풀밭에 자생하는 여러해살이풀이다. 울릉도 안평전, 태하에서 보인다. 높이 10~30cm이다.
- 잎 뿌리잎은 길이 7~15cm, 너비 0.5cm로 줄모양이며, 가장자리에 흰 털이 있다. 줄기잎은 2~3개가 어긋나고 뿌리잎보다 작다.

- 줄기 곧게 선다.
- 꽃 긴 꽃줄기가 나와 그 끝에 작은 꽃이 뭉쳐 피어 머리모양꽃차례를 이룬다.
- 열매 달걀모양 적갈색 캡슐열매다.
- 식별 포인트 머리모양꽃차례를 이룬다.

골풀 | 골풀과
Juncus effusus var. *decipiens*

- **꽃 피는 때** 5~7월
- **생육 특성** 전국 묵논이나 습지에 자생하는 여러해살이풀이다. 울릉도 사동, 추산 습지에서 보인다. 높이 30~100cm이다.
- **잎** 비늘 모양으로 달리며, 붉그스름한 자줏빛을 띤다.
- **줄기** 원줄기는 곧고 속이 찬 기둥모양이며 마디가 없다.
- **꽃** 연한 녹색으로 피며 꽃차례는 원줄기 끝에 치우쳐 달린다. 꽃싼잎은 꽃차례 부분에서 살짝 꺾여 10~20cm 더 자란다.
- **열매** 달걀모양 캡슐열매로 갈색을 띠며 방 3개로 이루어졌다.
- **식별 포인트** 원줄기는 곧고 속이 찬 기둥모양이다.

양치식물

쇠뜨기 │ 속새과
Equisetum arvense

- **포자 형성기** 3~4월
- **생육 특성** 전국에 분포하는 여러해살이풀이다. 울릉도 나리분지 등에 무리 지어 자란다. 높이 10~40cm이다.
- **줄기** 포자체줄기와 영양체줄기 2가지가 있다.
- **포자체줄기** 이른 봄에 포자체줄기가 나와 포자낭이삭을 이루고 마디에 비늘 같은 잎이 돌려난다. 포자낭이삭은 긴둥근꼴이고 육각형 포자엽이 바짝 붙어 있으며, 안쪽에 포자낭이 7개 안팎 달린다.

- **영양체줄기** 포자체줄기가 사라진 뒤에 나오고 길이 0.2~0.4cm인 기둥모양이며 속이 비었다. 원줄기 능선 수는 6~10개이고 마디에는 능선 수와 같은 가지와 잎집이 돌려난다.
- **식별 포인트** 생김새가 특이한 개체도 있다. 영양체줄기 위쪽에 포자체줄기가 달리는 점은 개쇠뜨기, 물속새, 능수쇠뜨기를 닮았으나 마디에서 2단으로 돌려나면서 포자체줄기를 내는 것이 특이하다.

특수 형태

속새 | 속새과
Equisetum hyemale

- 포자 형성기 4~6월
- 생육 특성 제주도와 강원이북에 자생하는 여러해살이풀이다. 울릉도 나리분지 등에서 보인다. 높이 30~60cm이다.
- 잎집 치편을 포함한 길이가 0.8~1.5cm이고, 줄기를 단단하게 둘러싸며 가장자리는 갈색이다.
- 줄기 끝에 포자낭이삭이 달린다. 가지가 없으며 지름 0.5~0.7cm로 굵고 짙은 녹색이다. 줄기에 능선이 10~18개 있으며 속이 비었다.
- 포자낭이삭 원줄기 끝에 붙고, 원뿔모양으로 길이 0.6~1cm이며 자루가 없다. 처음에는 녹갈색이나 노란색으로 변한다.
- 식별 포인트 개속새와 유사하나 줄기에 가지가 없다.

고비 | 고비과
Osmunda japonica

- **포자 형성기** 3~5월
- **생육 특성** 전국에 분포하며 산과 들에 자생하는 여러해살이풀이다. 울릉도 저지대 산과 들에서 중산간 지대까지 자란다. 높이 30~100cm이다.
- **영양엽** 잎자루는 황록색이나 맨 아래는 적갈색이다. 잎몸은 2회 깃꼴로 갈라지며 버들잎모양이다. 깃모양쪽잎은 길이 10~25cm, 너비 3.5~16cm이고 맨 아래쪽 깃모양쪽잎이 가장 길다. 작은깃모양쪽잎은 넓은 버들잎모양이며 직각으로 붙고, 가장자리에 잔톱니가 있으며 자루가 없다.
- **포자엽** 영양엽이 둘러난 가운데에서 나며, 긴 버들잎모양으로 곧게 선다. 적갈색을 띠는 자루가 있다.
- **식별 포인트** 잎자루는 황록색이고 영양엽이 둘러난 가운데에서 포자엽이 나온다.

산쇠고비 | 관중과
Cyrtomium fortunei var. *clivicola*

- **포자 형성기** 7~9월
- **생육 특성** 전남, 경남, 제주도에 분포하며 낮은 산 그 늘진 숲 속에 자생하는 늘푸른여러해살이풀이다. 울릉도 태하 등에도 자란다. 높이 30~70cm이다.
- **뿌리줄기** 곧게 서고, 덩이지며, 비늘조각이 빽빽하다. 비늘조각은 긴둥근꼴이고 흑갈색이다.
- **잎자루** 길이 15~26cm이고, 비늘조각은 빽빽하고 위로 갈수록 줄모양이다.

- **잎몸** 1회 깃꼴로 갈라지며 긴둥근꼴이고 길이 15~45cm, 너비 10~20cm이다. 깃모양쪽잎이 6~20 쌍으로 어긋나고, 아랫부분은 둥글고 윗부분은 귀가 뚜렷하게 있다. 가장자리에 날카로운 톱니가 불규칙하게 있으며, 광택이 거의 없다.
- **포자낭군** 깃모양쪽잎 뒤쪽 주맥 양쪽에 5줄씩 붙는다.
- **식별 포인트** 쇠고비와 달리 포자낭이 5줄로 늘어서고 가장자리에 불규칙한 톱니가 있다.

도깨비쇠고비 | 관중과
Cyrtomium falcatum

- 포자 형성기 7~9월
- 생육 특성 바닷가 숲 가장자리에 많이 자라며, 울릉도 북면 바닷가 바위틈에 자생하는 늘푸른여러해살이풀이다. 높이 30~50cm이다.
- 잎자루 광택 있는 불그스름한 갈색이고, 길이 10~22cm이며, 기부에 비늘조각이 빽빽하다. 비늘조각도 광택 나는 갈색이다.
- 잎몸 1회 깃꼴로 갈라지며 긴둥근꼴이고, 길이 14~33cm, 너비 10~20cm이다. 비늘조각은 연한 노란색이며 가느다란 버들잎모양이고 털 같은 돌기가 있다.
- 깃모양쪽잎 10~14쌍으로 버들잎모양이고 가장자리가 밋밋하거나 꾸불꾸불하다. 기부는 둥글며 짧은 자루가 있다.
- 포자낭군 깃모양쪽잎 뒤쪽에 흩어져 붙는다.
- 식별 포인트 깃모양쪽잎이 버들잎모양이며 기부가 둥글다.

관중 | 관중과
Dryopteris crassirhizoma

- 포자 형성기 6~9월
- 생육 특성 전국에 분포하며, 울릉도 성인봉 중산 간 지대 그늘에 자생하는 여러해살이풀이다. 높이 60~100cm이다.
- 잎자루 갈색이나 적갈색이고 길이 14~25cm이다. 아 랫부분에 빽빽한 비늘조각은 버들잎모양으로 밝은 갈 색이다.
- 잎몸 1회 깃꼴로 갈라지며 긴둥근꼴로 양 끝으로 가면 서 점차 좁아지고 길이 40~80cm, 너비 20~25cm이 다. 중축에 노란색 털 같은 비늘조각이 빽빽하다.
- 깃모양쪽잎 27~33쌍이고 가느다란 버들잎모양이며 자루가 없다. 쪽잎은 긴둥근꼴로 촘촘히 붙고 가장자 리에 톱니가 약간 있으며 끝이 둥글다.
- 포자낭군 쪽잎 주맥과 가장자리 중간에 붙고, 깃모양 쪽잎 주맥에 치우쳐 붙는다.
- 식별 포인트 포자낭군 배열로 구별한다.

십자고사리 | 관중과
Polystichum tripteron

- 포자 형성기 7~9월
- **생육 특성** 전국에 분포하며, 울릉도 숲 속에 자생하는 여러해살이풀이다. 높이 30~75cm이다.
- **잎자루** 갈색이고 길이 10~30cm이다. 아랫부분 빽빽한 비늘조각은 버들잎모양으로 연한 갈색이다.
- **잎몸** 2회 깃꼴로 갈라지고 첫째 깃모양쪽잎이 크게 자라 십자모양을 만든다. 길이 25~40cm, 너비 10~20cm이다. 중축과 깃축 홈이 연결된다.
- **깃모양쪽잎** 길이 3~10cm이고 버들잎모양이다. 가장 아래쪽을 제외한 깃모양쪽잎은 23~28쌍이 서로 어긋나며 비대칭이고 끝이 뾰족하다. 잎맥은 3~4회 Y자 모양으로 갈라지며, 가장자리에 닿지 않는다.
- **포자낭군** 깃모양쪽잎과 쪽잎 주맥 가까이에 붙는다.
- **식별 포인트** 전체적으로 십자모양이다.

일색고사리

관중과
Arachniodes standishii

- **포자 형성기** 7~9월
- **생육 특성** 제주도와 울릉도에 분포한다. 울릉도 성인 봉 정상 주변까지 그늘진 숲 속에 자라는 늘푸른여러 해살이풀이다. 높이 35~90cm이다.
- **잎자루** 잎몸의 약 1/2 길이이며 연한 황갈색이고 아 랫부분에는 비늘조각이 빽빽하나 위로 갈수록 드문 드문 있다.

- **잎몸** 3~4회 깃꼴로 갈라지며 긴 달걀모양이고 길이 30~60cm, 너비 15~35cm이다. 앞뒷면 색이 같다.
- **깃모양쪽잎** 창모양으로 길이 7~23cm이며 맨 아래쪽 작은깃모양쪽잎이 가장 크다. 작은깃모양쪽잎은 긴동 근꼴로 가장자리에 톱니가 있다.
- **포자낭군** 잎몸 아랫부분에서부터 붙는다.
- **식별 포인트** 성인봉에서 우점하며, 앞뒷면 색이 같다.

고사리 | 잔고사리과
Pteridium aquilinum var. *latiusculum*

- 포자 형성기 7~9월
- 생육 특성 전국에 분포한다. 산지 양지쪽 경사면에 자라며, 울릉도 낮은 산 중턱 양지바른 곳에 자라는 여러해살이풀이다. 높이 50~300cm이다.
- 잎자루 길이 100cm 이상이며, 아랫부분은 흑갈색이고 연갈색 털로 덮인다.

- 잎몸 3~4회 깃꼴로 갈라지며 길이 30~95cm, 너비 25~68cm이고, 흰 털이 있다.
- 깃모양쪽잎 세모꼴로 끝이 뾰족하고, 작은깃모양쪽잎은 긴둥근꼴이다.
- 포자낭군 잎 가장자리에 붙고 연속된다. 헛포막이다.
- 식별 포인트 포자낭군 배열이 특징이다.

골고사리 | 꼬리고사리과
Asplenium scolopendrium

- 포자 형성기 6~9월
- 생육 특성 강원도, 전라도, 제주도, 울릉도에 자생하는 늘푸른여러해살이풀이다. 울릉도 나리분지, 태하 등에 자란다. 높이 15~60cm이다.
- 잎자루 갈색 또는 연한 갈색을 띠며, 갈색 비늘조각이 빽빽하다. 길이 3~16cm이다.
- 잎몸 홑잎으로 넓은 줄모양이고, 기부는 둥근 귀가 있는 심장모양이며 끝이 뾰족하다. 가장자리는 밋밋하거나 물결모양이며, 길이 15~40cm, 너비 3~6cm이다.
- 포자낭군 잎몸 위쪽 2/3 지점에 쌍을 지어 늘어서며 주맥과 잎가장자리 중간에 붙는다.
- 식별 포인트 이명이 나도파초일엽이며 파초일엽(높이 80~100cm)에 비해 작은 편이다.

공작고사리 | 공작고사리과
Adiantum pedatum

- **포자 형성기** 6~9월
- **생육 특성** 강원도, 경기도, 제주도, 울릉도에 분포하며, 성인봉 전역에 자라는 여러해살이풀이다. 높이 30~70cm이다.
- **잎자루** 흑갈색이고 단단하며 광택이 난다. 길이 15~40cm이다.
- **잎몸** 부채모양이고 길이 20~30cm, 너비 30~45cm이다. 깃모양쪽잎마다 작은깃모양쪽잎 20~30쌍이 어긋나게 늘어선다.
- **깃모양쪽잎** 길이 18~26cm, 너비 2~4cm이고 가느다란 버들잎모양이며 자루가 있다. 아랫면은 조금 흰빛을 띤다. 작은깃모양쪽잎 아랫면은 직선이고 윗면에는 얕은 톱니가 있다.
- **포자낭군** 작은깃모양쪽잎 가장자리에 붙는다.
- **식별 포인트** 잎이 부채꼴로 공작이 깃을 펼친 듯한 모양이다.

왕고사리

개고사리과
Deparia pterorachis

- 포자 형성기 7~9월
- 생육 특성 강원도, 울릉도에 자생하는 여러해살이풀이다. 울릉도 성인봉 중산간 지대부터 고지대까지 자란다. 높이 80~170cm이다.
- 잎자루 지름 0.5~0.6cm이고 기부가 부풀어 매우 굵다. 길이 30~70cm이고 비늘조각이 많이 붙는다. 비늘조각은 넓은 버들잎모양이고 적갈색이다.
- 잎몸 1회 깃꼴로 갈라지고 긴둥근꼴로 길이 50~100cm, 너비 20~40cm이다. 어릴 때는 양면 맥 위에 다세포성 털이 있으며 깃축에 날개가 있다.
- 깃모양쪽잎 약 16쌍이 어긋나며 긴 세모꼴로 길이 20cm이다. 자루가 없고 끝이 뾰족하다. 작은깃모양쪽잎은 20~25쌍으로 긴둥근꼴이고 가장자리가 얕게 또는 중앙까지 깃꼴로 갈라진다.
- 포자낭군 작은깃모양쪽잎 주맥 가까이에 붙는다.
- 식별 포인트 포자낭군 배열이 특징이다.

개면마 | 면마과
Pentabizidium orientalis

- **포자 형성기** 8~11월
- **생육 특성** 전국에 분포하며, 울릉도 나리분지 등 중산간 지대에 자생하는 여러해살이풀이다. 높이 70~150cm이다.
- 잎 모양이 2가지다.
- **잎자루** 영양엽은 길이 35~60cm, 포자엽은 길이 20~35cm이고 황갈색이다. 기부에는 버들잎모양인 비늘조각이 있고 털은 없다.

- **잎몸** 영양엽은 1회 깃꼴로 갈라지며, 세모꼴로 위로 갈수록 좁아진다. 길이 35~70cm, 너비 25~35cm이고 얇은 종이질이다. 깃모양쪽잎 16~20쌍이 어긋난다.
- **포자엽** 1회 깃꼴로 갈라지며 가느다란 버들잎모양이다.
- **포자낭군** 맥의 거의 끝 쪽에 한줄로 붙으며 뒤로 말린 얇은 포막에 덮인다.
- **식별 포인트** 포자낭군 배열이 특징이다.

산고사리삼 고사리삼과
Sceptridium multifidum var. *robustum*

- 포자 형성기 9~10월
- 생육 특성 강원도, 경기도, 울릉도에 분포한다. 울릉도 성인봉 그늘진 숲 속에 자라며 겨울에 푸른 여러해살이풀이다. 높이 15~35cm이다.
- 잎자루 흰색 비늘조각이 1개 있으며, 흰빛이 돌고 연갈색 털이 있다.
- 영양엽 3회 깃꼴로 깊게 갈라지며 가죽질이고 오각 또는 세모꼴이며 끝이 약간 뾰족하고, 길이 5~10cm, 너비 6~12cm이다. 털이 있다.
- 깃모양쪽잎 4~6쌍으로 세모꼴이며 끝이 뭉뚝하다. 작은깃모양쪽잎은 자루가 뚜렷하지 않고, 긴둥근꼴로 톱니가 있다.
- 포자엽 2~3회 깃꼴로 갈라지고, 긴 자루가 있으며, 원뿔모양이다. 길이 5~12cm이며 포자낭이 많이 붙는다.
- 식별 포인트 고사리삼과 달리 영양엽에 털이 있고, 작은깃모양쪽잎 자루가 뚜렷하지 않다.

미역고사리 | 고란초과
Polypodium vulgare

- **포자 형성기** 7~9월
- **생육 특성** 울릉도 바위틈이나 나무에 붙어 자라는 늘푸른여러해살이풀이다. 높이 15~30cm이다.
- **잎자루** 길이 5~12cm이며 털이 없다.
- **잎몸** 깃꼴로 중축 가까이까지 깊게 갈라지고 달걀모양 또는 넓은 버들잎모양이며 길이 10~20cm, 너비 7~11cm이다. 쪽잎은 5~15쌍이고, 가느다란 버들잎모

양으로 가장자리에 얕은 물결모양 톱니가 있고, 끝은 뭉뚝하고 털이 없다. 잎맥은 불분명하고 2~3회 Y자로 갈라진다.
- **포자낭군** 둥근꼴이고 쪽잎 주맥과 가장자리 중간에 있으며 포막이 없다.
- **식별 포인트** 나사미역고사리는 잎몸 좌우가 나사처럼 말린다.

나사미역고사리

고란초 | 고란초과
Selliguea bastata

- 포자 형성기 7~9월
- **생육 특성** 전국에 분포하며, 울릉도 산지 습기 있는 바위 위에 자라는 늘푸른여러해살이풀이다. 높이 10~20cm이다.
- **잎자루** 아랫부분이 자갈색을 띠며 비늘조각이 있다. 길이 4~13cm로 광택이 있다.
- **잎몸** 홑잎 또는 2~3개로 갈라지기도 하며, 가장자리는 조금 물결모양을 띠고 털이 없다. 홑잎일 때는 버들잎모양이다.
- **포자낭군** 잎몸 아랫면 주맥 좌우에 2줄로 붙는다. 둥근꼴이고 지름 0.1~0.3cm이다.
- **식별 포인트** 제주고란초는 잎몸이 더 가늘다.

제주고란초

층층고란초 | 고란초과
Selliguea veitcbii

- 포자 형성기 7~9월
- 생육 특성 제주도와 울릉도에 분포하며 습기 있는 높은 산 바위에 자생하는 여러해살이풀이다. 울릉도 성인봉에 자라며, 높이 10~20cm이다.
- 잎자루 가늘어서 철사 같으며, 길이 2~10cm이다. 아랫부분은 갈색을 띠고 비늘조각이 있다.
- 잎몸 깃모양쪽잎이 1~4쌍 있으며, 중축 근처까지 깃꼴로 갈라지며 달걀모양이다. 길이 6~15cm, 너비 4~10cm이고, 녹색이다.
- 깃모양쪽잎 긴둥근꼴로 끝이 둥글거나 약간 뾰족하며, 가장자리에 톱니가 조금 있다.
- 포자낭군 둥근꼴이고 지름 약 0.2cm이며, 잎몸 상반부에 2줄로 붙는다.
- 식별 포인트 잎몸과 포자낭군 배열이 특징이다.

참고문헌

구자옥 등. 2008. 『한국의 수생식물과 생활주변식물 도감』. 자원식물보호연구회

국립생물자원관. 2013. 『한반도 고유종-식물』. 국립생물자원관

김수남, 이경서. 1997. 『한국의 난초』. 교학사

김종원. 2013. 『한국식물생태보감1』. 자연과생태

김창기, 길지현. 2017. 『한반도 외래식물』. 자연과생태

김창석 등. 2015. 『과수원잡초도감』. 국립농업과학원

김태원. 2013. 『들꽃산책』. 자연과생태

박수현. 2009. 『한국의 귀화식물』. 일조각

박승천. 2017. 『한국의 제비꽃』. 모야모

유기억, 장수길. 2013. 『한반도 제비꽃』. 지성사

윤주복. 2004. 『나무 쉽게 찾기』. 진선출판사

이남숙. 2011. 『한국의 난과식물도감』. 이화여자대학교 출판부

이동혁. 2013. 『한국의 야생화 바로알기(봄편/여름가을편)』. 이비락

이동혁. 2014. 『한국의 나무 바로알기』. 이비락

이영노. 1996. 『원색한국식물도감』. 교학사

이은규. 2013. 『한국의 염생식물』. 자연과생태

인디카. 2016. 『오늘 무슨 꽃 보러 갈까』. 신구문화사

한국양치식물연구회. 2005. 『한국양치식물』. 지오북

현진오 등. 2014. Vascular Plants of Dokdo and Ulleungdo Islands in Korea. 환경부, 국립생물자원관

현진오, 문순화. 2003. 『가을에 피는 우리꽃 336』. 신구문화사

현진오, 문순화. 2003. 『봄에 피는 우리꽃 386』. 신구문화사

현진오, 문순화. 2003. 『여름에 피는 우리꽃 386』. 신구문화사

국가생물종지식정보시스템 www.nature.go.kr

국가표준식물목록 www.nature.go.kr/kpni

김태원의 들꽃이야기 cafe.daum.net/smhs-flower

생물학연구정보센터(BRIC) www.ibric.org.kr

여왕벌이 사는 집 blog.daum.net/qweenbee

울릉도독도 연구소 dokdoknu.com

인디카 www.indica.or.kr

풀베개 wildgreen.co.kr